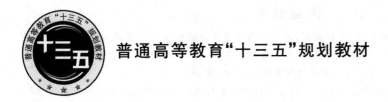

普通高等教育"十三五"规划教材

图论及其应用

卓新建 苏永美 编著

北京邮电大学出版社
www.buptpress.com

内 容 简 介

本书系统地介绍了图论的基本概念、基本理论,着重介绍了图论中的经典算法及算法的实际应用,通过详细地讲解算法的产生思想、算法的详细步骤、算法的复杂性分析、算法的实际应用以及例子来帮助读者理解算法,使用算法(甚至编程实现算法),并利用算法解决实际问题。

本书逻辑严密,简明易懂,适用于具有基本的数学基础和计算机基础的理工科高年级本科生及研究生,力求培养他们独立的科研能力。

图书在版编目(CIP)数据

图论及其应用 / 卓新建,苏永美编著. -- 北京:北京邮电大学出版社,2018.8(2023.8重印)
ISBN 978-7-5635-5560-4

Ⅰ. ①图… Ⅱ. ①卓…②苏… Ⅲ. ①图论—应用—教材 Ⅳ. ①O157.5

中国版本图书馆 CIP 数据核字(2018)第 176792 号

书　　　名:图论及其应用
著作责任者:卓新建　苏永美　编著
责 任 编 辑:刘　颖
出 版 发 行:北京邮电大学出版社
社　　　址:北京市海淀区西土城路 10 号(邮编:100876)
发 行 部:电话:010-62282185　传真:010-62283578
E-mail:publish@bupt.edu.cn
经　　　销:各地新华书店
印　　　刷:唐山玺诚印务有限公司
开　　　本:787 mm×1 092 mm　1/16
印　　　张:15.75
字　　　数:306 千字
版　　　次:2018 年 8 月第 1 版　2023 年 8 月第 4 次印刷

ISBN 978-7-5635-5560-4　　　　　　　　　　　　　　定价:39.00 元

前　　言

　　图论是利用点和边构成的图表示一些事物及事物和事物之间的关系,从而将繁杂的实际问题抽象出来用简单的图来表示,并进而用图的理论和方法揭示出实际问题的规律和本质的一门科学。图论在科学领域和实际生活中有着广泛的应用,特别是在计算机科学、网络、电子信息、通信等领域,利用图论的知识可以方便地表示、处理和解决这些领域中的许多问题。

　　本书是在给北京邮电大学的研究生和本科生讲授了15年的"图论及其应用"课程的基础上,将教学资料和教学体会整理编写而成。在讲授这门课程的过程中,我逐渐感受到北京邮电大学学生对这门课程的喜爱,选课学生从2005年前后的每年50人左右增加到2010年前后的每年200人左右,再到近五年的每年450人左右,上课班数也由一个班扩充到三个班,每年还是有大量想选而选不上这门课的学生。经过大量与学生的沟通与交流,"有用""能学到专业中要用的知识""有趣""老师讲得好""导师指定课程""师兄师姐推荐课程"……诸多选课理由让我印象深刻,促使我有更大的热情投入到这本书的编写工作中去,以期通过本书让学生更容易接受课堂上所学的知识,能将所学的原理和算法真正用到专业学习和实际问题当中去。同时也让更多的学生通过本书学习一些对他们有帮助的知识内容,来提高自身解决问题的能力。

　　书中收录的内容只是图论这门学科中比较基本的部分内容。除了正文中的基本内容,书中还通过注、附录、习题、参考文献等对基本内容进行了补充。对于学有余力的同学可以在掌握了基本内容的基础上有意识地自学更加高深和浩瀚的图论知识,以更好地提高自己的知识水平。

　　北京科技大学苏永美副教授完成了第7～9章的编写工作。本书的编写除了引用或参考了所列参考文献的内容之外,还参考了网络上的大量资料,有些内容无法列出详细的出处。在此感谢所有被引用到内容的作者。由于水平所限,再加上时间仓促,一些初衷没能充分体现。同时书中难免有各种错误或缺陷,恳请读者批评指正。

　　本书的编写得到了北京邮电大学出版社、北京邮电大学研究生院和北京邮电大学教务处的部分资助,在此表示感谢。

　　感谢北京邮电大学理学院的多位同事:帅天平、郭永江、周清、钟裕民、杨娟、张良泉、赵新超等,他们的鼓励和帮助使我有耐心和毅力写完了这本书。感谢几位研究生:高媛、刘春雨、李艺璇、李元昊,他们为本书的部分文字录入、画图、练习、校对等做了一些工作。

　　感谢我的家人们,他们是我编写这本书的动力。

卓新建

2018 年 5 月

目　　录

第1章 图的概念

在人类社会的生活中,用图来描述和表示某些事物及事物与事物之间的关系既方便又直观。例如,用工艺流程图来描述某项工程中各工序之间的先后关系,用网络图来描述某通信系统中各通信站之间的信息传递关系,用开关电路图来描述电网中各电路元件导线的连接关系等。

图不仅是处理和表达问题的一种手段,而且在各个学科领域中已成为对模型进行分析、设计和实施等不可缺少的理论。各种工程技术、管理等学科中很多有实用价值的问题与图论相联系,实际中卓有成效的应用以及计算机应用软件的开发,又促进了图论的迅猛发展。

图论在现代科学技术中也有着重要的理论价值和广泛的应用背景。例如,在运筹学、线性代数、信息论、密码学、控制论、物理、化学、网络、计算机科学、信息科学、通信系统、生物信息学、社会科学、工业生产、企业管理等领域都以图作为工具来分析和解决问题,都广泛地应用了图论的理论和算法。

同时,图论也是在上述领域和实际生活中产生的一门科学,图论中的很多问题都是直接来源于实际的问题,这使得图论本身也得到了更广泛的发展。

1736 年,当时东普鲁士的首都,文化名城 Königsberg(哥尼斯堡)("二战"后属于苏联,改名为加里宁格勒,现属于俄罗斯)有一个好像很简单,但一直无人解决的一个问题流传开来:Pregel(普莱格尔河)横贯 Königsberg,这条河上建有 7 座桥,将河中间的两个岛和河岸连接起来(如图 1-1 所示)。人们闲暇时经常在这里散步,有一天有人提出:能不能每座桥都只走一遍,最后又回到原来的位置? 这个看起来很简单又很有趣的问题很快就吸引了大家,很多人尝试了各种各样的走法,但谁也没有达到要求。

有人带着这个问题找到了当时的瑞士大数学家 L. Euler(欧拉,1707—1783),Euler经过一番思考,很快就用一种独特的方法给出了解答。Euler 把这个问题首先简化,他把两座小岛和河的两岸分别看作 4 个点,而把 7 座桥看作这 4 个点之间的连线(7 条边)

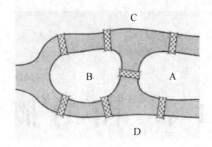

图 1-1

（如图 1-2 所示）。那么这个问题就从生活中的图简化成数学（或图论）中的图，这个第一步非常关键，是将生活中的问题进行了抽象、简化。然后 Euler 再对这个数学（或图论）中的图进行考虑，原来的问题实际上变成了：能不能用一笔就把这个图形画出来（即笔不离开纸，而且各条线只画一次不准重复）并且最后返回起点？经过进一步的分析，Euler 得出结论：不可能每座桥都走一遍，最后回到原来的位置；进而，Euler 又给出了所有类似的问题是否有这种走法的充分必要条件，从而彻底而且完美地解决了所有类似的问题。

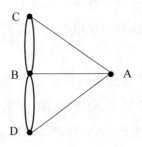

图 1-2

　　1736 年 Euler 在圣·彼得堡科学院做了一次学术报告。在报告中，他给出了上述结论。后来他又发表了名为"*Solutio Problematis ad Geometriam Situs Pertinentis*（一个位置几何问题的解）"的文章，给出了鉴别任一图形能否一笔画出的准则，即 Euler 定理（详见第 5 章 5.1 节）。这篇论文被公认为是图论历史上的第一篇论文，Euler 也因此被誉为图论之父。

　　在 Euler 之后的一百年左右，史料中并没有记载大量地使用这种把实际的问题转化为"图"（图论或数学中的图），然后利用"图"的特点和性质再解决问题的方法。

　　1847 年，德国的 Kirchhoff（克希霍夫）将圈和树（图论中的概念）的理论应用于工程技术的电网络方程组的研究。为了解出电网络中每个分支电流所满足的线性联立方程组，Kirchhoff 把具有电阻、电容、电感等的电网络，通过将电压相同的部分看作点，产生电压差的元件(而不区分具体电器元件的种类,这些种类对分析电压差是没有影响的)看作边,从而将一个电网络(如图 1-3 所示,一个非常简单的小例子)转化成数学(或图论)中的"图"(也可叫网络),如图 1-4 所示。这一步与 Euler 所做的类似,这也是用图论分析问题时所做的第一个关键的步骤。进一步地,Kirchhoff 认识到,原问题"电网络图1-3 中有几个基本独立的方程"其实等价于"图 1-4 中有几个基本圈"〔这里的基本圈是指图 1-4 中的任意一颗生成树(如图 1-5 所示)所确定的那些不在生成树上的边加在生成树上所确定的圈〕。Kirchhoff 创造性地研究出生成树、树的一些性质、树与圈的关系等,从而解决了物理学中一个非常重要而且复杂的问题,进而得到克希霍夫定律等一系列重要成果。

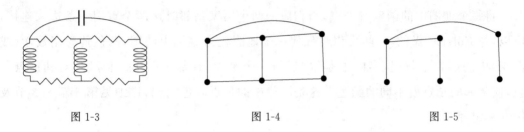

图 1-3　　　　　　　　　　图 1-4　　　　　　　　　　图 1-5

1857 年英国的 A. Cayley(凯莱)明确提出了树的概念,并应用于有机化学中研究同分异体($C_n H_{2n+2}$)分子结构的研究中。其后,C. Jordan(约当,1838—1922)把树当作数学中的概念,对树的理论系统地进行了研究,从而使得树作为图论中的一个重要内容被重视、研究和应用。

图论中的另一著名问题源于 1852 年,最早是由英国伦敦的一个职员 Francis Guthrie 首先提出了一个现象(或结论):在一个平面或球面上的任何地图能够只用 4 种颜色来着色,使得任意两个相邻的国家有不同的颜色(每个国家必须由一个单连通域构成,而两个国家相邻是指它们有一段公共的边界,而不仅仅只有一个公共点)。Francis Guthrie 和他的弟弟试了很多的地图,发现都是成立的,但他们无法说清楚是否真的任何地图都能够用 4 种颜色着色(地图可以有无穷多),但也否定不了这个说法(他们找不到不能用 4 种颜色着色的地图)。于是他们将这个问题问了一些人,但无人能够解决这个问题(要么证明这个结论是对的,要么找到至少一个地图证明这个结论是错的)。

有文字记载,这一问题出现于 De Morgan(德·摩根,Francis Guthrie 的大学老师)于同一年写给 Hamilton(哈密尔顿)的信上。1878 年,数学家 Caylay(凯莱)在伦敦数学会上说明了此问题,1879 年他说自己还不能解决。1880 年,Kempe(肯普)给出了一个"证明"。1890 年,P. J. Heawood 发现 Kempe 的证明是错误的,但他指出,可以用Kempe 的证明方法证明五色定理(五色定理详见第 9 章 9.4 节,也就是说对地图着色,用 5 种颜色就一定可以区分出任何国家）。另外,如图 1-6 所示,显然 3 种颜色是不够的。所以问题还是:4 种颜色到底够不够?（在历史上的一段时间里,"四色问题"被称作"四色瘟疫",与"三等分角""化圆为方"等著名难题齐名。）

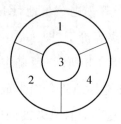

图 1-6

将每个地图中的国家看作点,当相应的两个国家相邻时这两个点用一条边来连接,所以,像 Euler 所做的一样,可以将任何一个地图化为数学中的图,四色猜想用数学（或图论）中的语言来叙述,实际上是说"任何一个平面图,都可以用 4 种颜色对其顶点着色,使相邻的顶点着不同的颜色",这是图论中的顶点着色问题,详细见第 8 章 8.3 节及第 9 章定理 9-9。

1976 年,美国伊利诺伊州的 W. Hakan（哈肯）、K. Appal（阿佩尔）和 J. Koch 借助大型计算机给出了一个证明,此方法按某些性质将所有地图分为 1 936 类并利用计算机,运行了约 1 200 个小时,进行 60 亿（有说 100 亿）个逻辑判断,验证了它们可以用 4 种颜色染色（当时引起了轰动）。以后也有人继续用计算机的方法更简单地证明四色定理（例如,在 1996 年,Neil Robertson、Daniel Sanders、Paul Seymour 和 Robin Thomas 使用了一种类似的证明方法检查了 633 种特殊的情况,这一新证明也使用了计算机）,但四色定理作为第一个主要由计算机证明的理论,并不被所有的数学家接受,因为采用的方法不能由人工直接验证,最终人们必须对计算机编译的正确性以及运行这一程序的硬件设备充分地信任。主要是因为此证明缺乏数学应有的规范,以至于有人这样评论:"一个好的数学证明应当像一首诗,而这（计算机证明）——纯粹是一本电话簿!"

"四色问题"虽然在理论上长期没能得到解决,但是数学家们在解决这个难题的漫长过程中所作出的努力并非是徒劳的,他们所采用的思路、方法和技巧,推动了数学乃至其他很多领域的发展。例如,Tait（泰特）、Heawood（希伍德）、Ramsay（拉姆齐）和 Hadwiger（哈德维格）对此问题的研究与推广引发了对嵌入具有不同规格曲面的图的着色问题的研究;对五色定理的研究;20 世纪 80～90 年代曾邦哲的综合系统论（结构论）将"四色猜想"命题等价转换为"互邻面最大的多面体是四面体"。"四色问题"对图的着色理论、平面图理论、代数拓扑图论等分支的发展起到了推动作用。

1859 年,英国著名数学家 Hamilton(汉密尔顿)发明了一种游戏:用一个规则的实心十二面体,它的 20 个顶点标出世界著名的 20 个城市,要求游戏者找一条沿着各边通过每个顶点刚好一次的闭回路,即"绕行世界"。用图论的语言来说,游戏的目的是在十二面体的图中找出一个生成圈,这个生成圈后来被称为汉密尔顿回路,这个问题后来就叫作汉密尔顿问题。例如,图 1-7(a)中,沿标号 1,2,3,…,19,20,1 就是这样的一个生成圈,或 1,2,12,13,20,19,6,7,8,9,16,17,18,14,15,11,10,3,4,5,1 也是一个生成圈。图 1-7(b)为在实心 12 面体上作环球旅行的示意图。但什么图有这种生成圈,什么图没有这种生成圈,如果有,怎么找出生成圈?这个问题一直到现在仍然是一个很困难的问题(详见第 5 章 5.3 节)。由于运筹学、计算机科学和编码理论中的很多问题都可以化为汉密尔顿问题,从而引起了广泛的注意和研究。

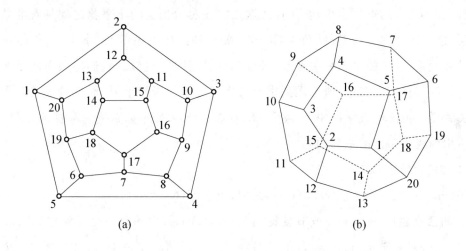

图 1-7

19 世纪中叶到 1936 年,一些游戏问题,如迷宫问题、博弈问题、棋盘上马的行走线路问题等,以图与网络的形式得到了大量的研究。

1936 年匈牙利的数学家 O. König 写出了第一本图论专著《有限图与无限图的理论》,标志着图论作为一门独立学科正式形成。(1962 年,中国数学家管梅谷教授提出"中国邮递员问题"在国际上引起了较大的反响。)

1936 年以后,在生产管理、军事、交通运输、计算机和通信网络等领域上大量问题的出现,大大地促进了图论的发展。特别是电子计算机的大量应用,使大规模问题的求解成为可能。实际问题,如信息通信网络、电网络、交通网络、电路设计、数据结构以及社会科学中的问题,所涉及的图形都是很复杂的,需要计算机的帮助才有可能进行分析和解决。

目前图论在物理〔1959 年,著名物理学家 T. D. Lee(李政道)和 C. N. Yang(杨振宁)

发表论文,提出应用图论研究量子统计力学〕、化学、运筹学、计算机科学、电子学、信息论、控制论、网络理论、心理学(1936 年,K. Lewin 写过一本《拓扑心理学原理》)、社会科学及经济管理等几乎所有学科领域都有应用。图论已经发展成一门内容广泛的学科。

1.1　什么是图?

图论(graph theory)是数学的一个分支,它以图为研究对象。图论中的图是由若干给定的点及连接两点的线(或边)所构成的图形。这种图形通常用来描述某些事物之间的某种特定关系,用点代表事物,用连接两点的线表示相应两个事物之间具有的某种特定关系(也可以是先后关系、胜负关系、传递关系和连接关系等)。事实上,任何一个包含了某种关系(也可能是多种关系)的系统都可以用图来模拟。我们感兴趣的是两事物之间是否有某种特定关系,所以图形中两点之间连接与否最重要,而连接线的曲直长短则无关紧要。由此经数学抽象产生了图的概念。研究图的基本概念和性质、图的理论及其应用构成了图论的主要内容。

1. 图的代数定义

图(graph):图 $G=(V(G),E(G))$,其中,集合 $V(G)=\{v_1,v_2,\cdots,v_v\}$(简记为 V)称为图 G 的**顶点集**(vertex set)或**节点集**(node set);$V(G)$ 中的每一个元素称为图 G 的一个**顶点**(vertex)或**节点**(node);集合 $E(G)=\{e_1,e_2,\cdots,e_\varepsilon\}$ 是 $V(G)\times V(G)$ 的一个子集(无序对,元素可重复),称为图 G 的**边集**(edge set);$E(G)$ 中的每一个元素〔即 $V(G)$ 中的某两个元素 v_i,v_j(其中,$i,j=1,2,\cdots,n$)的无序对〕记为 $e_k=(v_i,v_j)$(其中,$k=1,2,\cdots,\varepsilon$)或 $e_k=(v_j,v_i)$,$e_k=v_iv_j$,$e_k=v_jv_i$,称为图 G 的**边**(edge)。

注:任何一个图都有 $V\neq\varnothing$。这种图也称为无向图,一般"图"就是指无向图,图的记号也可以是 $G,H,G_1,H_2,\cdots$。

有向图(directed graph,digraph):$D=(V(D),A(D))$,其中,集合 $V(D)=\{v_1,v_2,\cdots,v_v\}$(简记为 V)称为有向图 D 的**顶点集**(vertex set)或**节点集**(node set);$V(D)$ 中的每一个元素称为有向图 D 的一个**顶点**(vertex)或**节点**(node);集合 $A(D)=\{a_1,a_2,\cdots,a_\varepsilon\}$ 是 $V(D)\times V(D)$ 的一个子集(有序对,元素可重复),称为有向图 D 的**弧集**(arc set);$A(D)$ 中的每一个元素 a_k〔即 $V(D)$ 中的某两个元素 v_i,v_j 的有序对〕,这里 $k=1,2,\cdots,\varepsilon,i,j=1,2,\cdots,v$,记为 $a_k=(v_i,v_j)$(或 $a_k=v_iv_j$),称为有向图 D 的一条从 v_i 到 v_j 的**弧**(arc),其中,v_j 称为弧 $a_k=(v_i,v_j)$ 的**头**(head),v_i 称为 $a_k=(v_i,v_j)$ 的**尾**(tail),对于 v_i

来说弧 $a_k=(v_i,v_j)$ 是**出弧**（outgoing arc）；对于 v_j 来说 $a_k=(v_i,v_j)$ 是**入弧**（incoming arc）。

注：任何一有向图都有 $V\neq\varnothing$。有时，为了强调也经常用其他记号（如 $\boldsymbol{G},\boldsymbol{H},\boldsymbol{D}_1,\boldsymbol{D}_2,\cdots$）表示一个有向图，$\overrightarrow{a_k}$ 或 $\overrightarrow{v_iv_j}$ 表示一条弧，$\boldsymbol{A}(D)$ 表示有向图 D 的弧集。

对于每个有向图 D，对应一个无向图 G,G 的顶点与 D 相同，且对于 D 的每条弧，G 中有一条对应的边与它有相同的端点（即：去掉了弧的方向，端点不变）。称 G 为有向图 D 的**基础图**（underlying graph）；反之，对每个无向图 G，通过在每条边上指定一个方向，就可以得到一个有向图 D，称之为 G 的一个**定向图**（orientation graph）。显然，定向图不是唯一的。

例 1-1　$G=(V,E)$，其中，$V=\{v_1,v_2,v_3,v_4,v_5\}$，$E=\{(v_1,v_2),(v_2,v_3),(v_3,v_4),$ $(v_3,v_5),(v_1,v_5),(v_1,v_5),(v_5,v_5)\}$，便定义出一个图（无向图）。

例 1-2　$D=(V,A)$，其中，$V=\{v_1,v_2,v_3,v_4,v_5\}$，$A=\{a_1,a_2,a_3,a_4,a_5,a_6\}$，弧分别为 $a_1=(v_1,v_2),a_2=(v_1,v_2),a_3=(v_2,v_3),a_4=(v_3,v_4),a_5=(v_4,v_1),a_6=(v_3,v_3)$，便定义出一个有向图。

2. 图的几何表示

通常，图的顶点可用平面上的一个点来表示，边可用平面上的线段来表示（直的或曲的）。这样画出的平面图形称为图的**几何表示**（geometric representation）或**几何实现**（geometric realization）。由于图的表示直观易懂，因此以后一般说到一个图，我们总是画出它的一个几何表示来表示这个图。例如，例 1-1 中图 G 的一个图的表示为图 1-8，例 1-2 中有向图 D 的一个图的表示为图 1-9。

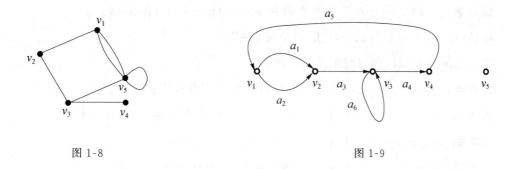

图 1-8　　　　　　　　　　　　　　　　　图 1-9

显然，由于表示顶点的平面上点的位置的任意性以及边的形状等因素，同一个图可以画出形状迥异的无穷多图的表示（详细请参看 1.2 节图的同构）。但通常对图 G 及其几何表示（与顶点的位置、边的形状等无关）经常不加以区别。

通常，描绘一个图的方法是把顶点画成一个小圆圈（实心如图 1-8 所示；或空心如

图 1-9 所示),如果相应的顶点之间有一条边,就用一条线(弧,用箭头表示弧的方向)连接这两个小圆圈,如何绘制这些小圆圈和连线是无关紧要的,重要的是要正确体现哪些顶点对之间有边(弧及方向),哪些顶点对之间没有边(弧)。

注:边与边的交点并不是图的顶点。

3. 图的一些概念和术语

对于一个如图 1-10 所示的图 $G=(V,E)$,其中,

$$V=\{a,b,\cdots,f\},E=\{k,p,q,ae,af,\cdots,ce,cf\}。$$

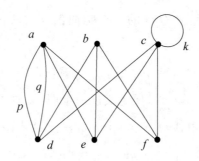

图 1-10

图的**阶**(order)指图 G 的点数:$v(G)=|V(G)|$〔也经常用 $n(G)=|V(G)|$ 表示〕;$\varepsilon(G)=|E(G)|$,称为图 G 的边数〔也经常用 $m(G)=|E(G)|$ 表示〕。当讨论中只涉及一个图 G 或不易引起混淆时,可简记为 v(或 n)及 ε(或 m)。

称边 ad 与顶点 a(及 d)**相关联**(incident),也称顶点 b(及 f)与边 bf 相关联。

称顶点 a 与顶点 e **相邻**(adjacent),或称 a 是 e 的**邻点**、**邻居**(neighbor)。也称有公共端点的一些边,如 p 与 af,彼此相邻。

称一条边的两个顶点为它的两个**端点**(end vertices,end points)。

环(loop,selfloop):如边 k,它的两个端点相同。

棱(link):如边 ae,它的两个端点不相同。

孤立点(isolated vertex):不与任何顶点相邻的顶点称为孤立点;

重边(multiedge edge):如边 p 及边 q,重边也称作**平行边**(parallel edge)。

简单图(simple graph):无环,无重边的图。

平凡图(trivial graph):仅有一个顶点的图(可有多条环)。

空图(empty graph):没有边的图,也被称作**零图**。

有限图(finite graph):顶点数和边数都是有限的图称为有限图。本文如无特殊说明,我们提到的图或有向图都是有限图。

顶点 v 的**度**(degree):$d(v)=$ 顶点 v 所关联的边的数目(每个环计两次)。

度数为奇数的顶点称作**奇点**（odd vertex）；度数为偶数的顶点称作**偶点**（even vertex）。

度数为 1 的顶点称作**悬挂点**（end vertex）或**叶点**（leaf），悬挂点的关联边称作**悬挂边**（end edge）；度数为 0 的顶点即孤立点。

图 G 的最大度：$\Delta(G)=\max\{d_G(v)\,|\,v\in V(G)\}$（或不引起混淆时直接用 Δ 表示）。

图 G 的最小度：$\delta(G)=\min\{d_G(v)\,|\,v\in V(G)\}$（或不引起混淆时直接用 δ 表示）。

邻域（neighborhood）：在图中与 u 相邻的点的集合 $\{v\,|\,v\in V,(u,v)\in E\}$，称为 u 的邻域，记为 $N(u)$。

独立集（Independent Set）：图 G 的顶点子集 $V'(V'\subseteq V(G))$ 中任意两个顶点在图 G 中都互不相邻，则称 V' 为图 G 的独立集。

对于有向图，上述概念中把"边"换成"弧"后几乎都还可以应用，只是相应细化一些新的概念。（仍以图 1-9 所示的有向图 D 为例。）

重弧（multiarc）：如弧 a_1 和弧 a_2（两条弧的端点相同，而且方向一致）。重弧也称作平行弧。

严格的有向图（strict digraph）：无环、无重弧的图。

顶点 v_2 的**出度**（out-degree）：$d_D^+(v_2)=$ 顶点 v_2 的出弧的数目〔或不引起混肴时直接用 $d^+(v_2)$ 表示〕。顶点 v_3 的**入度**（in-degree）：$d_D^-(v_3)=$ 顶点 v_3 的入弧的数目〔或不引起混淆时直接用 $d^-(v_3)$ 表示〕。相应地，也可以定义有向图 D 的**最大出度** $\Delta^+(D)=\max\{d_D^+(v)\,|\,v\in V(D)\}$，**最大入度** $\Delta^-(D)=\max\{d_D^-(v)\,|\,v\in V(D)\}$，或**最小出度** $\delta^+(D)=\min\{d_D^+(v)\,|\,v\in V(D)\}$，**最小入度** $\delta^-(D)=\min\{d_D^-(v)\,|\,v\in V(D)\}$。对 D 中的弧 $a_3=(v_2,v_3)$，称顶点 v_2 为顶点 v_3 的**内邻点**（in-neighbour），v_3 为 v_2 的**外邻点**（out-neighbour），记 $N^-(v_3)=\{u\,|\,u\in V(D),(u,v_3)\in A(D)\}=\{v_2,v_3\}$ 为 v_3 在有向图 D 中的**内邻集（内邻域）**（注意，由于图 1-9 中有向环 v_3v_3，所以 v_3 的内邻集中含有 v_3 本身）；记 $N^+(v_3)=\{u\,|\,u\in V(D),(v_3,u)\in A(D)\}=\{v_3,v_4\}$ 为 v_3 在有向图 D 中的**外邻集（外邻域）**。

源（source）**点**：有向图 D 中，$d_D^-(v)=0$ 的点。**汇**（sink）**点**：有向图 D 中，$d_D^+(v)=0$ 的点。

但有些情况下，源点和汇点也可以是指定的。

例 1-3　若一群人中，凡相识的两人都无公共朋友，凡不相识的两人都恰有两个公共朋友，则每人的朋友数相等（相识者互为朋友）

证明：作一个图 G。以该群人中每人为一顶点，任两个顶点相邻的充分必要条件是对应的两人相识（图 G 甚至不需要真的画出，只想象有一个图即可）。则，只需证明图 G

每个顶点的度数都相等(即图 G 是一个**正则图**)。

任取图 G 的两个相邻顶点 u,v,令 A 与 B 分别是图 G 中与 u,v 相邻的其他所有顶点的集合。由假设条件知 $A\bigcap B=\varnothing$,即 A 中任意点 a 与 v 不相邻,则 a 与 v 应恰有两个公共邻点(公共朋友),显然 u 就是其中之一,设 a 与 v 的另一公共邻点(公共朋友)为 b,则 $b\in B$,a 点与 b 点相邻,但 a 与 B 中其他点都不相邻(因为 B 中其他点都与 v 相邻),即 A 中任意点 a 恰与 B 中除 u 之外的唯一的 b 点相邻。反之亦然。从而集合 A 与 B 之间存在一一对应,故 $|A|=|B|$,由此得任意相邻顶点 u,v 的度数相等。

现在假设图 G 中存在两个顶点 x 与 y,使得 $d(x)\neq d(y)$,则由上面的证明知道,x 与 y 不相邻,由假设条件可知,存在 x 与 y 的公共邻点 w(应恰好有两个,取其一)。由上面的证明知道 $d(x)=d(w)=d(y)$,与 $d(x)\neq d(y)$ 矛盾。

故图 G 中任意两个顶点的度数都相等。

证毕

例 1-4　证明在任意 6 个人的集会上,要么有 3 个人相互认识,要么有 3 个人互不认识。

证明:作一个图 G。以该群人中每人为一顶点,设 6 个顶点分别为 a,b,c,d,e,f,任意两个人如果认识,则将相应的两个顶点之间连一条红边;否则如两人不认识,则相应的两个顶点之间连一条蓝边。这样原问题就等价于证明在这样的 6 个顶点的图中必定含有同色三角形。(图 G 任意两顶点之间都有唯一的一条边,图 G 的所有的边分为两类,红色或蓝色。)

考察任意顶点,如 a,与 a 关联的 5 条边中必有至少有 3 条是同色的,不妨设 a 有 3 条红色边 ab,ac,ad,再观察三角形 bcd,如果 bcd 中有一条边是红色,设为 bc,则 abc 就是红边三角形,如果 bcd 中没有边是红色,则 bcd 就是蓝边三角形。

证毕

思考:

1. 用其他方法证明例 1.4(作图或不作图都行)。

2. 请找一个最小的正整数 r,使得 r 个人中有两个人互相认识,或者有三个人互相不认识。(很简单是不是? $r=3$。)继续:找最小正整数 r,使得 r 个人中有 3 个人互相认识,或者有 4 个人互相不认识。(答案是 9,自己搜索答案。)一般地,对于整数 $a(a\geqslant 3)$ 和 $b(b\geqslant 3)$,找一个最小正整数 $r(a,b)$,使得 r 个人中有 a 个人相互认识,或者有 b 个人互相不认识(也可以是:使得 r 个人中有 a 个人互相不认识,或者有 b 个人互相认识)。这个问题是一个非常著名的问题——**Ramsey 问题**,$r(a,b)$ 被称作 **Ramsey 数**。这一问题是由英国哲学家、数学家、经济学家 Frank Plumpton Ramsey(弗兰克·普伦普顿·拉姆齐,1903—1930)于 1928 年提出的。对一般的正整数 $a(a \geqslant 3)$ 和 $b(b \geqslant 3)$,Ramsey 数 $r(a,b)$ 是非常难以确定的,如 $r(4,4)=18$,但 $r(5,5)$ 就不容易确定是多少了,目前只知道在 43 和 49 之间。

习题 1-1

1. 若 G 为无向简单图,则 $\varepsilon \leqslant \binom{v}{2}$。

2. 请举例说明:(1)在某 5 个人的聚会上,既没有 3 个人相互认识,也没有 3 个人相互不认识〔这可以说明 $r(3,3) \geqslant 6$〕;(2)在某 6 个人的聚会上,既没有 3 个人相互认识,也没有 4 个人相互不认识〔这说明 $r(3,4) \geqslant 7$〕;(3)利用题图 1-1 说明存在 8 个人的聚会,既没有 3 个人相互认识,也没有 4 个人相互不认识〔这说明 $r(3,4) \geqslant 9$〕。

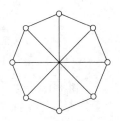

题图 1-1

3. 一个简单图 G(设图 G 有 v 个顶点,ε 条边)有多少个定向图?如果一个图不是简单图,它的定向图有多少?

1.2 图 的 同 构

在 1.1 节的图的几何表示中提到,同一个图(代数定义)有无穷多个图的几何表示,那么怎么区分一些几何表示的图是否是同一个图呢?不同代数定义的图是否可能是同一个图呢?例如,图 1-11 中的 3 个图是否是同一个图?类似地,图 1-12~图 1-14 中的各图是否是同一个图?

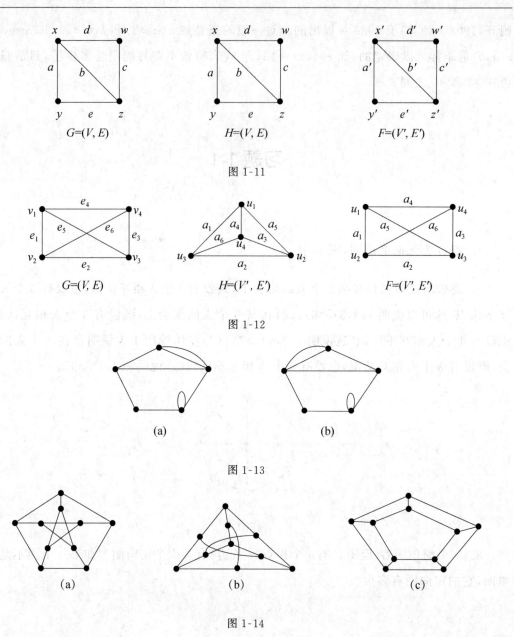

图 1-11

图 1-12

图 1-13

图 1-14

图 1-11 中，图 G 和图 H 的代数定义相同，形状也相似，所以图 G 和图 H 应该是相同的，图 F 与图 G 的形状相似，但代数定义显然不同，那么图 F 与图 G 是否可以看成是相同的？类似地，图 1-12 中，图 H 和图 F 的代数定义相同（注意，实际上并不是完全相同。例如，a_1 在图 H 中的两个端点是 u_1,u_3，但是在图 F 中的两个端点是 u_1,u_2），但形状差别较大。图 F 与图 G 的形状相似，但代数定义显然不同。甚至，有些图没有代数定义，只有几何表示。例如，图 1-13 中的两个图是同一个图吗？图 1-14 中的 3 个图哪些图是相同的？还是 3 个图都不同？

分清楚哪些图是相同的，是一个非常重要的问题，否则，我们必须对无穷多的图做大量重复无用的分析。所以先来看怎么定义两个图是否相同。

定义：两个图 $G=(V(G),E(G))$ 与 $H=(V(H),E(H))$，称图 G 与图 H 是**恒等**(identical)的（记为 $G=H$），如果两个图 $V(G)=V(H),E(G)=E(H)$ 同时成立。

定义：两个图 $G=(V(G),E(G))$ 与 $H=(V(H),E(H))$，称图 G 与图 H 是**同构**(isomorphic)的（记为 $G\cong H$），如果 $V(G)$ 与 $V(H)$，$E(G)$ 与 $E(H)$ 之间各存在一一映射 $\Psi:V(G)\rightarrow V(H)$ 及 $\Phi:E(G)\rightarrow E(H)$，且这两个映射保持关联关系〔即它们满足关系：对任意 $e=uv\in E(G)$，都有 $\Phi(e)=\Psi(u)\Psi(v)\in E(H)$〕。

注：恒等是通常说的"相同"。两个图是同构的是指它们有相同的结构，仅在顶点及边的标号上或两个图的画法上有所不同而已。往往将同构概念引申到非标号图中，以表达两个图在结构上是否相同。所以，同构是我们在几何表示的意义下，忽略掉代数定义，也不区分图的顶点位置及边的形状而称呼的"相同"的意思。在同构的意义下，一个图的表示也可以看作是唯一的。

根据定义，我们可以验证：在图 1-11 中的图 G 和图 H 是恒等的，图 H 和图 F 是同构的；图 1-12 中的 3 个图是同构的（尽管代数定义和形状可能不同），所以这种图可以看作是唯一的，被定义成 K_4；图 1-13 中的两个图不是同构的；图 1-14 中的图(a)和图(b)是同构的，图(a)和图(c)是不同构的。

下面以图 1-12 与图 1-13 为例，来分别证明两个图是同构的和两个图是不同构的。

例 1-5　证明图 1-12 中图 G 与图 H，图 F 是同构的。

证明：首先，$|V(G)|=|V(H)|$，$|E(G)|=|E(H)|$，所以 $V(G)$ 与 $V(H)$，$E(G)$ 与 $E(H)$ 之间都存在一一映射，而且各自有 4! 和 6! 个不同的一一映射，我们只要各找出一个一一映射 $\Psi:V(G)\rightarrow V(H)$ 及 $\Phi:E(G)\rightarrow E(H)$，使得这两个映射保持关联关系就可以证明图 G 和图 H 是同构的。容易验证：

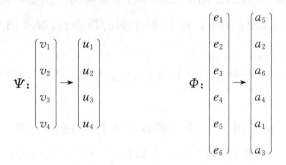

Ψ 与 Φ 就保持了关联关系（例如，对 $e_3=v_3v_4$：$\Psi(v_3)=u_3$，$\Psi(v_4)=u_4$，$\Phi(e_3)=a_6=u_3u_4$，所以 $\Phi(e_3)=\Psi(v_3)\Psi(v_4)$ 成立）。

再来，证明图 1-12 中图 H 与图 F 是同构的。首先注意到图 H 与图 F 中的点和边

虽然都是用 $u_i(i=1,2,3,4)$ 和 $a_i(i=1,2,\cdots,6)$ 来表示的,但实际上并不完全相同,所以为了区别,不妨将图 F 中的点用 $u_i'(i=1,2,3,4)$ 表示,边用 $a_i'(i=1,2,\cdots,6)$ 来表示〔当然也可以用完整的表示方法 $u_i(H)(i=1,2,3,4)$,$a_i(H)(i=1,2,\cdots,6)$ 和 $u_i(F)(i=1,2,3,4)$,$a_i(F)(i=1,2,\cdots,6)$ 来表示,但显然要麻烦一些〕。接下来只需要验证:

$$\Psi: \begin{bmatrix} u_1 \\ u_2 \\ u_3 \\ u_4 \end{bmatrix} \rightarrow \begin{bmatrix} u_1' \\ u_2' \\ u_3' \\ u_4' \end{bmatrix} \qquad \Phi: \begin{bmatrix} a_1 \\ a_2 \\ a_3 \\ a_4 \\ a_5 \\ a_6 \end{bmatrix} \rightarrow \begin{bmatrix} a_5' \\ a_2' \\ a_6' \\ a_4' \\ a_1' \\ a_3' \end{bmatrix}$$

就是 $V(H) \rightarrow V(F)$ 和 $E(H) \rightarrow E(F)$ 的两个一一映射,而且保持了关联关系(同上面类似,显然可证)。

当然也可以类似地证明图 G 与图 F 是同构的(更简单直观,但这一步也可以不证或用这一个证明代替上面的图 H 与图 F 是同构的证明)。

所以 $G \cong H \cong F$。

证毕

证明两个图是不同构的,如果用定义的方法,显然是非常烦琐的(也就是说要一一验证:任意一个顶点到顶点的一一映射和任意一个边到边的一一映射都不能满足关联关系。而一一映射的数量一般都是天文数字 $n!$ 和 $m!$,而组合的数量是 $(n!) \times (m!)$,这是不可能完成的计算,如 $n=200$,$m=1\,000$。这种图在实际生活中好像规模不算太大,但是还是要想想其他办法)。能否用其他方法来证明两个图是不同构的? 当然,俗语说"办法总比问题多"。我们以图 1-13 为例,来证明两个图是不同构的。

首先,为了叙述的方便,给图 1-13 的两个图的顶点、边以及图分别加上名字,如图 1-15 所示。

例 1-6 证明图 1-15 中的图 G〔(如图 1-15(a)所示)〕与图 H〔(如图 1-15(b)所示)〕是不同构的。

证明:用反证法。假设图 1-15 中的图 G 与图 H 是同构的,则 $V(G)$ 与 $V(H)$、$E(G)$ 与 $E(H)$ 之间各存在一一映射 $\Psi: V(G) \rightarrow V(H)$ 及 $\Phi: E(G) \rightarrow E(H)$,且这两映射保持关联关系。下面分析这两个保持关联关系的一一映射的详细对应关系,我们观察到在图 G 中顶点 a_4 与两条边相关联(e_5 和 e_7),由于 Ψ 和 Φ 保持关联关系,所以 a_4 在 $\Psi: V(G) \rightarrow V(H)$ 的映射中,在图 H 中对应的象也应该是一个与两条边相关联的顶点(自己思考为

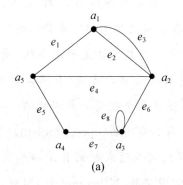
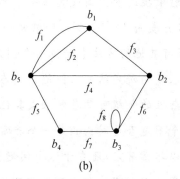

(a)   (b)

图 1-15

什么）。在图 H 中,这种顶点恰好是唯一的,就是 b_4,所以图 G 中的顶点 a_4 与图 H 中的顶点 b_4 在 Ψ 中一一对应。类似地（也可以考虑其他信息,如 e_8 和 f_8 必须在 Φ 中一一对应）,图 G 中的顶点 a_3 与图 H 中的顶点 b_3 在 Ψ 中对应,顶点 a_1 与图 H 中的顶点 b_1 在 Ψ 中对应（利用重边的信息）。接下来考虑图 G 中的顶点 a_5,由于 a_5 在图 G 中与 3 条边相关联,在图 H 中,与 3 条边相关联的顶点有 b_1 和 b_2,但是 b_1 在 Ψ 中对只能与 a_1 对应,所以图 G 中的顶点 a_5 只能与图 H 中的顶点 b_2 在 Ψ 中一一对应,观察图 G 中的边 $e_5 = a_4a_5$,在 Ψ 中 a_4 与 b_4 一一对应,a_5 与 b_2 一一对应,所以在 Φ 中图 G 中的边 e_5 必须与图 H 中的边 b_2b_4 一一对应,但是在图 H 中,根本没有边 b_2b_4。也就是说,Φ 不可能是 $E(G)$ 与 $E(H)$ 之间的一一映射,这是矛盾的。所以图 G 与图 H 不可能是同构的。

证毕

注 1:显然可以验证同构是一种等价关系（自反性、对称性、传递性）。

注 2:例 1-6 证明方法显然是针对图 1-15 的特殊的性质,如果两个图没有一些特殊的性质,如两个图的顶点度数都相等,则上面的方法就不能使用。而使用定义的方法去验证所有可能的顶点到顶点的一一映射与边到边的一一映射都不能保持关联关系,对一般的图而言,是非常烦琐的。

注 3:上面例 1-5 和例 1-6 的证明方法看上去简单,但实际上对一般的图而言,这种方法是非常困难的,如果图 G 和图 H 都是 n 个顶点,m 条边（思考:如果图 G 和图 H 的顶点数或边数不同,图 G 和图 H 是否是同构的）,则 $V(G) \rightarrow V(H)$ 的一一映射的数量有 $n!$ 个,$E(G) \rightarrow E(H)$ 的一一映射的数量有 $m!$ 个。需要从这些一一映射中各挑选出一个满足关联关系的,才能证明图 G 与图 H 是同构的（例 1-5 的证明中没有写出挑选的过程,直接给了一个结果,事实上,对一般的图,从算法的角度来衡量,按照上面的方法,挑选的过程就是一个一个对比验证的过程,所以这个挑选的过程非常烦琐）。如果这些一一映射中挑选不出满足关联关系的两个一一映射,则说明图 G 与图 H 是不同构的。显然,当 n 或 m 中有一个数稍微大一些时,就很难在很短的时间内完成验证的工作。那么,是否有其他的方法来验证两个图是否是同构的呢? 当然方法是有很多的(图的同构算法有很多的研究结果),但是到现在,一直都没有找到简单的方法(多项式时间算法,算法复杂性的介绍可参考附录或其他文献)来验证任意两个图是否是同构的。事实上,判定两个图是否是同构的是一个非常著名、未解决的困难问题(open problem)。这个问题之所以非常著名,还在于这个问题虽然目前没有找到多项式时间算法(即:这个问题不能证明是 P 问题),但也不能证明这个问题是非常困难的(NP-complete)问题,这类问题被称作 NPI 问题(NP-intermediate problem)。这种特殊的 NPI 问题目前比较熟悉的只有两个,一个就是图的同构问题(graph isomorphism problem),另一个是因子分解问题(factorization problem)。

图的同构问题在实际生活中及学术研究中有着广泛的应用。例如,可以应用在如下领域的研究中:

① 密码破译(验证两个字符串是否等同);

② 化学物质搜索,化学化合物的结构识别等(从庞大的数据库中,比对出这个化学物质是什么);

③ 文件比较(查重等);

④ 社交网络分析(社交网络是一张大图);

⑤ 基因图谱分析(基因也可以看作是一个非常大的图);

⑥ 模式识别与图像处理(Donatello Conte 等人在 2003 年对模式识别领域中应用图的同构技术进行了综述,具体可以应用在以下 6 个子领域中:2D 和 3D 图像分析与处理、文本鉴定、图像数据库、电视影像分析、生物及生物医疗应用);

⑦ 计算机视觉处理(如机器人的目标识别,医学图像中有害细胞鉴定,场景分析等);

⑧ 信息检索(文本信息检索,手写体信息检索,多媒体信息检索,3D 形状可视化等);

⑨ 数据挖掘(数据格式从关系表格、事务集合、半结构化数据、符号序列、有序树、拓扑逻辑到多关系的结构化数据等,图的匹配技术在数据挖掘中得到了爆发式增长的应用);

⑩ VLSI 设计与验证;

……

由于图的同构问题非常重要,虽然这个问题很难,但是对于一些简单的图,即使使用复杂性较高的算法(当然,这样的算法有很多种)也能在较短的时间内判断两个图是否同构。所以,以后的叙述中,提到任意有限图时,都是在同构的意义下,只需要考虑一种几何表示就可以了。

对有向图也可以类似地定义同构的概念。

在同构的意义下,就可以相对容易地定义更多的图以及研究图的各种性质了。

完全图(complete graph):每一对不同顶点都相邻的无向简单图。n 阶完全图常记作 K_n。完全图如图 1-16 所示。

在同构的意义下,完全 K_n 完全由阶数 n 唯一确定。例如:

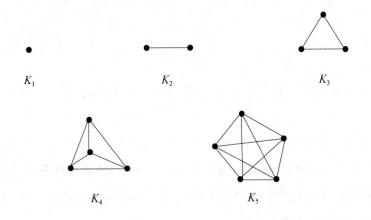

图 1-16

设 $D=(V,A)$ 是 n 阶有向简单图,如果对图 D 的任何两个不同的顶点 u 和 v,有 u 邻接于 v,v 也邻接于 u,则称图 D 是一个有向完全图。

偶图(bipartite graph):若图 G 的顶点集 V 可划分为两个非空子集 X 和 Y(即:$V=X\cup Y$,$X\cap Y=\varnothing$,且 $X\neq\varnothing$,$Y\neq\varnothing$),且每一条边都有一个顶点在 X 中,而另一个顶点在 Y 中,那么这样的图称作偶图(也叫作**二部图**、**二分图**等)。通常记偶图为 $G=(X,Y;E)$,$G=(X,Y,E)$ 或 $G=(X\cup Y,E)$。在一个偶图 $G=(X,Y;E)$ 中,X 和 Y 显然都是独立集。

完全偶图(complete bipartite graph):如果在偶图 G 中任意 X 中的顶点和任意 Y 中的顶点都有唯一的一条边相连,则这样的图称作完全偶图(也叫作**完全二部图**、**完全二分图**)。若 $|X|=m$,$|Y|=n$,则完全偶图 G 记作 $K_{m,n}$。

偶图与完全偶图如图 1-17 所示。

类似地可定义,三部图、k-部图、完全三部图、完全 k-部图等(如 $K_{m,n,p}$)。

定理 1-1(握手引理)　$\displaystyle\sum_{v\in V(G)}d(v)=2\varepsilon$

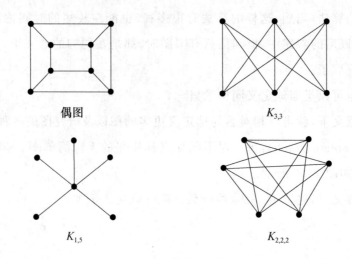

图 1-17

证明: 按每个顶点的度来计算边,每条边恰好计算了两次。

证毕

注: 此定理经常被称作"握手引理",在历史上经常以如下的叙述形式出现:在任何一个聚会的场合中,如果规定认识的两个人都握手若干次(大于或等于 1 的正整数),不认识的人不要握手,要求每个人记住自己与所有认识的人握手的总次数,结论是所有人的握手的次数之和一定是偶数!

推论 1-1 在任意图 G 中,奇度顶点的个数总是偶数(包括 0)。

证明: 令 X,Y 分别为图 G 中的奇点集合与偶点集合,则由定理 1-1 可得

$$\sum_{v \in V(G)} d(v) = \sum_{v \in X} d(v) + \sum_{v \in Y} d(v) = 2\varepsilon,$$

所以 $\sum_{v \in X} d(v) = 2\varepsilon - \sum_{v \in Y} d(v)$ 为偶数,所以奇度顶点的个数只能是偶数。

证毕

推论 1-2 在任意凸多面体上,边数是奇数的面的个数一定是偶数。

证明: 以凸多面体的面为顶点,面和面之间如果相邻(有公共边),则在对应的两点之间连一条边,这样得到的图每个顶点的度数就是凸多面体中每个面的边数。由推论 1-1 可知,奇度顶点的个数总是偶数,所以在任意凸多面体上,边数是奇数的面的个数一定是偶数。

证毕

定理 1-2 设 $D=(V,A)$ 是一个有向图,则:各顶点入度的和等于各顶点出度的和,且同时等于弧的个数。(即: $\sum_{v \in V} d^+(v) = \sum_{v \in V} d^-(v) = \varepsilon$。)

证明: 在有向图中,每条弧均有一个头与一个尾,在计算图 D 中各顶点的出度与入度之和时,每条弧均提供了一个出度与一个入度。

证毕

例 1-7 设 $V(G) = \{v_1, v_2, \cdots, v_n\}$,则称 $(d(v_1), d(v_2), \cdots, d(v_n))$ 为图 G 的 **度序列**。证明:非负整数序列 $(d(v_1), d(v_2), \cdots, d(v_n))$ 为某图的度序列的充分必要条件是 $\sum_{i=1}^{n} d(v_i)$ 为偶数。

证明: 必要性。根据定理 1-1,可知必要性显然成立。

充分性。对非负整数序列 $(d(v_1), d(v_2), \cdots, d(v_n))$ 〔满足 $\sum_{i=1}^{n} d(v_i)$ 为偶数〕,按如下办法作一个图 G:令图 G 的顶点集合为 $V(G) = \{v_1, v_2, \cdots, v_n\}$,对每个顶点 $v_i (i=1, 2, \cdots, n)$ 作 $\left\lfloor \dfrac{d_i}{2} \right\rfloor$ 条环,这样,当 $d(v_i) (i=1, 2, \cdots, n)$ 为偶数时 $d(v_i)$ 正好可以作为顶点 $v_i (i=1, 2, \cdots, n)$ 的度数,当 $d(v_i) (i=1, 2, \cdots, n)$ 为奇数时,$v_i (i=1, 2, \cdots, n)$ 点的度数目前恰好是 $d(v_i) - 1$,而根据条件和推论 1-1 可知,$d(v_i) (i=1, 2, \cdots, n)$ 为奇数的个数一定是偶数,因此可以将这偶数个 $d(v_i)$ 所对应的顶点 v_i 两两配对,并将每对顶点用一条边将它们连接起来,得到图记作图 G,显然图 G 的度序列是 $(d(v_1), d(v_2), \cdots, d(v_n))$。

证毕

同样地,可以定义有向图的 **出度序列** $(d^+(v_1), d^+(v_2), \cdots, d^+(v_n))$ 与 **入度序列** $(d^-(v_1), d^-(v_2), \cdots, d^-(v_n))$。

例 1-8 证明:在人数大于 1 的任何一个群体中,一定有两个或两个以上的人在该群体中有相同的朋友数。

证明: 设该群体共有 n 个人,把该群人中每个人作为一个顶点,两个人是朋友则将相对应的顶点连上一条边(不是朋友就不要连边)。于是得到的图 G 显然是一个简单图,每个顶点的度数就是此顶点所对应的人在该群体中的朋友数,显然图 G 中点的度数满足:

$$0 \leqslant d(v_i) \leqslant n-1 \quad (i=1, 2, \cdots, n)。$$

(反证法)假设在这群人中每个人的朋友数都不相等,则图 G 中点的度序列数只能恰好是 $(0, 1, 2, \cdots, n-1)$,但是,既然有某个顶点的度数为 0,一个共有 n 个顶点的简单图中就不可能有点的度数为 $n-1$。这个矛盾说明在这群人中一定有两个或两个以上的人有相同的朋友数。

证毕

例 1-9 用染色法判定二部图。对任意图 G,用红、蓝两种颜色对顶点进行染色如下:

记 $V(V\neq\varnothing)$ 为图 G 的顶点集合,令 C 为图 G 中已染色的顶点集合,置 $C=\varnothing$;令 S 为图 G 中已扫描的顶点集合,置 $S=\varnothing$。

① 任取一个顶点 $v\in V\backslash C$ 染以红色,令 $C=C\cup v$。

② 如果 $S=V$,则图 G 为二部图;算法停止。否则,(此时有 $S\subset V$)转③。

③ 如果 $S=C$,(此时 $S=C\subset V$),转①;否则,(此时有 $S\subset C\subset V$),转④。

④ 任取 $w\in C\backslash S$(w 为一个已染色但未扫描顶点),对 w 进行扫描如下:取出图 G 中与点 w 相邻的任意顶点 t,如果 $t\notin C$,对 t 染以与 w 相异的颜色,令 $C=C\cup t$;如果 $t\in C$,查看 t 所染颜色,如果 t 所染颜色与 w 所染颜色相异,则不作改变,继续查找图 G 中与点 w 相邻的其他顶点;如果 t 所染颜色与 w 所染颜色相同,则算法停止,图 G 就是非二部图。扫描完成后令 $S=S\cup w$,转步骤②。

注 1:关于此算法的正确性见第 1 章 1.5 节。

注 2:此算法的复杂性分析如下。设图的点数为 n,则此染色法的步骤为每步扫描一个顶点,最多扫描 n 个顶点,每扫描一个顶点时,检查顶点是否相邻并且判断是否染色及所染颜色是否与所扫描顶点所染颜色相异,最多判断 $3n$ 次,所以算法的复杂度为 $O(n^2)$。所以此算法是好算法。

注 3:此算法稍作修改,还可以用作其他判断。

例 1-10 对任意简单二部图 G,证明其边数 ε 至多为 $\dfrac{v^2}{4}$。

证明:设 $G=(X,Y;E)$,其中 $|X|=m$,$|Y|=n$,则 $m+n=v$,所以图 G 的边数

$$\varepsilon(G)\leqslant\varepsilon(K_{m,n})=mn=m(v-m)=mv-m^2=\frac{v^2}{4}-(v/2-m)^2\leqslant\frac{v^2}{4}。$$

证毕

附:算法复杂性问题

算法复杂性问题是一个比较复杂的问题,下面用尽量简单的语言做一个简要的介绍。详细情况可参考《组合最优化算法和复杂性》等著作。

在 20 世纪 70 年代,随着计算机的发展,利用计算机解决实际问题的现象变得越来越普遍。而算法是人们为计算机设计的解决实际问题的指令,但是计算机科学家们很快提出了一个问题,给定一个带有输入的计算机程序,它会停机吗(所谓的**停机问题**)?进而,即使一个算法能够在有限的时间内停机,但如果它需要的时间太长,也就没有实际作用。

衡量一个算法的效果,最广泛采用的标准是:它在得到最终答案前所用时间的多少。由于计算机的速度不同和指令系统不同,所以所用时间的多少随着计算机的不同

而有很大的差别，因此，在算法分析中，通常用初等运算(算术运算、比较和转移指令等)的步数表示一个算法在假设的计算机上执行时所需的时间。即，每做一次初等运算，需要一个单位时间。一个算法所需要的运算步数当然与输入的规模和算法的步骤有关，如果用 n 表示输入的规模，则算法对输入的数据有不同的运算，通常把其中最坏的情况(即最复杂的运算量)定义为该算法关于输入规模为 n 的复杂性。因此算法复杂性是输入规模的函数，如 $10n^3$、2^n，或 $n\log_2 n$ 等。当然仅在输入规模 n 很大时，才考虑算法的计算复杂性。

描述算法复杂性通常以组合优化问题为研究对象(图论中的问题几乎都属于组合优化问题)，而且要以**判定问题**("yes"或"no"的问题)为研究对象，但由于每个组合优化问题都能定义为与其密切相关的一个判定问题(也有很多著名的组合优化问题本身就是判定问题)，所以这里简单地将一个问题理解为一个(组合优化问题的)判定问题。

对一个问题 A，其输入规模为 n，问题 A 有一个算法 B，算法 B 的计算复杂性为 $f(n)$，如果存在一个 n 的多项式函数 $p(n)$，使得对充分大的 n，都有 $f(n) \leqslant p(n)$，则称算法 B 是一个**多项式界的算法**，也称为**多项式时间算法**(polynomial algorithm)，或简称为**好算法、多项式算法**；问题 A 则被称为**多项式问题**(polynomial problem)，也简称作 P 问题。若多项式函数 $p(n)$ 最高次数为正整数 k，则可以将此多项式函数 $p(n)$ 简记为 $O(n^k)$，或称算法 B 的时间复杂性为 $O(n^k)$。

目前，有很多问题找到了多项式时间算法，如，对任意 n 个数进行排序(从小到大或从大到小)的问题，图论中很多的优化问题(最短路问题、最优树问题、最大流问题等)，线性规划问题等等。所有的有多项式时间算法的(判定)问题称作 P 类问题。P 类问题可以理解为"容易"的问题。

但是与 P 类问题相对比的是 NP 类问题(non-deterministic polynomial problem)。一个问题如果不能在多项式时间内解决或不确定能不能在多项式时间内解决，但能在多项式时间内验证一个解的正确与否，则这个问题被称作 NP 问题。所有的 NP 问题称作 NP 类问题。(注意：NP 类问题不是"not polynomial"的缩写，而是"non-deterministic polynomial"的缩写。)

P 类问题是 NP 类问题的一个子集。但是 NP 类问题中仍有许多问题至今都没有找到多项式时间算法，而且几乎不可能有多项式时间算法，这就是一些被称为 **NP-complete(NP-完全或 NP-完备)**问题。NP-complete 问题有如下特点：

（1）没有一个 NP-complete 问题可以用任何已知的多项式时间算法解决；

（2）如果有一个 NP-complete 问题有多项式时间算法,则所有的 NP-complete 问题都有多项式时间算法。

目前,有很多个 NP-complete 问题（已经有大约几千个）。例如,最早被 S. Cook 于 1971 年证明的"可满足性问题（SAT）"、著名的"0-1 背包问题"、"集合划分问题",以及图论中的"最小顶点覆盖问题""最大团问题""Hamilton 圈问题"……NP-complete 问题可以理解为"困难"的问题。

P 类问题、NP 类问题、NP-complete 问题,三者之间的关系大概如图 1-18 所示。

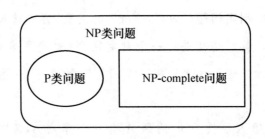

图 1-18

人们发现,所有的 NP 类问题,都可以转换为一类叫作满足性问题的逻辑运算问题。既然这类问题所有的可能答案,都可以在多项式时间内验证,那么人们就猜想,是否这类问题存在一个确定性算法,可以在多项式时间内直接算出或是搜寻出正确的答案呢？这就是著名的 NP＝P 或 NP≠P 的问题。

解决这个猜想,目前有两个稍"容易"的可能性,一个可能是只要针对某个特定的 NP-complete 问题找到一个多项式时间算法,则所有 NP-complete 问题都可以迎刃而解了,因为它们可以在多项式时间内转化为同一个问题；另外一种可能就是这样的多项式时间算法是不存在的,这就需要从数学理论上证明它为什么不存在。

美国的克雷（Clay）数学研究所于 2000 年 5 月 24 日在巴黎法兰西学院宣布了一件被媒体炒得火热的大事:对 7 个"千禧年数学难题"中的每一个悬赏一百万美元。其中 NP＝P 或 NP≠P 的问题就是其中之一,直到现在这一问题仍然没有解决,悬赏也仍然有效。但是绝大多数的数学家和计算机专家都认为 NP≠P,只是没有人能从数学理论上给出完美的证明。

还有一些问题被称作 NP-hard（**NP-困难**）问题。NP-hard 问题是指这样一类问题:所有的 NP 类问题（包括 NP-complete 问题）都能在多项式时间内转化到这样一类问题中的某一个。简单地说就是如果这样的一类问题有多项式时间算法,则所有的 NP 类问题都有多项式时间算法。但 NP-hard 问题不一定是 NP 类问题,如停机问题(所有 NP 类问题都能通过多项式时间转化为将输入转化做停机问题的输出,最后得到同样的 yes/no 的结果。方法例如,设置布尔变量为真使其循环就不会停机,为假就退出循环而停机。这样多项式转化算法就构造好了。然而停机问题并不是 NP 问题因为它对于随机的输入是不可验证的,也就是说验证过程无法在多项式时间内完成,所以不是 NP 问题。)

NP-complete 问题既是 NP-hard 问题又是 NP 类问题。由于 NP-hard 问题的转化性质,如果 NPC 问题解决了,那所有的 NP 类问题也就解决了。

此外,还有一类问题被称作 NPI 问题(NP-intermediate problem),这类问题首先是 NP 类问题,但是既不属于 P 问题(目前还没有找到多项式时间算法),也不属于 NPC 问题(证明不了)。这类问题比较著名的有两个,一个就是图的同构问题(graph isomorphism problem),另一个是因子分解问题(factorization problem)。

P 类问题、NP 类问题,NP-complete 问题、NP-hard 问题、NPI 问题五者之间的关系大概如图 1-19 所示。

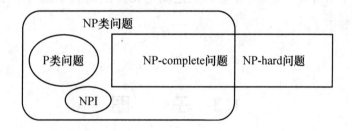

图 1-19

其中,

$$NP 类问题 = P 类问题 \bigcup NP\text{-complete} 问题 \bigcup NPI 问题;$$
$$NP\text{-complete} 问题 \subseteq NP\text{-hard} 问题;$$
$$NP\text{-complete} 问题 = NP 类问题 \bigcap NP\text{-hard} 问题。$$

习题 1-2

1. 若图 G 与图 H 同构,则 $v(G) = v(H)$,$\varepsilon(G) = \varepsilon(H)$。证明其逆命题不成立。

2. 证明:两个简单图 G 和图 H 同构的充分必要条件 $\Leftrightarrow$ 存在一一映射 $f:V(G) \to V(H)$,使得对任意 $u,v \in V(G)$,$uv \in E(G)$ 当且仅当 $f(u)f(v) \in E(H)$。

3. 若 G 为无向简单图,则(1) $\varepsilon \leqslant \binom{v}{2}$;(2) $\varepsilon = \binom{v}{2}$ 的充分必要条件为 $G = K_v$。

4. 若 $G = (X,Y;E)$ 为无向简单偶图,其中 $|X| = m$,$|Y| = n$,则(1) $\varepsilon \leqslant mn$;(2) $\varepsilon = mn$ 的充分必要条件为 $G = K_{m,n}$。

5. 定义 $T_{k,v}$ 为 v 个顶点的完全 k-部图,且每一部分的顶点个数为 $\lfloor \frac{v}{k} \rfloor$ 或 $\lceil \frac{v}{k} \rceil$。证明:

$$\varepsilon(T_{k,v}) = \binom{v-l}{2} + (k-1)\binom{l+1}{2},\text{其中 } l = \lfloor \frac{v}{k} \rfloor。$$

6. 令 G 为无向简单 k-部图,则(1) $\varepsilon(G) \leqslant \varepsilon(T_{k,v})$;(2) $\varepsilon(G) = \varepsilon(T_{k,v})$ 的充分必要条件为 $G = T_{k,v}$。

7. 证明: $\delta \leqslant \dfrac{2\varepsilon}{v} \leqslant \Delta$。

8. 设平面上有 n 个点,其中任意两点之间的几何距离大于或等于 1,证明:最多有 $3n$ 对点的距离等于 1。

1.3 子 图

子图(subgraph):如果 $V(H) \subseteq V(G)$ 且 $E(H) \subseteq E(G)$,则称图 H 是图 G 的子图,记为 $H \subseteq G$;反过来,也称图 G 是图 H 的**母图**(supergraph)。

对于图 G 和其子图 H,如果 $H \subseteq G$ 且 $H \neq G$,则称 H 为图 G 的**真子图**,记作 $H \subset G$。

生成子图(spanning subgraph):若 H 是图 G 的子图且 $V(H) = V(G)$,则称 H 是图 G 的生成子图。

点导出子图(induced subgraph):设 $V' \subseteq V(G)$,以 G 中两端点都在 V' 为顶点集,以 V' 中的边的全体为边集所组成的子图,称为图 G 由顶点集 V' 导出的子图,简称为图 G 的点导出子图,记为 $G[V']$。

边导出子图(edge-induced subgraph):设 $E' \subseteq E(G)$,以 E' 为边集,以 E' 中的边的全体端点为点集所组成的子图,称为图 G 由边集 E' 导出的子图,简称为图 G 的边导出子图,记为 $G[E']$。

一般图论中的概念都是默认为是关于点的概念,而关于边的概念都特别指明,如这里的"点导出子图",也可以直接简称作"导出子图",而"边导出子图"就不能简称,必须严格称作"边导出子图",否则会被当成"点导出子图"。

例 1-11 图 1-20 表示的是一个图 G 及 G 的一些导出子图和边导出子图。

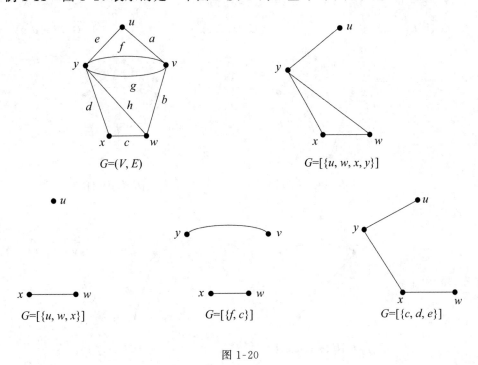

图 1-20

基础简单图(underlying simple graph):从一个图 G 中去掉其所有重边及环后所得的剩余图(简单图)称之为 G 的基础简单图。

图的点导出子图或边导出子图,可以看作是对一个图 G 取其子图的两种基本运算。下面是取子图的另两种基本运算:

① $G-V' \Leftrightarrow$ 去掉 V' 及与 V' 相关联的一切边所得的剩余子图 $\Leftrightarrow G[V \backslash V']$;

② $G-E' \Leftrightarrow$ 从 $E(G)$ 中去掉 E' 后所得的生成子图。

注:$G[E \backslash E']$ 与 $G-E'$ 虽有相同的边集,但两者不一定相等:后者一定是生成子图,而前者则不然。

例 1-12 图 1-21 表示的是图 G 及图 G 的子图 $G[E \backslash E']$ 与 $G-E'$,其中,

$$G-\{b,d,g\}=G[E \backslash \{b,d,g\}];$$

$$G-\{b,c,d,g\} \neq G[E \backslash \{b,c,d,g\}];$$

$$G-\{a,e,f,g\} \neq G[E \backslash \{a,e,f,g\}]。$$

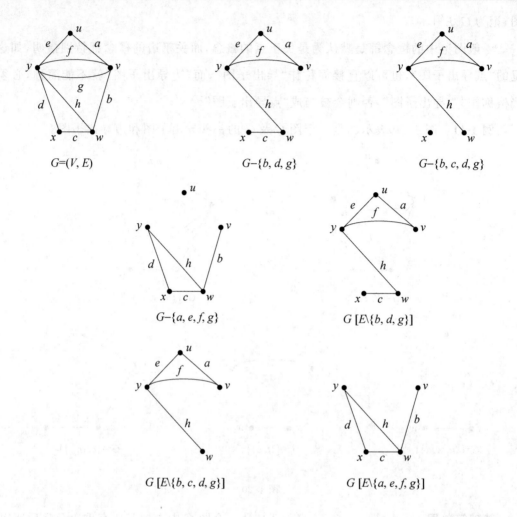

$G=(V,E)$ $G-\{b,d,g\}$ $G-\{b,c,d,g\}$

$G-\{a,e,f,g\}$ $G[E\backslash\{b,d,g\}]$

$G[E\backslash\{b,c,d,g\}]$ $G[E\backslash\{a,e,f,g\}]$

图 1-21

上述 4 种运算是最基本的取子图运算,今后经常会遇到,一定要认真掌握好。关于子图的另一些定义还有如下内容。

设 $G_1,G_2\subseteq G$,如果 $V(G_1)\bigcap V(G_2)=\varnothing$,称 G_1 与 G_2 为**不相交**的(disjoint)(所以 $E(G_1)\bigcap E(G_2)=\varnothing$);如果 $E(G_1)\bigcap E(G_2)=\varnothing$(但这时 G_1 与 G_2 仍可能为**相交**的),称 G_1 与 G_2 为**边不相交**的或**边不重**的(edge-disjoint);G_1 和 G_2 的并图 $G_1\bigcup G_2$ 是指图 G 的一个子图,其顶点集为 $V(G_1)\bigcup V(G_2)$,其边集为 $E(G_1)\bigcup E(G_2)$;如果 G_1 与 G_2 为不相交的,也可将并图记为 G_1+G_2;如果 $V(G_1)\bigcap V(G_1)\neq\varnothing$,则可以定义 G_1 和 G_2 的交图 $G_1\bigcap G_2$〔顶点集为 $V(G_1)\bigcap V(G_1)$,其边集为 $E(G_1)\bigcap E(G_2)$〕。

有时候,也会考虑图 G 的母图。例如,$G+E'(\Leftrightarrow)$在图 G 上加入新边集 E' 所得的(图 G 的母图)。(为简单化,今后将 $G\pm\{e\}$ 简记为 $G\pm e$;将 $G-\{v\}$ 简记为 $G-v$。)

对于不相交的图 G_1 和图 G_2 的并图 G_1+G_2,连接图 G_1 和图 G_2 中每对顶点所得的

图称作图 G_1 和图 G_2 的**联图**(join graph),作 $G_1 \vee G_2$。

如果一个无向子图(或图)G 中每个顶点 v 的度数都是常数 k,则称图 G 为 k-**正则图** (k-regular graph)。

图 1-22 分别是 $k=0,1,2,3$ 的 k-正则图。

例 1-13

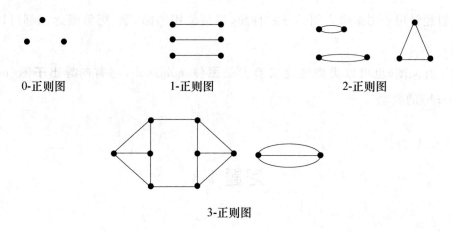

| 0-正则图 | 1-正则图 | 2-正则图 |

3-正则图

图 1-22

例 1-14 完全图 K_n 是 $(n-1)$-正则图;完全偶图 $K_{n,n}$ 是 n-正则图。

设图 $G=(V(G),E(G))$ 是一个无向简单图,G 的**补图**(complement)$\overline{G}$ 是指以 $V(G)$ 为顶点集,以 $\{(x,y)|(x,y)\notin E(G)\}$ 为边集的图。G 的补图也记作 G^C。

显然如果将 n 阶无向简单图 G 看成是 n 阶无向完全图 K_n 的一个子图,那么将图 G 中的边从 K_n 中去掉,则得到的正是图 G 的补图。K_n 的补图是 n 阶空图,反之亦然。

例 1-15 在图 1-23 中(a)和(b)显然互为补图。

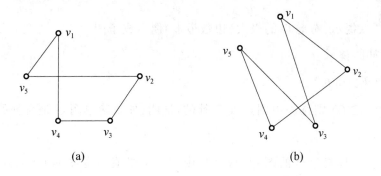

| (a) | (b) |

图 1-23

图 G 的子图 H 具有性质 P,若不存在具有性质 P 的子图 F,使得 $F\supset H$,则称 H 为图 G 的具有性质 P 的**极大子图**。类似地,可以定义**极小子图**。例如,$K_{2,2}$ 是 K_4 的极大偶生成子图。

图 G 的 **线图** 或 **边图**（line graph，edge graph）是以图 G 的边集 $E(G)$ 作为顶点集合，两个顶点相邻的充要条件是这两个顶点对应在图 G 中是相邻的两条边。显然，图 G 的线图具有 $\varepsilon(G)$ 个顶点和 $\sum_{v \in V(G)} \binom{d_G(v)}{2}$ 条边。

人们经常用子图来研究图的一些性质，以后常用的路、圈、树等概念也都可以看作是子图。

对于有向图，也可以类似地定义 **有向子图**（subdigraph）与 **有向导出子图**（induced subdigraph）的概念。

习题 1-3

1. 证明：完全图的每个导出子图是完全图；偶图的每个导出子图是偶图。

2. 若 k-正则偶图（$k > 0$）的 2-划分为 (X, Y)，则 $|X| = |Y|$。

3. 在 $n(\geq 4)$ 个人中，若每 4 人中一定有一人认识其他 3 人，则一定有一人认识其他 $n-1$ 人。

4. 设 G 为一个简单图，$1 < n < v - 1$，证明：若 $v \geq 4$，且图 G 中每个 n 顶点的导出子图均有相同的边数，则 $G \cong K_v$ 或 $G \cong K_v^c$。

5. 证明：任意一个无环图 G 都包含一个偶生成子图 H，使得 $d_H(v) \geq \dfrac{d_G(v)}{2}$ 对所有 $v \in V$ 都成立。（提示：考虑 G 的极大（边数最多）偶生成子图。）

6. 对于补图：

(1) 画出 K_n^c 和 $K_{m,n}^c$；

(2) 如果 $G \cong G^c$ 则称简单图 G 是自补的，证明：如果简单图 G 是自补的，则 $v \equiv 0, 1 \pmod 4$。

7. 所谓 k 方体是这样的图：其顶点是由 0 与 1 组成的有序 k 元组，其两个顶点相邻当且仅当它们恰有一个坐标不同。证明：k-方体有 2^k 个顶点，$k2^{k-1}$ 条边，且是偶图。

8. 证明：K_5 的线图和 Peterson 图（如题图 1-2 所示）的补图是同构的。

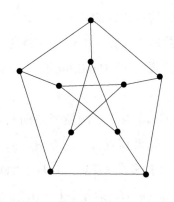

题图 1-2

1.4　路和连通性

途径（walk）：图 G 中一个点和边交替出现的有限非空序列 $W = v_{i_0} e_{i_1} v_{i_1} e_{i_2} v_{i_2} \cdots e_{i_k} v_{i_k}$，其中与 e_{i_j} 相关联的两个端点分别是 $v_{i_{j-1}}$ 和 v_{i_j}，对 $1 \leqslant j \leqslant k$。$v_{i_0}$ 称作途径 W 的**起点**（origin）；v_{i_k} 称作途径 W 的**终点**（terminus）；v_{i_j}（$1 \leqslant j \leqslant k-1$）称作**内部顶点**（internal vertex）（注意：起点或终点如果重复出现在途径的中间也称作内部顶点）；途径 W 的边数 k 称作 W 的**长**（length）（重复出现的边都要重复计算边数）。途径 W 也可记为（v_{i_0}, v_{i_k}）-途径。途径 W 上面的任何连续的一部分被称作一个**节**或**段**（section）；将途径 W 的终点当作起点，起点当作终点，按 W 的逆向得到的点和边交替的序列称作 W 的**逆途径** W^{-1}（（v_{i_k}, v_{i_0}）-途径）。如果途径 W 的终点与途径 W' 的起点是同一个顶点，则可以将 W 与 W' **衔接**起来，记作 WW'。在不引起混淆时（如简单图），可以将途径中的边省略，而只用顶点按照顺序排列称作途径的简写法。

迹（trail）：边互不相同的途径（顶点可重复出现）。迹的长等于迹上的边数。

路（path）：顶点互不相同的途径（或迹）。（边也一定不重复出现。）简单图中的路可以完全用顶点来表示。例如，$P = v_{i_0} v_{i_1} \cdots v_{i_k}$ 就是一条路，如果 $v_{i_0}, v_{i_1}, \cdots, v_{i_k}$ 是 $k+1$ 个互不相同的顶点。P 也被称作（v_{i_0}, v_{i_k}）-路。路的长等于路上的边数。

迹或路可当作一个图或子图。

图 G 中的两个顶点 u 与 v 之间如果有路，每条路都有路长，其中边数最多的（u,v）-路称作（u,v）之间的**最长路**（longest path），边数最少的（u,v）-路称作（u,v）之间的**最短路**（shortest path）。图 G 的最长路可以定义为图 G 中所有两个不同顶点之间的最长路中的最大值者。显然,任意图 G 的最长路的长有限,因为一条路最多包括图 G 所有的顶点,长度小于或等于图 G 的点数减 1。图 G 中如果有路的长度是 $v-1$,即图 G 中所有顶点都在这条路上,这条路被称作图 G 的 **Hamilton-路**。显然,图 G 的 Hamilton-路一定是图 G 的最长路。

图 G 中任意顶点 $u,v \in V(G)$,u 与 v 之间最短路的长称作图 G 中顶点 u 与 v 的**距离**(distance),用 $d_G(u,v)$ 表示。如果顶点 $u=v$,令 $d_G(u,v)=0$;如果 u 与 v 之间没有路,令 $d_G(u,v)=\infty$。类似地,对于图 $G,u \in V(G)$,$H \subseteq G$,可以定义 u 与 H 之间的距离为 u 与 H 之间最短路的长,用 $d_G(u,H_2)$ 表示,这里 $d_G(u,H)=\min\limits_{v \in V(H)} d_G(u,v)$。如果顶点 $u \in V(H)$,则令 $d_G(u,H)=0$;如果 u 点到 $V(H)$ 中的任意一个顶点都没有路,则令 $d_G(u,H)=\infty$。对于图 $G,H_1,H_2 \subseteq G$,也可以定义 H_1 和 H_2 之间的距离为 H_1 和 H_2 之间最短路的长,用 $d_G(H_1,H_2)$ 表示,这里 $d_G(H_1,H_2)=\min\limits_{u \in V(H_1)} d_G(u,H_2)$。如果 $V(H_1) \bigcap V(H_2) \neq \varnothing$,则令 $d_G(H_1,H_2)=0$;如果 $V(H_1) \bigcap V(H_2)=\varnothing$ 且 $V(H_1)$ 中的任意顶点到 $V(H_2)$ 中的任意顶点之间都没有路,则令 $d_G(H_1,H_2)=\infty$。

例 1-16 在图 1-24 中,$W=ueyfvgyhwbvgydxdydx$ 是一条起点为 u,终点为 x 的途径,长度为 9。W 也可简写为 $W=uyvywvyxyx$(假如边 f 与边 g 没有区别)。W 中的 $yvyw$ 是一个 (y,w)-节;$yvwyx$ 是一条 (y,x)-迹(长度为 4,注意顶点 y 重复了两次,但没有边是重复的);$yvwx$ 则是一条路(长度为 3,路的点数减 1)。点 u 与点 x 之间的最短路为 uyx,$d(u,x)=2$,点 u 与点 x 之间的最长路为 $uyvwx$(不唯一),这也是此图的最长路。

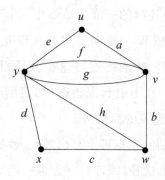

图 1-24

例 1-17 在简单图 G 中,$\delta \geqslant k$,证明:图 G 中有长度至少为 k 的路。

证明:取图 G 中任意一条最长路 P,设 P 的起点(或终点)为 u,则图 G 中任意与 u 相邻的点 x 都在 P 上(否则,点 x 与 P 构成比 P 更长的路,矛盾),因此 P 的顶点数至少为 $d_G(u)+1 \geqslant \delta+1 \geqslant k+1$,也就是 P 的长度至少为 k。

证毕

定理 1-3　图 G 中存在 (u,v) - 途径的充分必要条件是图 G 中存在 (u,v) - 路。

证明: 充分性是显然的,因为路就是途径。下面证必要性。设图 G 中一个 (u,v) - 途径为

$$W = v_0 v_1 \cdots v_i \cdots v_j \cdots v_n,$$

其中,$v_0 = u, v_n = v$。

若 W 中的顶点互不相同,则 W 就是 (u,v) - 路;如果 W 中有顶点相同,设其中有 $v_i = v_j (i \neq j)$,则

$$W' = v_0 v_1 \cdots v_i v_{j+1} \cdots v_n$$

也是一条 (u,v) - 途径,长度比 W 短。若 W' 中仍有相同顶点出现,则继续上述过程。由于 W 长度的有限性,再加上 (u,v) - 途径长度至少为 0,上述过程必在有限步后停止于一条 (u,v) - 路。

证毕

如果在图 G 中顶点 u 与 v 之间有路,则称顶点 u 与 v 在图 G 中是**连通的**,也可以称作顶点 u 到顶点 u 本身是连通的(这时路的长度为 0)。如果图 G 中任意两个顶点都连通,则称图 G 为**连通图**(connected graph)。若图 G 的顶点集 $V(G)$ 可划分为若干非空子集 $V_1, V_2, \cdots, V_\omega$,使得两个顶点属于同一子集当且仅当它们在图 G 中是连通的,则称每个子图 $G[V_i] (i=1,2,\cdots,\omega)$ 为图 G 的一个**连通分支**(connected branch,component)。图 G 连通当且仅当 $\omega=1$。称 $\omega(G)$ 为图 G 的**分支数**(the number of components),称 $\omega>1$ 的图为非连通图。

例如,图 G(如图 1-25 所示)的分支数是 3。

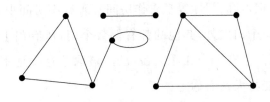

图 1-25

容易验证,$V(G)$ 上的连通性是 $V(G)$ 上的等价关系,它将 $V(G)$ 划分为一些等价类:

$$V_1, V_2, \cdots, V_\omega,$$

使得每个 V_i 中的任意两个顶点都连通(即任意两个顶点 $u, v \in V_i$,图 G 中都存在 (u,v) - 路);而不同的 V_i 与 V_j 之间的任意两个顶点都不连通。

图 G 的**直径**(diameter)定义为 $D = \max\{d_G(x,y) \mid \forall x,y \in V(G)\}$。一个连通图的直径都是有限数;对于不连通图,其直径可以定义为 $+\infty$。(注意:图 G 的直径并不是图

G 的最长路的路长。)

设图 $G=(V(G),E(G))$,对任意非空 $S\subset V(G)$,令 $\overline{S}=V(G)\backslash S$,记

$$[S,\overline{S}]_G=\{e=uv\in E(G)\mid u\in S,v\in\overline{S}\}$$

称为**边割或割集**(cut,edge cut)(也可以简记为 $[S,\overline{S}]$)。

定理 1-4 图 G 连通的充分必要条件是对任意非空 $S\subset V(G)$,都有 $[S,\overline{S}]\neq\varnothing$。

证明:用反证法。充分性。已知图 G 满足对任意非空 $S\subset V(G)$,都有 $[S,\overline{S}]\neq\varnothing$,证明图 G 连通。假如图 G 不连通,则令其中一个连通分支的顶点集为 S,其余顶点的集合为 $\overline{S}$,于是 $[S,\overline{S}]=\varnothing$,矛盾。

必要性。已知图 G 连通,假如存在一个非空 $S\subset V(G)$,有 $[S,\overline{S}]=\varnothing$,则 S 与 $\overline{S}$ 的顶点是不连通的。矛盾。

证毕

例 1-18 设有 $2n$ 个电话交换台,每个电话交换台与至少其他 n 个电话交换台有直通线路,则该交换系统中任意两个电话交换台均可实现通话。

证明:构造图 G 如下:以电话交换台作为顶点,两个顶点之间连边当且仅当对应的两个电话交换台之间有直通线路。问题转化为:已知简单图 G 中有 $2n$ 个顶点,且 $\delta(G)\geqslant n$,求证图 G 连通。

事实上,假如图 G 不连通,则至少有一个连通分支的顶点数不超过 n,在此连通分支中,顶点的度至多是 $n-1$。这与 $\delta(G)\geqslant n$ 矛盾。

证毕

例 1-19 设有一个地下金库只有一个大门能从外界进入,但是内部被不可破坏的墙分割成一些小房间(把走廊、门厅等都看作房间),所有小房间中除了唯一一个放着稀世大钻石的房间只有一个门之外,其他的都有偶数个门,所有门上都有锁,只要能打开该门的锁,就能进出该门。有一个江洋大盗,已经盗取了这个地下金库所有门的钥匙,请证明这个江洋大盗能将大钻石偷走。

说明:首先,这个地下金库里所有的小房间除了唯一一个(放着稀世大钻石的房间)只有一个门之外,其他的房间都有偶数个门。但 0 也是偶数,即有的房间可能没有门。其次,房间和房间之间只能通过门进出,不能破墙而入。所以江洋大盗虽然能打开所有的门,但需要说明的是江洋大盗能从外界通过地下金库的大门或其他房间的门走到放着稀世大钻石的房间。

证明:作图 G 如下:以外界及金库中所有的房间各作为顶点,房间与房间之间如果有门能直接进出,则相应的顶点之间就连上边(一个门对应一条边,可以有重边)。则图 G 中恰好只有两个顶点(设为 x 和 y)度数为 1(这两个顶点一个对应外界,一个对应放

着稀世大钻石的房间），其他顶点度数都是偶数。

此问题其实是要我们证明图 G 中，顶点 x 和 y 是连通的〔或图 G 中存在 (x,y)-路〕。

用反证法。假设点 x 和点 y 不连通，即点 x 和点 y 在图 G 的不同分支中，于是图 G 中包含点 x（或点 y）的分支是一个只有一个奇点（x 度数为 1，此分支中其他点度数都是偶数）的图。这是不可能的。（见定理 1-1 或推论 1-1。）

证毕

定理 1-5 图 G 顶点数至少为 2，边数至多为顶点数减 2，则图 G 不连通。（此结论等价为：如果图 G 连通，则边数至少为顶点数减 1。）

证明： 对图 G 的顶点数 v 进行归纳。当 $v=2$ 时，结论显然成立。假设 $v<n(v\geqslant 3)$ 时结论都成立。现在图 G 的顶点个数为 $v(G)=n$，由握手引理 $\left(2\varepsilon=\sum_{v\in V(G)}d(v)\right)$ 及边数至多为顶点数减 $2(\varepsilon\leqslant v-2)$ 可知，$2\varepsilon=\sum_{v\in V(G)}d(v)\leqslant 2v-4$，所以图 G 的最小度数 $\delta(G)\leqslant 1$。如果 $\delta(G)=0$，则图 G 不连通，结论成立；如果 $\delta(G)=1$，则令 u 为图 G 中度数为 1 的顶点，则对于图 $G-u$，其顶点数 $v(G-u)=n-1<n$，满足归纳假设，其边数 $\varepsilon(G-u)=\varepsilon(G)-1\leqslant v(G)-3=v(G-u)-2$，所以由归纳假设可知，图 $G-u$ 不连通，而点 u 在图 G 中的度数为 1，是个悬挂点，因此图 G 不连通。

证毕

注： 此结论可以用多种方法证明，如可以用完全类似上面的证明方法对边数进行归纳；后面还可以用生成树的方法对这个结论进行更简便更容易理解的证明。

定理 1-6 设图 G 连通，且每个顶点的度数都是偶数，则对每个顶点 v 都有

$$\omega(G-v)\leqslant\frac{d(v)}{2}。$$

证明： 任取顶点 v，首先图 G 中点 v 与 $G-v$ 的每个分支之间至少有两条边相连（否则，由于图 G 连通，如果存在 $G-v$ 的分支 H，使得图 G 中点 v 与 $G[V(H)]$ 之间恰好有一条边。设 w 为 $V(H)$ 中唯一与点 v 相邻的顶点，则 $G-v$ 的分支 H 中有唯一的顶点 w 为奇点。这与推论 1-1 矛盾）。再注意 v 与 $G-v$ 的所有个分支之间至多有 $d(v)$ 条边相连（因为点 v 也可能有环），所以结论成立。

证毕

定理 1-7 设图 G 为无向图，对任意 $u,v,w\in V(G)$，$d(u,v)+d(v,w)\geqslant d(u,w)$（即距离满足三角不等式）。

证明： 若 u,v,w 都在同一分支中，令 P,Q,R 分别为最短的 (u,v)-路，(v,w)-路，

(u,w)-路,则 P 与 Q 的衔接 PQ 是一条 (u,w)-途径,其长为 $d(u,v)+d(v,w)$,当然大于或等于最短的 (u,w)-路的路长 $d(u,w)$,因此结论成立。

如果 u,v,w 不在同一分支中,$d(u,v),d(v,w),d(u,w)$ 三者中至少有两个是无穷大,因此结论仍然成立。

证毕

定理 1-8 若图 G 为连通无向图,则任意两条最长路必有公共顶点。

证明:(反证法)假设图 G 中有两条无公共顶点的最长路 P 和 Q,则 $0<d_G(P,Q)<\infty$,如图 1-26 所示。令图 G 中 P 和 Q 之间的最短路为 (p,q)-路 R,其中 $p\in V(P)$,$q\in V(Q)$。显然,路 P 和 R 只有一个公共点 p,路 Q 和 R 只有一个公共点 q。顶点 p 和 q 分别将 P 和 Q 各分成两节,分别从中选最长者,设为 P_1 和 Q_1,则它们和 R 一起构成图 G 中的一条路 (P_1RQ_1),且长度比 P 或 Q 都长。矛盾。

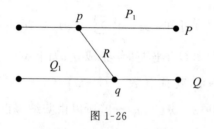

图 1-26

证毕

这里定义的无向图中途径、迹、路的长度都是指边的数量。如果在图 G 的每条边 e 上,都赋予一个实数 $w(e)$,则称图 G 为**赋权图**(weighted graph);$w(e)$ 称为边 e 的**权**或**权重**(weight)。可以将图 G 上的所有边的权看作定义在边集 $E(G)$ 上的一个函数,即 $w:E(G)\rightarrow R$。权可以表示实际问题中的一些实际含义。例如,在通信网中,将通信站点看作一个图的一个点,通信站点之间的通信线路看作边,一个通信网就可以用一个图表示,而每条通信线路的建设费用就可以用这个通信线路所表示的边上的权重来表示。图 G 边上的权重也可以有多个,每个表示不同的含义。在实际问题中,费用、距离、时间、人与人之间的关系的紧密程度等,凡是可以用数量表示的量都可以通过构造合适的图(或有向图)然后用图(或有向图)上的边(或有向边)上的权重来表示。

对于赋权图,途径、迹、路的长度都可以定义为在途径、迹、路上的边的权重之和。一般地,若图 G 是一个赋权图,图 H 是一个子图(可以是迹、路或其他任意子图),图 H 的权重是指图 H 的所有边的权重之和 $\sum_{e\in E(H)}w(e)$。如果一个图 G 上所有边都没有权重,我们也可以看作图 G 上所有边的权重都是 1,这样所有的图其实都可以看作赋权图。

对于赋权图同样可以定义两点之间的最短路或最长路,只是注意:①分清楚最短路或最长路的长度是边数还是权重之和;②最短路或最长路都是指权重(或边数)有限的路。对于赋权图 G,如果顶点 u 与 v 之间没有路,仍然定义 $d_G(u,v)=+\infty$;如果 u 与 v 点相同,仍然定义 $d_G(u,v)=0$。但是 $d_G(u,v)=0$ 并不一定能得到 u 与 v 点相同(权重有可能有正有负)。

对于赋权图(权重不全为1),定理 1-7 与定理 1-8 中的结论都不一定成立。但是如果权重全部是正数,定理 1-7 和定理 1-8 中的结论仍然成立。

在有向图中,途径、迹、路、长度、权重、连通等概念仍然有效,这时指的这些概念都是将有向图当作基础图而言。此外,还有一些和方向相关的概念,如**有向途径**(directed walk)、**有向迹**(directed trail)、**有向路**(directed path)、**有向最短路**(directed shortest path)、**有向最长路**(directed longest path)、**有向 Hamilton-路**(directed hamilton path)等。

例如,图 1-27 中 $vrswu$ 是一条 (v,u)-路;$(ve_1xe_2ye_3ze_4we_5u)$ 为一条有向 (v,u)-路,可简记为 $(vxyzwu)$。

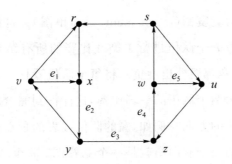

图 1-27

在有向图中,最长路的长和最长有向路的长之间并无任何密切的关系。例如,图 1-28 的有向图最长路的长为 M(可任意大),而最长有向路的长却为1。

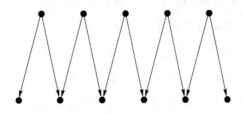

图 1-28

如果在有向图 D 中,存在有向 (u,v)-路,就称顶点 v 为从 u **可达的**(reachable from u)。如果 u 与 v 是彼此可达的,称顶点 u 与 v 为**双向连通的**(diconnected;strongly connected)。

易见,有向图 $D=(V,A)$ 中顶点间的双向连通性是 V 上的一个等价关系,它的等价类确定了 V 的一个划分 $(V_1,\cdots,V_m)$,使顶点 u 与 v 双向连通 $\Leftrightarrow$ 顶点 u 与 v 同属某等价类 V_i。称每个导出子图 $D[V_1],\cdots,D[V_m]$ 为有向图 D 的一个**双向分支**(dicomponent;strongly component)。当图 D 只有一个双向分支时,称图 D 为**双向连通**的。易见,图 D 的任意两个双向分支之间的弧都是同一个方向的。例如,一个有向图 D〔如图 1-29(a)所示〕和它的双向分支〔如图 1-29(b)所示〕。

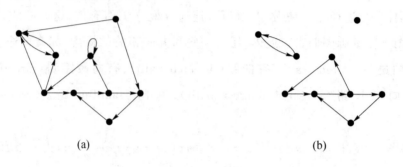

(a)   (b)

图 1-29

称完全图的定向图为**竞赛图**(tournament,是简单图)。这种图被定义成竞赛图,是因为这种图可以表示一组 n 个队伍进行单循环比赛的所有结果(任意两个队伍都要进行一场比赛,任何一场比赛都要分出胜负),将每个队伍看作一个顶点,任意两个顶点之间都有唯一的一条边表示两个队伍的一场比赛,这样得到完全图,以两个队伍之间的比赛结果来决定相应这条边的方向。例如,赢的队伍代表的顶点作为头,输的队伍代表的顶点作为尾。这样得到的一个有向图就是一个竞赛图。n 个队伍单循环比赛的所有可能的结果与 n 个顶点的竞赛图一一对应。

定理 1-9 (Chavtal & Lavasz,1974)无环、有向图 D 中包含一个独立集 S,使得图 D 中每个不在 S 中的顶点,都是从 S 中某顶点通过长小于或等于 2 的有向路可达的。

证明:对顶点个数 v 进行归纳,当 $v=1$ 时,显然成立。

假设定理对顶点数 $v<n$ 时也成立。

设无环、有向图 D 的顶点数 $v=n(n\geqslant 2)$。任取其一个顶点 v,令 $D'=D-(\{v\}\bigcup N_D^+(v))$,由归纳假设可知 D' 中有一独立集 S',使得 D' 中的每个不在 S' 中的顶点,都是从 S' 中某顶点通过长小于或等于 2 的有向路可达的。在图 D 中,①若上述点 v 是 S' 中某顶点 u 的外邻点,则图 D 中 $N_D^+(v)$ 的每个顶点都可从点 u 用长小于或等于 2 的有向路可达的,因此取 $S=S'$ 即可满足要求;②若上述点 v 不是 S' 中任意顶点的外邻点,则 S' 中顶点都与点 v 不相邻,这时独立集 $S=S'\bigcup\{v\}$ 满足要求。

证毕

推论 1-3 每一个竞赛图都包含一个顶点,使其他顶点都是从它用长小于或等于 2 的有向路可达的。

证明:注意到竞赛图的任意两点都有弧,所以任意竞赛图的非空独立集都是一个顶点,所以根据定理 1-9 结论成立。

证毕

注:根据推论 1-3,在任意一组 n 个队的单循环比赛的结果中,一定有某队 A,对其他队的成绩是:A 要么直接赢了,要么虽然输给了某队 B,但是一定存在某队 C,使得 A 赢了 C,而 C 赢了 B。(看上去,A 的成绩应该不错。)

定理 1-10 设 $P=(v_1,v_2,\cdots,v_k)$ 是竞赛图 D 中的一条极大有向路,如果 P 不是有向 Hamilton-路,则对于不在 P 上的任意顶点 v,存在某个 i,使得 $(v_i,v),(v,v_{i+1})\in A(D)$。

证明:由于 P 是图 D 中的一条极大有向路,而图 D 是竞赛图,所以只能有 (v_1,v),$(v,v_k)\in A(D)$,$((v,v_1)$ 或 $(v_k,v)\notin A(D))$,否则 P 就可以延长;又由于每个点 $v_i(i=1,2,\cdots,k)$ 均与点 v 有弧,从而至少存在某一个 i,使得 $(v_i,v),(v,v_{i+1})\in A(D)$。

证毕

推论 1-4 (Redei,1934)每个竞赛图都有一条 Hamilton-路。

证明:设 P 是图 D 中的一条最长有向路,则 P 就是图 D 的一条 Hamilton-路。否则,根据定理 1-10,P 就可以扩充得到更长的有向路。矛盾。

证毕

注 1:定理 1-10 中的极大有向路是指不能对此路直接延长得到更长的包含此有向路的有向路,"极大"有向路不一定是"最大(长)"有向路。

注 2:推论 1-4 的证明中,由 P"扩充"得到更长的有向路并非是包含 P 的有向路,而是通过插入一个点(定理 1-10 中的"v")得到更长的有向路。

推论 1-5 每个竞赛图 D 要么就是双向连通图,要么只要改变一条弧的方向就可以变成双向连通图。

证明:根据推论 1-4,每个竞赛图都有一条 Hamilton-路。设 $P=(v_1,v_2,\cdots,v_v)$ 是图 D 的一条 Hamilton-路,由于图 D 是竞赛图,所以点 v_1 与点 v_v 之间有弧。如果这条弧是从 v_v 指向 v_1,则图 D 就是双向连通图;如果这条弧是从点 v_1 指向点 v_v,改变这条弧的方向,就可以将图 D 变成双向连通图。

证毕

习题 1-4

1. 证明:对简单图 G 有,$\varepsilon > \binom{v-1}{2}$,则图 G 连通。

2. 对于任意 $v \geq 3$,试给出 $\varepsilon = \binom{v-1}{2}$ 的不连通简单图。

3. 证明:在简单图 G 中,$\delta > \lceil \frac{v}{2} \rceil - 1$,则图 G 连通。

4. 对任意偶数 v,试给出一个不连通的 $\left(\lceil \frac{v}{2} \rceil - 1 \right)$-正则简单图($v$ 个顶点)。

5. 证明:若图 G 中恰有两个奇点 u 与 v,则图 G 中一定有一条 (u,v) 路。

6. 证明:若图 G 不连通,则 G^c 连通。

7. 证明:对任意图 G 中的任意一条边 e,有 $\omega(G) \leq \omega(G-e) \leq \omega(G)+1$。

8. 证明:任意一个 $v \geq 3$ 的简单、连通、非完全图中,一定有 3 个顶点 u,v,w,使得 $uv,vw \in E(G)$,但是 $uw \notin E(G)$。

9. 证明:如果图 G 直径大于 3,则 G^c 直径小于 3。

10. 证明:如果图 G 是直径等于 2 的简单图,且 $\Delta = v-2$,则 $\varepsilon \geq 2v-4$。

11. 证明:严格有向图包含长至少为 $\max\{\delta^+, \delta^-\}$ 的有向路。

12. 证明:任意一个图 G 中都有一个定向图 D,使对每个顶点 v 都有 $|d^+(v) - d^-(v)| \leq 1$。

13. 证明:有向图 D 是双向连通的 $\Leftrightarrow$ 对 $\forall S \subset V(D)$,都有 $(S, \overline{S}) \neq \varnothing$ 及 $(\overline{S}, S) \neq \varnothing$。

14. 证明:任意一个竞赛图中至多有一个 $d^+ = 0$(或 $d^- = 0$)的顶点,它是某一条有向 Hamilton-路的起点(或终点)。($d^+ = 0$ 的顶点就是 Hamilton-路的起点,$d^- = 0$ 的顶点就是 Hamilton-路的终点。)

15. 证明:任意一个竞赛图 D 中出度为 $\Delta^+(D)$ 的顶点就是推论 1-3 中到其他顶点用长小于或等于 2 的有向路可达的顶点。

1.5 圈

闭途径(closed walk):起点和终点相同而且长度大于 0 的途径。

闭迹(closed trail):起点和终点相同的迹,也称为**回路**(circuit)。

圈(cycle):顶点各不相同的闭迹。

注:

① 在途径(闭途径)、迹(闭迹)、路(圈)上所包含的边的个数称为它的长度。

② 在图 G 中长度为奇数和偶数的圈分别称为**奇圈**(odd cycle)和**偶圈**(even cycle),一般长度为 k 的圈称作 k-**圈**。(1-圈就是一条环,2-圈是由两条重边组成,3-圈也称作**三角形**)。

③ 在图 G 中最短圈的长度称为图 G 的**围长**(girth),最长圈的长度称为图 G 的**周长**(circumference,perimeter)。若图 G 中没有圈,通常定义图 G 的围长和周长都是无穷大。

④ 在图 G 中如果有长度是 v 的圈,即图 G 中所有顶点都在这个圈上,这个圈被称作图 **G** 的 **Hamilton-圈**。显然,图 G 的 Hamilton-圈一定是图 G 的最长圈。

⑤ 途径(闭途径)、迹(闭迹)、路(圈)既可以是一个图的子图,也可以本身就是一个图。

例 1-20 在图 1-30 中,$uyvyu,uywxywvu,uyuyu$ 都是闭途径,长度分别为 4,7,4;$uyxwyvu$ 是闭迹,长度为 6;$yfvgy,uywvu$ 都是圈,长度分别是 2 和 4,所以可以分别称作是 2-圈和 4-圈;$uyxwvu$ 是 Hamilton-圈。

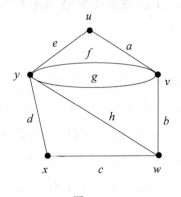

图 1-30

定理 1-11 图 G 为二部图的充分必要条件是在图 G 中不包含奇圈。

证明: 必要性。设图 G 是一个具有 2-划分 (X,Y) 的偶图,并且设 $C=v_0v_1\cdots v_kv_0$ 是图 G 的一个圈。不妨设 $v_0\in X$,因为 $v_0v_1\in E(G)$,且 G 是偶图,所以 $v_1\in Y$,同理,$v_2\in X$。一般来说,$v_{2i}\in X$,$v_{2i+1}\in Y$,又因为 $v_0\in X$,所以 $v_k\in Y$,所以存在某个 i,使得 $k=2i+1$,即 C 是偶圈。

充分性。不妨设图 G 是连通图,任取一个顶点 u,定义 $V(G)$ 的一个分类如下:

$$X=\{x\in V(G)\,|\,d(u,x) \text{是偶数}\}$$

$$Y=\{y\in V(G)\,|\,d(u,y) \text{是奇数}\}$$

显然可得,(X,Y) 是 $V(G)$ 的一个 2 划分〔X,Y 均非空集,$X\cap Y$ 为空集,$X\cup Y=V(G)$〕。只需要再证明 X 和 Y 都是 G 的独立集(即 X 或 Y 中任意两个顶点都不相邻)即可。设 v,w 是 X 中两个顶点,令 P 与 Q 分别为最短 (u,v)-路与最短 (u,w)-路。设点 u_1 为 P 与 Q 的最后一个公共顶点,而 P_1 与 Q_1 分别为 P 的 (u_1,v)-节与 Q 的 (u_1,w)-节,如图 1-31 所示。

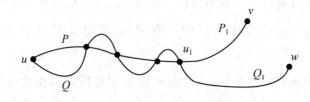

图 1-31

所以 $vP_1^{-1}u_1Q_1w$ 是一条 (v,w)-路。又:由于 P 与 Q 都是最短路,所以 P 与 Q 的 (u,u_1)-节都是最短的 (u,u_1)-路,所以长度相等;而 P 与 Q 的长度都是偶数,所以 P_1 与 Q_1 的奇偶性相同。所以,(v,w)-路 $vP_1^{-1}u_1Q_1w$ 的长度是偶数。如果顶点 v,w 之间相邻,则 $vP_1^{-1}u_1Q_1wv$ 是一个奇圈,这与图 G 中不含奇圈的条件是矛盾的,所以 X 中任意两个顶点都不相邻;类似地,Y 中任意两个顶点也不相邻,所以 X 和 Y 都是 G 的独立集。

证毕

定理 1-12 若在图 G 中 $\delta\geqslant 2$,则图 G 中含有圈。

证明:(只需要考虑图 G 的最长路)设 $P=v_0v_1\cdots v_k$ 是图 G 的最长路,其中点 v_0 是 P 的起点(或终点),则图 G 中任意与点 v_0 相邻的点 x 都在 P 上(否则,x 与 P 构成比 P 更长的路,矛盾),由于 $d_G(v_0)\geqslant\delta\geqslant 2$,所以点 v_0 的邻点除了点 v_1 之外,至少还有一个顶点,而且在 P 上,设为 v_i,则 $v_0v_1\cdots v_iv_0$ 就是一个圈。

证毕

定理 1-13 在简单图 G 中 $\delta \geqslant 2$,则图 G 含有长度至少为 $\delta + 1$ 的圈。

证明:(只需要考虑图 G 的最长路)设 $P = v_0 v_1 \cdots v_k$ 是图 G 中的最长路(路长 $k \geqslant 2$,因为图 G 是简单图),其中点 v_0 是 P 的起点(或终点),则图 G 中任意与点 v_0 相邻的点 x 都在 P 上(否则,x 与 P 构成比 P 更长的路,矛盾),由于 $d_G(v_0) \geqslant \delta \geqslant 2$,所以与点 v_0 相邻的顶点在 P 上至少有 δ 个(不能是 v_0),设 $v_0 v_1 \cdots v_k$ 中最后一个与点 v_0 相邻的顶点为 v_i,则 $v_0 v_1 \cdots v_i v_0$ 是一个长度至少为 $\delta + 1$ 的圈。

证毕

定理 1-14 在任意图 G 中 $\varepsilon \geqslant v$,则在图 G 中含有圈。

证明:(反证法)假设结论不成立,设图 H 是最小反例(点数最少的满足 $\varepsilon \geqslant v$ 的无圈图)。则 H 连通,且 $v \geqslant 2$。由定理 1-12 可知,H 中存在一个顶点 u,$d(u) = 1$。于是,$\varepsilon(H - u) \geqslant v(H - u)$,且显然 $H - u$ 中也不含圈,从而 $H - u$ 也是满足 $\varepsilon \geqslant v$ 的无圈图,但顶点数比 H 少,矛盾。

证毕

在(无向)图中闭途径、闭迹、圈、Hamilton-圈等概念,在有向图中仍然有效,此外,有向图还有一些与方向有关的相关概念,如**有向闭途径**(directed closed walk)、**有向闭迹**(directed closed trail)、**有向圈**(directed cycle)、**有向 Hamilton-圈**等。例如,在图 1-27 中,(y, z, w, s, r, x, y) 为一个有向圈。

定理 1-15 设有向图 D 中无有向圈,则:①$\delta^+ = \delta^- = 0$;②存在 $V(D)$ 的一个顶点排序 $v_1, v_2, \cdots, v_v$,使得对 $1 \leqslant i \leqslant v$,每条以点 v_i 为头的弧,其尾都在 $\{v_1, \cdots, v_{i-1}\}$ 中。

证明:①只需证明 $\delta^+ = 0$。反证法。假如 $\delta^+ \geqslant 1$,则图 D 中,每一个顶点至少有一条出弧。一方面,由于图 D 不含有有向圈,所以可沿着这个顶点的任何一条出弧到达图 D 的另外一个不同的顶点,且这个过程永远不会终止。另一方面,D 是有限图,所以这个过程总会终止。矛盾。所以 $\delta^+ = 0$。类似地可证 $\delta^- = 0$。

② 由①可知,在图 D 中存在顶点 v_1,满足 $d^-(v_1) = 0$,考虑到 $D_1 = D - v_1$,D_1 仍是无有向圈的有向图,仍由①可知,在图 D_1 中存在顶点 v_2,满足 $d^-(v_2) = 0$,考虑 $D_2 = D_1 - v_2$,如此一直进行下去,共进行 v 次后,得到 $v_1, v_2, \cdots, v_v$,此即为所求顶点排序。

证毕

习题 1-5

1. 证明:若在简单图 G 中有 $\varepsilon = \dfrac{v^2}{4}$,则图 G 要么含有奇圈,要么 $G \cong K_{v/2, v/2}$。

2. 证明:若边 e 在图 G 中的一条闭迹中,则 e 在图 G 的一个圈中;类似地,若弧 e 在有向图 D 的一条有向闭迹中,则 e 在图 D 的一个有向圈中。

3. 证明或反证:

(1) 图 G 中有两条不同的 (u,v) 路,则在图 G 中含一个圈。

(2) 图 G 中有一个长度大于 1 的闭途径,则在图 G 中含一个圈。

(3) 有向图 D 中有一个长度大于 1 的有向闭途径,则图 D 中含一个有向圈。

(4) 图 G 中有一长度为奇数的闭途径,则图 G 中含一奇圈。

(5) 有向图 D 中任何一条包含顶点 u 的长度大于或等于 1 的有向闭途径中含有包含顶点 u 的有向圈。

(6) 图 G 中任何一条包含顶点 u 的长度大于或等于 1 的闭迹中含有包含顶点 u 的圈。

4. 证明:任意一个连通偶图 $G=(X,Y;E)$ 的顶点集合的 2-划分 (X,Y) 是唯一的。

5. 证明:设图 G 的顶点可用两种颜色进行着色,使每个顶点都至少与两个异色顶点相邻,则图 G 中一定包含偶圈。

6. 证明:在严格有向图 D 中若 $\max\{\delta^+, \delta^-\}=k\geqslant 1$,则图 D 中包含长至少为 $k+1$ 的有向圈。

7. 在连通非空有向图 D 中,证明:图 D 是双向连通的充分必要条件是图 D 中每条弧都在一个有向圈上。

8. 设 $D_1, D_2, \cdots, D_m$ 为图 D 的双向分支,图 D 的凝聚图 H 是指有 m 个顶点 $\{w_1, w_2, \cdots, w_m\}$ 的有向图,H 图中存在以 w_i 为尾、以 w_j 为头的弧,当且仅当图 D 中存在尾在 D_i,而头在 D_j 中的弧。证明:图 H 中不包含有向圈。

9. 证明:在 5×5 座位的教室中,每个学生都做一次上下左右移动,不可能让每个人都换了座位。

1.6　图的数据结构

除了图的代数定义与图的几何定义之外,还可以用矩阵或其他一些数据结构来表示图。这些数据结构除了便于图的计算机存储和处理,还可以用来深入地研究图的代数性质。

下面介绍几种表示图的数据结构,并统一用如下的无向图(如图 1-32 所示)和有向图(如图 1-33 所示)作为例子。

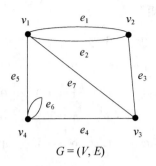

$G = (V, E)$

图 1-32

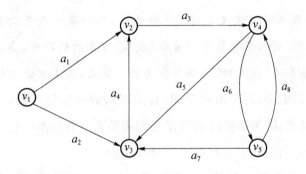

图 1-33

1. 关联矩阵

定义：设图 G 是一个具有 v 个顶点和 ε 条边的无向图，它的顶点集为 $\{v_1, v_2, \cdots, v_v\}$，边集为 $\{e_1, e_2, \cdots, e_\varepsilon\}$，则图 G 的**关联矩阵**（incidence matrix）是一个 v 行 ε 列的矩阵，记为 $\boldsymbol{M}(G) = [m_{ij}]_{v \times \varepsilon}$，其中，$m_{ij}$ 为 v_i 与 e_j 的关联次数（0, 1, 2）。

例如，图 1-32 的关联矩阵为

$$
\boldsymbol{M}(G) = \begin{matrix} & \begin{matrix} e_1 & e_2 & e_3 & e_4 & e_5 & e_6 & e_7 \end{matrix} & \\ \begin{pmatrix} 1 & 1 & 0 & 0 & 1 & 0 & 1 \\ 1 & 1 & 1 & 0 & 0 & 0 & 0 \\ 0 & 0 & 1 & 1 & 0 & 0 & 1 \\ 0 & 0 & 0 & 1 & 1 & 2 & 0 \end{pmatrix} & \begin{matrix} v_1 \\ v_2 \\ v_3 \\ v_4 \end{matrix} \end{matrix} 。
$$

定义：设图 D 是一个具有 v 个顶点和 ε 条边的有向图，它的顶点集和弧集分别为 $\{v_1, v_2, \cdots, v_v\}$ 和 $\{a_1, a_2, \cdots, a_\varepsilon\}$，则有向图 D 的关联矩阵是一个 v 行 ε 列的矩阵，记为 $\boldsymbol{M}(G) = [m_{ij}]_{v \times \varepsilon}$，其中，

$$
m_{ij} = \begin{cases} 1, & v_i \text{ 是 } a_j \text{ 的尾}, \\ -1, & v_i \text{ 是 } a_j \text{ 的头}, \\ 0, & v_i \text{ 与 } a_j \text{ 不关联}。 \end{cases}
$$

例如,有向图 1-33 的关联矩阵为

$$
\boldsymbol{M}(G) =
\begin{array}{c@{\quad}c@{\quad}c@{\quad}c@{\quad}c@{\quad}c@{\quad}c@{\quad}c}
a_1 & a_2 & a_3 & a_4 & a_5 & a_6 & a_7 & a_8
\end{array}
\begin{pmatrix}
1 & 1 & 0 & 0 & 0 & 0 & 0 & 0 \\
-1 & 0 & 1 & -1 & 0 & 0 & 0 & 0 \\
0 & -1 & 0 & 1 & -1 & 0 & -1 & 0 \\
0 & 0 & -1 & 0 & 1 & 1 & 0 & -1 \\
0 & 0 & 0 & 0 & 0 & -1 & 1 & 1
\end{pmatrix}
\begin{array}{l}
v_1 \\ v_2 \\ v_3 \\ v_4 \\ v_5
\end{array}。
$$

注 1:上面关于有向图的关联矩阵的定义中,对有向环要作特别的处理。

注 2:上面的关联矩阵的定义是针对无权图,以后如果一个无向图(或有向图)的边(或弧)带有一个权重,则只需把权重乘以边(或弧)所在的列即可,当边(或弧)带有多个权重时,则需要把每条边(或弧)所在的列加上多个位置,依次放进去权重。

根据关联矩阵的定义,若给出一个图(有向图),则很容易得到它的关联矩阵,反之亦然。一个图(有向图)的关联矩阵含有了它的图形表示的全部信息。

一个图(有向图)的关联矩阵有以下明显性质。

① 每一列恰包含两个 1(环对应的列是有 1 个 2,有向图是一个 1、一个 -1,有向环要作特殊处理)。

② 每一行所包含 1 的个数等于对应顶点的度(对有向图,1 的个数等于出度,-1 的个数等于入度)。

③ 无向图 G 的关联矩阵中所有元素之和等于图 G 的边的两倍(握手定理)。

④ 若图 G 是非连通图,则 $G_1, G_2, \cdots, G_k$ 是它的连通分支。则只要适当地排列顶点与边对应的行与列,即对顶点与边重新标号,图 G 的关联矩阵可表示成块对角形式:

$$
\boldsymbol{M}(G) =
\begin{pmatrix}
\boldsymbol{M}(G_1) & & & \\
& \boldsymbol{M}(G_2) & & \\
& & \ddots & \\
& & & \boldsymbol{M}(G_k)
\end{pmatrix}。
$$

其中,$\boldsymbol{M}(G_i)$ 是连通分支 $G_i(1 \leqslant i \leqslant k)$ 的关联矩阵。

以下定理是显然的。

定理 1-16 两个无向图同构的充分必要条件是它们的关联矩阵可通过行的对换与列的对换而相互转化。

无向简单图的关联矩阵只含有元素 0 和 1,有时出于理论或应用上的需要,将 0 和 1

看作是二元域 F_2 上的元素。这时将 $M(G)$ 称为图 G 在 F_2 上的关联矩阵,将它的行向量与列向量称为在 F_2 上的向量。若将 $M(G)$ 的第 i 行记为 $M_i(1 \leqslant i \leqslant v)$,则:

$$M(G) = \begin{bmatrix} M_1 \\ M_2 \\ \vdots \\ M_v \end{bmatrix}.$$

称 $M_i(1 \leqslant i \leqslant v)$ 在 F_2 上最大线性无关组中向量的个数为 $M(G)$ 在 F_2 上的**秩**。

定理 1-17 若无向图 G 是无环 v 阶连通图,则 $M(G)$ 在 F_2 上的秩为 $v-1$。

证明:设 $M(G)$ 在 F_2 上的秩为 r。因 $M(G)$ 的每一列中恰有两个 1,所以 $M(G)$ 的全部行向量 $M_1, M_2, \cdots, M_v$ 的和等于 0。因此 $M_1, M_2, \cdots, M_v$ 是线性相关的,即 $r \leqslant v-1$。

考虑 $M(G)$ 中的任意 $k(1 \leqslant k \leqslant v-1)$ 个行向量 $M_{i_1}, M_{i_2}, \cdots, M_{i_k}$,因为图 G 是连通的,$M_{i_1}, M_{i_2}, \cdots, M_{i_k}$ 都是非零向量,且图 G 中必有一条边,它的一个端点与 $\{i_1, i_2, \cdots, i_k\}$ 中的某个点相对应,而另一个端点与 $\{1, 2, \cdots, v\} \setminus \{i_1, i_2, \cdots, i_k\}$ 中的某个点相对应.

于是在 $M(G)$ 中必有一列,它所包含的两个 1 中,有且仅有一个是 $M_{i_1}, M_{i_2}, \cdots, M_{i_k}$ 中的某一个分量 1,由此可知 $M_{i_1}, M_{i_2}, \cdots, M_{i_k}$ 的和不等于 0。因 F_2 中只有 0 和 1 两个元素,$M(G)$ 中任何 $v-1$ 个行向量的任何一个系数不全为 0 的线性组合一定是这 $v-1$ 个向量中某 k 个($k \neq 0$)向量的和,因而不等于 0。所以 $M(G)$ 中的任何 $v-1$ 个行向量线性无关。因此 $M(G)$ 在 F_2 上的秩是 $v-1$。

证毕

利用定理 1-16 和定理 1-17,不难得出更一般的结论。

定理 1-18 若图 G 是无环 v 阶无向图,具有 k 个连通分支,则 $M(G)$ 在 F_2 上的秩是 $v-k$。

需要指出的是在实数域上定理 1-17 和定理 1-18 一般是不正确的。$M(K_3)$ 就提供了一个反例。

2. 邻接矩阵

定义:设图 G 是一个具有 v 个顶点的无向图,它的顶点集为 $\{v_1, v_2, \cdots, v_v\}$,则图 G 的**邻接矩阵**(adjacency matrix)是一个 v 行 v 列的矩阵,记为 $A(G) = [a_{ij}]_{v \times v}$,其中,$a_{ij}$ 为 v_i 与 v_j 之间的边数。

例如,图 1-32 的邻接矩阵为

$$v_1 \quad v_2 \quad v_3 \quad v_4$$

$$\boldsymbol{A}(G) = \begin{bmatrix} 0 & 2 & 1 & 1 \\ 2 & 0 & 1 & 0 \\ 1 & 1 & 0 & 1 \\ 1 & 0 & 1 & 0 \end{bmatrix} \begin{matrix} v_1 \\ v_2 \\ v_3 \\ v_4 \end{matrix} \circ$$

定义: 设有向图 D 是一个具有 v 个顶点的有向图,它的顶点集为 $\{v_1, v_2, \cdots, v_v\}$,则有向图 D 的邻接矩阵是一个 v 行 v 列的矩阵,记为 $\boldsymbol{A}(G) = [a_{ij}]_{v \times v}$,其中,$a_{ij} = v_i$ 到 v_j 的有向弧的数量。

例如,有向图 1-33 的邻接矩阵为

$$\begin{pmatrix} 0 & 1 & 1 & 0 & 0 \\ 0 & 0 & 0 & 1 & 0 \\ 0 & 1 & 0 & 0 & 0 \\ 0 & 0 & 1 & 0 & 1 \\ 0 & 0 & 1 & 1 & 0 \end{pmatrix} \circ$$

注 1: 上面的邻接矩阵的定义是针对无权图,以后如果一个简单图的边带有一个权重,则当边(或弧)$v_i v_j$ 存在时,令 a_{ij} 为它的权值;否则人为地规定 $a_{ij} = \infty$ 或 $-\infty$(而非 0)。∞ 是一个足够大的数。当一条边(或弧)带有多个权重时,则需要作其他的处理。

注 2: 一般情况下,图的邻接矩阵比关联矩阵会占用更少的存储空间。

一个图 G(或有向图)的邻接矩阵 $\boldsymbol{A}(G)$ 有以下明显性质:

① 若图 G 是 v 阶无向图,则 $\boldsymbol{A}(G)$ 是 v 阶非负整数上的对称矩阵。反之,任何一个 v 阶非负整数上的对称矩阵总是一个 v 阶无向图的邻接矩阵。

② 每一行非对角线元素之和再加上对角线上元素的 2 倍(一个环换算成度数为 2)等于对应顶点的度(对有向图,行元素之和等于出度,列元素之和等于入度)。

③ 在 $\boldsymbol{A}(G)$ 中同时对换第 i 行与第 j 行和第 i 列与第 j 列,相当于在图 G 中对换两个对应顶点的标号。因此两个图 G_1 与 G_2 同构当且仅当存在一个置换矩阵 $\boldsymbol{P}$,使得 $\boldsymbol{A}(G_1) = \boldsymbol{P}' \boldsymbol{A}(G_2) \boldsymbol{P}$。所谓置换矩阵是指每行和每列恰有一个为 1 而其余为 0 的矩阵。

④ 图 G 是非连通图,$G_1, G_2, \cdots, G_k$ 是它的连通分支 $\Leftrightarrow$ 图 G 的邻接矩阵可通过调整顶点的排列顺序表示成块对角形式。

$$\boldsymbol{A}(G) = \begin{bmatrix} \boldsymbol{A}(G_1) & & & \\ & \boldsymbol{A}(G_2) & & \\ & & \ddots & \\ & & & \boldsymbol{A}(G_k) \end{bmatrix}$$

其中，$A(G_i)$ 是连通分支 $G_i(1 \leqslant i \leqslant k)$ 的邻接矩阵。

邻接矩阵 $A(G) = [a_{ij}]_{v \times v}$ 中的元素 a_{ij} 也可以看作为图 G 中从顶点 v_i 到顶点 v_j 的长为 1 的路的条数。矩阵 $A(G)$ 的 k 次方幂 $A^k(G)$，有下面更一般性的结果。

定理 1-19 设图 G 为无向无权图，$A(G)$ 为图 G 的邻接矩阵，证明：图 G 中长度为 k 的 (v_i, v_j)-途径的数目等于 $a_{(i,j)}^{(k)}$（$A^k(G)$ 中的 (i,j) 元素），其中，k 是大于或等于 1 的正整数。

证明： 对 k 进行数学归纳。当 $k=1$ 时，结论显然成立。假设当 $k=n-1(n \geqslant 2, n$ 为整数）时结论成立，证当 $k=n$ 时结论也成立。由于 $A^n = A^{n-1}A = [a_{(i,j)}^{(n)}]_{v \times v}$，其中 $a_{(i,j)}^{(n)} = \sum_{m=1}^{v} a_{(i,m)}^{(n-1)} a_{(m,j)}$。根据归纳假设，$a_{(i,m)}^{(n-1)}$ 是图 G 中长度为 $n-1$ 的 (v_i, v_m)-途径的数目，$a_{(m,j)}$ 是图 G 中长度为 1 的 (v_m, v_j)-途径的数目，所以 $a_{(i,m)}^{(n-1)} a_{(m,j)}$ 就是图 G 中长度为 n 而且从 v_i 先到 v_m（长度为 $n-1$）然后再经过 (v_m, v_j) 一条边的途径的数目，所以 $a_{(i,j)}^{(n)}$ 就是所有长度为 n 的 (v_i, v_j)-途径的数目。

证毕

思考 1： 在定理 1-19 中，图 G 中长度为 k 的 (v_i, v_j)-途径是否为 (v_i, v_j)-路？长度为 k 的 (v_i, v_j)-路与 $a_{(i,j)}^{(k)}$ 是什么关系？(v_i, v_j)-最短路的路长与 $a_{(i,j)}^{(k)}$ 是什么关系？

思考 2： 在定理 1-19 中，如果图 G 是赋权无向（或有向）图，A 为图 G 的邻接矩阵，图 G 中 v_i 到 v_j 的最短路能否利用类似证明定理 1-19 的方法求出？

推论 1-6 设图 G 是 $v(v \geqslant 3)$ 阶无向图，则图 G 是连通图的充分必要条件是矩阵 $X = A(G) + A^2(G) + \cdots + A^{v-1}(G)$ 中的每一个元素都是非 0 的。

证明： 若图 G 连通，则图 G 的任何两个不同顶点之间有一条长为 l 的路（$1 \leqslant l \leqslant v-1$）。而任何点到自身有长为 $2(\leqslant v-1)$ 的闭途径（$v_i - v_j - v_i$）。因而由定理 1-19 可知 X 中的任何元素都是非 0 的。

反之，由 X 中的每一个元素都是非 0 的可知在图 G 的任何两个顶点之间有长不超过 $v-1$ 的路，因而图 G 是连通的。

证毕

推论 1-7 连通图 G 中的两个顶点 v_i 和 $v_j(i \neq j)$ 之间的距离等于 k 当且仅当 k 是使：$a_{(i,j)}^{(r)}$（$A^r(G)$ 中 (i,j) 元素）不为 0 的最小正整数 r。

证明： 顶点 v_i 和 $v_j(i \neq j)$ 之间的距离等于 k 当且仅当它们之间有长为 k 的路，但没有更短的路。亦即，$a_{(i,j)}^{(k)} \neq 0$，而 $a_{(i,j)}^{(m)} = 0(0 \leqslant m \leqslant k-1)$。

证毕

对于有向图，类似地可以得到如下结论。

定理 1-20 设 A 是有向无权图 $D=(V,E)$ 的邻接矩阵，$V=\{v_1,v_2,\cdots,v_v\}$，则图 D 中长度为 k 的 (v_i,v_j)-有向途径的总数就是 A^k 中的 $a_{(i,j)}^{(k)}$（其中，$a_{(i,j)}^{(k)}$ 为图 D 中长度为 k 的 (v_i,v_i)-有向闭途径的总数）。

推论 1-8 设 A 是有向无权图 $D=(V,E)$ 的邻接矩阵，$V=\{v_1,v_2,\cdots,v_v\}$，令 $B_k=A+A^2+\cdots+A^k(k\geqslant1)$，则图 D 中长度小于或等于 k 的 (v_i,v_j)-有向途径的总数就是 B_k 中的元素 $b_{(i,j)}^{(k)}$（其中，$b_{(i,i)}^{(k)}$ 为图 D 中长度小于或等于 k 的 (v_i,v_i)-有向闭途径的数目）。

3. 邻接表

定义： 设图 $G=(V,E)$ 是一个具有 v 个顶点和 ε 条边的无向图，它的顶点集为 $V=\{v_1,v_2,\cdots,v_v\}$，边集为 $E=\{e_1,e_2,\cdots,e_\varepsilon\}$，则图 G 的**邻接表**(adjacency list) $T(G)$ 是由 v 个顶点组成的数如下。①图中顶点集合用一个一维数组存储，另外，在顶点数组中，每个数据元素还需要存储指向第一个邻点的指针，以便于查找该顶点的边信息；②图中每个顶点 v 的所有邻点可构成一个线性表，由于邻点的个数不确定，所以用单链表存储，称其为顶点 v 的边（链）表 $T(v)$。

例如，图 1-32 的邻接表为图 1-34，用 $i(i=1,2,3,4)$ 表示 v_i，用 0 表示链表结束，也可以指定其他的数字或记号表示。

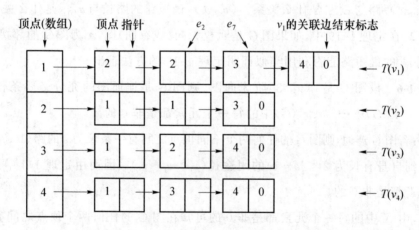

图 1-34

类似地，对于有向图，邻接表的定义如下。

定义： 设图 $D=(V,A)$ 是一个具有 v 个顶点和 ε 条弧的有向图，它的顶点集为 $V=\{v_1,v_2,\cdots,v_v\}$，弧集为 $A=\{a_1,a_2,\cdots,a_\varepsilon\}$，则图 D 的邻接表 $T(D)$ 是由 v 个顶点组成的数组，每个数组是一个顶点 $v\in V$ 的邻接链表 $T(v)$，包含了此顶点 v 的所有出弧的信息，具体如下。①图中顶点集合用一个一维数组存储，在顶点数组中，每个数据元素还需要存储指向第一个**外邻点**（出弧的头）的指针，以便于查找该顶点的出弧信息；②图中每个顶点 v 的所有外邻点可构成一个线性表，由于外邻点的个数不确定，所以用单链表存储,称其为顶点的出弧表 $T(v)$。

例如,图 1-33 的邻接表为图 1-35,用 $i(i=1,2,3,4,5)$ 表示点 v_i,用 0 表示链表结束,也可以指定其他的数字或记号表示。

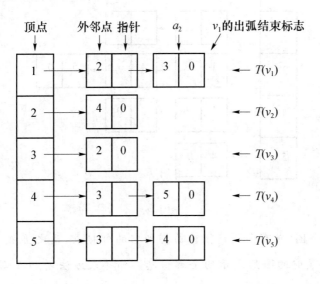

图 1-35

注 1:上面邻接表的定义是针对无权图,以后如果一个图(无向或有向)的边(或弧)带有一个或多个权重时,则将邻接链表中的边(或出弧)信息进行扩充即可。例如,设图 1-33 中 $a_1, \cdots, a_8$ 的权重分别为 $8,9,6,4,6,3,4,7$。则带权重的图 1-33 的邻接表如图 1-36 所示。

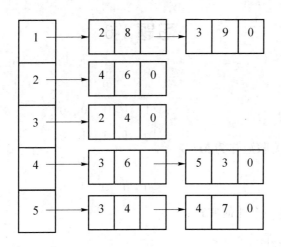

图 1-36

注 2:对于有向图,上面定义的邻接表是以顶点作为弧尾开始构建的链表,这种邻接表容易得到每个顶点的出度,而如果以顶点为弧头开始构建链表,被称作**逆邻接表**,则容易得到顶点的入度。例如,图 1-33 的逆邻接表如图 1-37 所示。

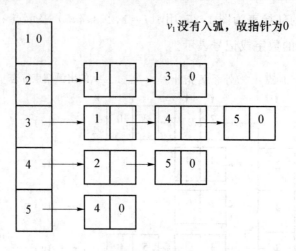

图 1-37

注 3:任何一个图(或有向图),很容易得到它的邻接表,反之亦然。一个图(或有向图)的邻接表含有了它的图形表示的全部信息。邻接表方法增加或删除一条弧所需的计算工作量很少。

除了上面图的 3 种数据结构以外,还有很多种图的数据结构。只要能够将图的所有信息都包含进来,而且又不引起混淆,就可以代替图存储在计算机中,但总体来说,一般要针对所考虑的问题,使用尽可能简单的数据结构,这样方便处理问题。

习题 1-6

1. 已知图 G 的关联矩阵为 $\boldsymbol{M}(G) = \begin{pmatrix} 1 & 1 & 1 & 0 & 0 \\ 0 & 1 & 1 & 1 & 0 \\ 1 & 0 & 0 & 1 & 2 \\ 0 & 0 & 0 & 0 & 0 \end{pmatrix}$,请考虑如下问题:

(1) 给出图 G 的一个几何实现;

(2) 给出图 G 的邻接矩阵。

2. 设有向图 $D=(V,E)$ 的邻接矩阵 $A(D)=\begin{pmatrix} 1 & 2 & 1 & 0 \\ 0 & 0 & 1 & 0 \\ 0 & 0 & 0 & 1 \\ 0 & 0 & 1 & 0 \end{pmatrix}$，请考虑如下问题：

(1) 给出图 D 的一个几何实现；

(2) 写出图 D 的关联矩阵(不考虑环)；

(3) 计算邻接矩阵的 A^k，$k=2,3,4$；

(4) 给出图 D 中长为 k，$k=2,3,4$ 的 (v_i,v_j)-有向途径($i,j=1,2,3,4$)的数目；

(5) 给出图 D 中长为 k，$k=2,3,4$ 的有向闭途径的数目；

(6) 给出图 D 中长度小于 5 的所有有向途径的数目，并说明其中的闭途径的数目。

3. 设图 G 是无向简单图，M 是图 G 的关联矩阵，A 是图 G 的邻接矩阵，证明：MM^T 与 A^2 的对角线上的元素均是图 G 对应顶点的度数。

4. 设图 G 是偶图，证明：把图 G 的顶点适当排列后，可使图 G 的邻接矩阵形如 $\begin{pmatrix} 0 & A_{12} \\ A_{21} & 0 \end{pmatrix}$，其中，$A_{21}$ 是 A_{12} 的转置矩阵，这里的 0 表示元素全为 0 的方阵。

第 2 章　最短路问题

2.1　最短路问题与 Dijkstra 算法

给定赋权图 G 及图 G 中两点 u,v，顶点 u 与 v 的距离 $d(u,v)$ 等于 u 到 v 的具有最小权重的路〔最短 (u,v)-路〕的路长。求 u 到 v 的最短路的问题称作**最短路问题**。最短路问题是在现实生活和各种工作中常见的一个优化问题，也有很多的问题可以转化为最短路问题。

对于最短路问题，图中如果存在权重为负数的圈（后面简称**负圈**），目前没有好算法能够求解，故不作考虑（但有些算法能够自行判断一个图是否有负圈，所以在应用这些算法求最短路时可以不用事先判断图中是否有负圈）。特别注意的是，在一个无向图中，只要有边的权重是负数，就认为图中是有负圈，从而也不考虑。对于无负权重的无向图或无负有向圈的有向图，因为环（正权重）对于求最短路没有任何影响，重边（弧）则只需保留其中一条权重最小的边（或弧）即可，所以如果不加特殊说明，我们以后只考虑简单图或严格有向图。

求解最短路问题有很多算法，其中最基本的一个算法是 Dijkstra（狄克斯特拉）算法。Dijkstra算法是 1959 年由 Dijkstra 提出的（以后经过了一些改进），目前被公认为是最好的方法。

Dijkstra 算法只考虑所有边（或弧）的权重都是非负的情况，如果边 $e=uv$ 的权重 $w(e)=0$，则可以合并点 u,v 为一个顶点（将所有跟 u 与 v 关联的边都变成与新顶点关联，再去掉其中可能出现的重边，只保留权重最小的边），所以以后只考虑权重全部是正数的情况。如果 u,v 点之间没有边，则令 $w(uv)=\infty$。下面关于 Dijkstra 算法的介绍是以正权重的无向图进行考虑的,对有向图的考虑类似。

Dijkstra 算法的基本思想如下。

若路 $P = u_0 v_1 \cdots v_{k-1} v_k$ 是从点 u_0 到点 v_k 的最短路,则对 $P' = u_0 v_1 \cdots v_{k-1}$ 必是点 u_0 到点 v_{k-1} 的最短路。基于这一原理,对图 G 中的顶点 u_0,利用 Dijkstra 算法将由近及远地逐次求出 u_0 到其他各点的最短路,这些顶点依次被定义为 $u_1, u_2, \cdots, u_{v-1}$,$u_0$ 到这些点的距离满足:$d(u_0 u_1) \leqslant d(u_0 u_2) \leqslant \cdots \leqslant d(u_0 u_{v-1})$。若记 $S_0 = \{u_0\}$,$S_k = \{u_0, u_1, \cdots, u_k\}$,$\overline{S_k} = V \backslash S_k$,$P_i$ 为最短的 (u_0, u_i)-路 $(i = 1, 2, \cdots, k)$。所以点 u_{k+1} 是点 u_0 到 $\overline{S_k}$ 中距离最短的顶点。

Dijkstra 算法原理如下。

① 求点 u_1。点 u_1 显然满足 $w(u_0 u_1) = \min\{w(u_0 v) \mid v \neq u_0\}$,得到点 u_1 后令 $S_1 = \{u_0, u_1\}$,$P_1 = u_0 u_1$。

② 若已求得 $S_k, d(u_0 u_1), d(u_0 u_2), \cdots, d(u_0 u_k)$,及最短的 (u_0, u_i)-路 $P_i (i = 1, 2, \cdots, k)$,下面考虑求点 u_{k+1},显然(如图 2-1 所示)

$$d(u_0, u_{k+1}) = \min\{d(u_0, v) \mid v \in \overline{S_k}\}$$
$$= d(u_0, u) + w(u, u_{k+1})$$
$$= \min\{d(u_0, u_j) + w(u_j, u_{k+1}) \mid u_j \in S_k\}$$
$$= \min\{d(u_0, u_j) + w(u_j, v) \mid u_j \in S_k, v \in \overline{S_k}\},$$

其中,$u \in S_k$。

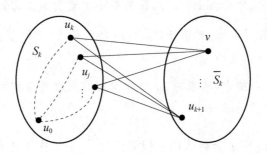

图 2-1

③ 但此时如果通过 $\min\{d(u_0, u_j) + w(u_j, u_{k+1}) \mid u_j \in S_k\}$ 求出 u_{k+1},则计算量比较大,对 $\overline{S_k}$ 中的顶点 v 引入记号 $l(v) = \min\{d(u_0, u_j) + w(u_j, v) \mid u_j \in S_k\}$,则

$$d(u_0, u_{k+1}) = \min\{d(u_0, u_j) + w(u_j, v) \mid u_j \in S_k, v \in \overline{S_k}\}$$
$$= \min\{l(v) \mid v \in \overline{S_k}\} = l(u_{k+1})。$$

所以,可得 $S_{k+1} = S_k \bigcup u_{k+1}$,同时可得 $P_{k+1} = P_j u_j u_{k+1}$,其中点 u_j 是在式"$d(u_0, u_j) + w(u_j, v) \mid u_j \in S_k, v \in \overline{S_k}$"中取得最小值所对应的某个确定的点 u_j〔可以在后面计算 $l(v)$

的过程中确定〕,j 是其下标。

特别重要的是进行到下一步时,对任意的点 $v\in\overline{S_{k+1}}$ 只要更新 $l(v)$ 即可:

$$l(v)\leftarrow\min\{l(v),l(u_{k+1})+w(u_{k+1}v)\}。$$

这样就节省了大量的计算。这就是 Dijkstra 标号算法的实现原理(参考图 2-2)。

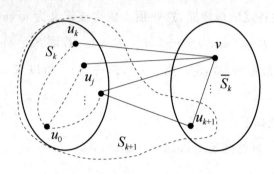

图 2-2

Dijkstra 标号算法。〔下面的 $\mathrm{Pr}(v)$ 表示在所求得的 (u_0,v)-最短路上 v 点前的一个顶点。〕

① 令 $l(u_0):=0,\mathrm{Pr}(u_0)=u_0,P_0=u_0$;对 $v\neq u_0$,令 $l(v):=\infty,\mathrm{Pr}(v)=v_{v+1},P_v=\varnothing$;$S_0:=\{u_0\},i:=0$。

② 〔这时已有 $S_i,d(u_0,u_j)$ 及最短的 (u_0,u_j)-路 $P_j,j=1,2,\cdots,i$〕对 $v\in\overline{S_i}$,计算 $l(v):=\min\{l(v),l(u_i)+w(u_iv)\}$ 和 $\mathrm{Pr}(v)$〔如果 $l(v)<l(u_i)+w(u_iv)$,则 $\mathrm{Pr}(v)$ 不变,否则 $\mathrm{Pr}(v)=u_i$〕。然后,计算 $\min\limits_{v\in\overline{S_i}}\{l(v)\}$,设其最小值点为 u_{i+1},令 $S_{i+1}=S_i\bigcup\{u_{i+1}\}$,用反溯追踪的方法得到最短路线〔检查 $\mathrm{Pr}(u_{i+1})$,此点是 S_i 中的某点,设为 u_k,则 $P_{i+1}=P_ku_{i+1}$〕。

③ 如果 $i=\nu-2$,则结束(已求出 u_0 到其他所有顶点的最短路)。否则令 $i:=i+1$,返回步骤②。

算法分析:Dijkstra 算法全部迭代过程需要做 $\dfrac{\nu(\nu-1)}{2}$ 次加法和 $2\nu(\nu-1)$ 次比较。

〔步骤②中式 $l(v):=\min\{l(v),l(u_i)+w(u_iv)\}$ 需要 $\nu-i-1$ 次加法,$\nu-i-1$ 次比较。式 $\min\limits_{v\in\overline{S_i}}\{l(v)\}$ 需要 $\nu-i-2$ 次比较。而 $\sum\limits_{i=0}^{\nu-1}(\nu-i-1)=(\nu-1)+(\nu-2)+\cdots+1=\dfrac{\nu(\nu-1)}{2}$〕。此外判断是否 $v\in\overline{S}$ 需要至多 $(\nu-1)^2$ 次比较,所以其计算量为 $O(\nu^2)$。故 Dijkstra 算法是好算法。

注1:若只求从点 u_0 到某点 u_k 的最短路,则算法进行到点 u_k 并入 S_k 时得到最短路长,及路线停止即可。

注 2：在算法中得到最短路线的时候，只得到一条路线，如果有多条最短路线，则修改 $\text{Pr}(v)$ 的定义即可得到；类似地，如果适当地修改 $\text{Pr}(v)$，还可以用上面的算法求出次短路线等，甚至所有长度的路线。

注 3：在算法的计算过程中，第一条路是一条边和两个端点，以后每一步都是增加一条新的边及一个新的顶点，每一步所得子图都是一棵树，因此该过程称为树的增长过程（tree growing procedure）。在该树中的 (u_0, u_i)-路，就是原图中最短的 (u_0, u_i)-路。（关于树的性质可参考第 3 章。）

注 4：在算法的计算过程中，每当求出从点 u_0 到某点 u_k 的最短路长及最短路线时，就是确定的结果了，以后不会再变化了。

注 5：在算法的计算过程中，如果求出从点 u_0 到某点 u_k 的最短路长是 ∞，则表示点 u_0 与点 u_k 之间没有路。所以，Dijkstra 算法可以判断正赋权图或无权图的某两点之间的连通性或整个图的连通性。

例 2-1 求下面的赋权图（如图 2-3 所示）中点 u_0 到其他所有点的距离及最短路线。

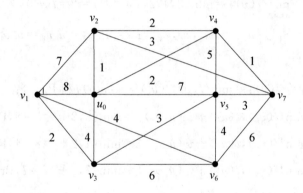

图 2-3

解：① 令 $l(u_0) := 0, \text{Pr}(u_0) = u_0, l(v_i) := \infty, \text{Pr}(v_i) = v_9 (i = 1, 2, \cdots, 7), S_0 := \{u_0\}, i := 0$。

② 对 $v \in \overline{S}_i$，计算 $l(v) := \min\{l(v), l(u_i) + w(u_i v)\}$ 和 $\text{Pr}(v)$：

$l(v_1) := \min\{l(v_1), l(u_0) + w(u_0 v_1)\} = \min\{\infty, 0 + 8\} = 8, \text{Pr}(v_1) = u_0;$

$l(v_2) := \min\{l(v_2), l(u_0) + w(u_0 v_2)\} = \min\{\infty, 0 + 1\} = 1, \text{Pr}(v_2) = u_0;$

$l(v_3) := \min\{l(v_3), l(u_0) + w(u_0 v_3)\} = \min\{\infty, 0 + 4\} = 4, \text{Pr}(v_3) = u_0;$

$l(v_4) := \min\{l(v_4), l(u_0) + w(u_0 v_4)\} = \min\{\infty, 0 + 2\} = 2, \text{Pr}(v_4) = u_0;$

$l(v_5) := \min\{l(v_5), l(u_0) + w(u_0 v_5)\} = \min\{\infty, 0 + 7\} = 7, \text{Pr}(v_5) = u_0;$

$l(v_6) := \min\{l(v_6), l(u_0) + w(u_0 v_6)\} = \min\{\infty, 0 + \infty\} = \infty, \text{Pr}(v_6) = v_9;$

$l(v_7) := \min\{l(v_7), l(u_0) + w(u_0 v_7)\} = \min\{\infty, 0 + \infty\} = \infty, \text{Pr}(v_7) = v_9。$

计算

$$\min_{v\in\overline{S}_0}\{l(v)\}=\min\{8,1,4,2,7,\infty,\infty\}=1=l(v_2),$$

所以 $u_1=v_2$，令 $S_1=S_0\bigcup\{u_1\}=\{u_0,v_2\}$，$P_1=P_0u_1=u_0u_1=u_0v_2$，$i=0<6=\nu-2$，令 $i:=0+1=1$。

③ 对 $v\in\overline{S}_i$，计算 $l(v):=\min\{l(v),l(u_i)+w(u_iv)\}$ 和 $\Pr(v)$：

$$l(v_1):=\min\{l(v_1),l(u_1)+w(u_1v_1)\}=\min\{8,1+7\}=8,\Pr(v_1)=u_1;$$

$$l(v_3):=\min\{l(v_3),l(u_1)+w(u_1v_3)\}=\min\{4,1+\infty\}=4,\Pr(v_3)=u_0;$$

$$l(v_4):=\min\{l(v_4),l(u_1)+w(u_1v_4)\}=\min\{2,1+2\}=2,\Pr(v_4)=u_0;$$

$$l(v_5):=\min\{l(v_5),l(u_1)+w(u_1v_5)\}=\min\{7,1+\infty\}=7,\Pr(v_5)=u_0;$$

$$l(v_6):=\min\{l(v_6),l(u_1)+w(u_1v_6)\}=\min\{\infty,1+\infty\}=\infty,\Pr(v_6)=v_9;$$

$$l(v_7):=\min\{l(v_7),l(u_1)+w(u_1v_7)\}=\min\{\infty,1+3\}=4,\Pr(v_7)=u_1。$$

计算

$$\min_{v\in\overline{S}_1}\{l(v)\}=\min\{8,4,2,7,\infty,4\}=2=l(v_4),$$

所以 $u_2=v_4$，令 $S_2=S_1\bigcup\{u_2\}=\{u_0,v_2,v_4\}$，$P_2=P_0u_2=u_0u_2=u_0v_4$，$i=1<6=\nu-2$，令 $i:=1+1=2$。

④ 对 $v\in\overline{S}_i$，计算 $l(v):=\min\{l(v),l(u_i)+w(u_iv)\}$ 和 $\Pr(v)$：

$$l(v_1):=\min\{l(v_1),l(u_2)+w(u_2v_1)\}=\min\{8,2+\infty\}=8,\Pr(v_1)=u_1;$$

$$l(v_3):=\min\{l(v_3),l(u_2)+w(u_2v_3)\}=\min\{4,2+\infty\}=4,\Pr(v_3)=u_0;$$

$$l(v_5):=\min\{l(v_5),l(u_2)+w(u_2v_5)\}=\min\{7,2+5\}=7,\Pr(v_5)=u_2;$$

$$l(v_6):=\min\{l(v_6),l(u_2)+w(u_2v_6)\}=\min\{\infty,2+\infty\}=\infty,\Pr(v_6)=v_9;$$

$$l(v_7):=\min\{l(v_7),l(u_2)+w(u_2v_7)\}=\min\{4,2+1\}=3,\Pr(v_7)=u_2。$$

计算

$$\min_{v\in\overline{S}_2}\{l(v)\}=\min\{8,4,7,\infty,3\}=3=l(v_7),$$

所以 $u_3=v_7$，令 $S_3=S_2\bigcup\{u_3\}=\{u_0,v_2,v_4,v_7\}$，$P_3=P_2u_3=u_0v_4u_3=u_0v_4v_7$，$i=2<6=\nu-2$，令 $i:=2+1=3$。

⑤ 对 $v\in\overline{S}_i$，计算 $l(v):=\min\{l(v),l(u_i)+w(u_iv)\}$ 和 $\Pr(v)$：

$$l(v_1):=\min\{l(v_1),l(u_3)+w(u_3v_1)\}=\min\{8,3+\infty\}=8,\Pr(v_1)=u_1;$$

$$l(v_3):=\min\{l(v_3),l(u_3)+w(u_3v_3)\}=\min\{4,3+\infty\}=4,\Pr(v_3)=u_0;$$

$$l(v_5):=\min\{l(v_5),l(u_3)+w(u_3v_5)\}=\min\{7,3+3\}=6,\Pr(v_5)=u_3;$$

$$l(v_6):=\min\{l(v_6),l(u_3)+w(u_3v_6)\}=\min\{\infty,3+6\}=9,\Pr(v_6)=u_3。$$

计算

$$\min_{v\in\overline{S}_3}\{l(v)\}=\min\{8,4,6,9\}=4=l(v_3),$$

所以 $u_4=v_3$，令 $S_4=S_3\bigcup\{u_4\}=\{u_0,v_2,v_4,v_7,v_3\}$，$P_4=P_0u_4=u_0v_3=u_0v_3$，$i=3<6=\nu-2$，令 $i:=3+1=4$。

⑥ 对 $v\in\overline{S}_i$，计算 $l(v):=\min\{l(v),l(u_i)+w(u_iv)\}$ 和 $\mathrm{Pr}(v)$：

$$l(v_1):=\min\{l(v_1),l(u_4)+w(u_4v_1)\}=\min\{8,4+2\}=6,\mathrm{Pr}(v_1)=u_4;$$

$$l(v_5):=\min\{l(v_5),l(u_4)+w(u_4v_5)\}=\min\{6,4+3\}=6,\mathrm{Pr}(v_5)=u_3;$$

$$l(v_6):=\min\{l(v_6),l(u_4)+w(u_4v_6)\}=\min\{9,4+6\}=9,\mathrm{Pr}(v_6)=u_3.$$

计算

$$\min_{v\in\overline{S}_4}\{l(v)\}=\min\{6,6,9\}=6=l(v_1),$$

所以 $u_5=v_1$，令 $S_5=S_4\bigcup\{u_5\}=\{u_0,v_2,v_4,v_7,v_3,v_1\}$，$P_5=P_4u_5=u_0v_3u_5=u_0v_3v_1$，$i=4<6=\nu-2$，令 $i:=4+1=5$。

⑦ 对 $v\in\overline{S}_i$，计算 $l(v):=\min\{l(v),l(u_i)+w(u_iv)\}$ 和 $\mathrm{Pr}(v)$：

$$l(v_5):=\min\{l(v_5),l(u_5)+w(u_5v_5)\}=\min\{6,6+\infty\}=6,\mathrm{Pr}(v_5)=u_3;$$

$$l(v_6):=\min\{l(v_6),l(u_5)+w(u_5v_6)\}=\min\{9,6+4\}=9,\mathrm{Pr}(v_6)=u_3.$$

计算

$$\min_{v\in\overline{S}_5}\{l(v)\}=\min\{6,9\}=6=l(v_5),$$

所以 $u_6=v_5$，令 $S_6=S_5\bigcup\{u_6\}=\{u_0,v_2,v_4,v_7,v_3,v_1,v_5\}$，$P_6=P_3u_6=u_0v_4v_7u_6=u_0v_4v_7v_5$，$i=5<6=\nu-2$，令 $i:=5+1=6$。

⑧ 对 $v\in\overline{S}_i$，计算 $l(v):=\min\{l(v),l(u_i)+w(u_iv)\}$ 和 $\mathrm{Pr}(v)$：

$$l(v_6):=\min\{l(v_6),l(u_6)+w(u_6v_6)\}=\min\{9,6+4\}=9,\mathrm{Pr}(v_6)=u_3.$$

计算

$$\min_{v\in\overline{S}_6}\{l(v)\}=\min\{9\}=9=l(v_6),$$

所以 $u_7=v_6$，令 $S_7=S_6\bigcup\{u_7\}=\{u_0,v_2,v_4,v_7,v_3,v_1,v_5,v_6\}$，$P_7=P_3u_7=u_0v_4v_7u_7=u_0v_4v_7v_6$，$i=6=6=\nu-2$，结束。

所有求得的最短路线如图 2-4 中的粗边所示（构成一棵树）。

解毕

对于有向图，只要在 Dijkstra 算法中注意 $w(u_iv)$ 表示的是以点 u_i 为尾，点 v 为头的有向弧，结果自然得到的就是从点 u_0 到其他各点的最短有向路的路长与路线。

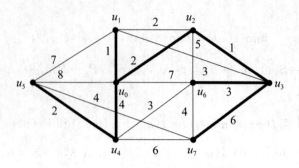

图 2-4

习题 2-1

1. 用 Dijkstra 算法求题图 2-1 中从点 v_1 到其他任意一点的最短路线及距离（边旁边的数字表示一条边的距离）。

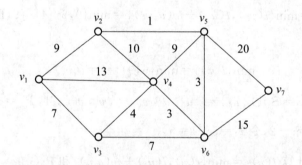

题图 2-1

2. 要求出第 1 题中 v_1 到每个点的所有最短路线，应该如何修改程序，复杂性如何？

3. 要求出第 1 题中 v_1 到所有点的次短路线，应该如何修改程序，复杂性如何？

4. 描述可以分别确定如下问题的算法：(1)判断一个图是否连通；(2)求出一个图的所有连通分支；(3)求出一个图的围长（最短圈的长）。

2.2　Bellman-Ford 算法

对于权重有负数但是没有负有向圈的赋权有向图，求点 u_0 到其他各点的最短有向路就不能用 Dijkstra 算法了。目前，有多种算法可以求解权重有负数但是没有负有向圈的赋权有向图的最短有向路问题，其中 Bellman-Ford 算法是一种采用逐次逼近的方法进行求解的算法。Bellman-Ford 算法是用于求解一般权重（可以有负权重，也可以全部是正权重，或无权重）有向图 D 中任意给定顶点 v_0 到其他各点（设为 $v_1, \cdots, v_{v-1}$）的最短有向路的路长和路线，是由 Ford 于 1956 年提出的，是最早提出的一种标号修正算法。这个算法可以简单地用式(2-1)的迭代方程表示〔设标号 $u_j^{(k)}$ ($k=1,2,\cdots,v-2$) 表示第 k 次迭代得到的顶点 v_j ($0 \leqslant j \leqslant v-1$) 的临时标号，$w_{i,j}$ 表示顶点 v_i 到 v_j 的有向弧的权重〕：

$$\begin{cases} u_i^{(1)} = w_{0,i}, & i = 0, 1, \cdots, v-1, \\ u_i^{(k+1)} = \min\{u_i^{(k)}, \min_{0 \leqslant j \leqslant v-1, j \neq i} \{u_j^{(k)} + w_{j,i}\}\}, & i = 0, 1, \cdots, v-1. \end{cases} \quad (2\text{-}1)$$

最后得到的 $u_i^{(v-1)}$ ($i=0,1,\cdots,v-1$) 就是从起点 v_0 到其他各点 v_i ($i=0,1,\cdots,v-1$) 的最短有向路的路长。

式(2-1)也可以改写为

$$\begin{cases} u_i^{(1)} = w_{0,i}, & i = 0, 1, \cdots, v-1, \\ u_i^{(k+1)} = \min_{0 \leqslant j \leqslant v-1} \{u_j^{(k)} + w_{j,i}\}, & i = 0, 1, \cdots, v-1. \end{cases} \quad (2\text{-}2)$$

在算法的执行过程中，为了得到最短有向路线，可以记录下来每个顶点的标号 $u_j^{(k)}$ 是从哪个顶点得到的。与 Dijkstra 算法类似，例如，这里用 $\mathrm{Pr}(i)$ 表示在所求得的 (v_0, v_i)-最短有向路上点 v_i 前的一个顶点（$v_0, v_1, \cdots, v_{v-1}$ 中的某一个）的下标，则上面的算法可以用反溯法找到从点 v_0 到其他各点 v_i ($i=0,1,\cdots,v-1$) 的最短有向路线。例如，将式(2-2)改写为

$$\begin{cases} u_i^{(1)} = w_{0,i}, \mathrm{Pr}(i) = 0, & i = 0, 1, \cdots, v-1, \\ u_i^{(k+1)} = \min_{0 \leqslant j \leqslant v-1} \{u_j^{(k)} + w_{j,i}\}, \text{如果 } u_i^{(k+1)} < u_i^{(k)}, \text{则 } \mathrm{Pr}(i) = l, & i = 0, 1, \cdots, v-1. \end{cases}$$

$$(2\text{-}3)$$

其中，l 为在 $\min_{0 \leqslant j \leqslant v-1} \{u_j^{(k)} + w_{j,i}\}$ 中取到最小值的下标。

定理 2-1 在式(2-1)中,标号 $u_i^{(k)}(i=1,\cdots,v-1,\quad k=1,2,\cdots,v-1)$ 是第 k 次迭代得到的从起点 v_0 到顶点 v_i 所经过的弧数不超过 k 时最短有向路的路长。

证明: 对 k 用归纳法。当 $k=1$ 时,显然成立。假设结论 k 时成立,下面考虑 $k+1$ 时的情况。

从起点 v_0 到顶点 v_i 所经过的弧数不超过 $k+1$ 时的最短有向路有两种可能:①该最短有向路只含有不超过 k 条弧,根据归纳假设,这时最短有向路的路长就是 $u_i^{(k)}$;②该最短有向路恰好有 $k+1$ 条弧,设最后一条弧为 (v_j,v_i),则剩下的子路正好含有 k 条,根据归纳假设,子路的最短有向路的路长为 $u_j^{(k)}$,故整个最短有向路的路长是 $u_j^{(k)}+w_{j,i}$。上面两种可能中取最小值,正好就是 $u_i^{(k+1)}$。

因此,定理成立。

证毕

从 Bellman-Ford 算法的计算过程可知,$u_i^{(k)}$ 随着迭代的增加是非增的,而且对于无负圈的图,所有最短有向路中弧数一定不超过 $v-1$($v-1$ 条弧的路是 Hamilton-路)。所以 Bellman-Ford 算法一定在第 $v-2$ 次迭代后收敛(最短有向路的路长确定)。根据定理 2-1,这就证明了 Bellman-Ford 算法的正确性。

算法分析: Bellman-Ford 算法共循环 $v-2$ 次,每次循环中需要考虑对 v 个顶点更新标号,每次更新一个顶点的标号需要做加法和比较至多各 v 次,所以其计算量至多为 $O(v^3)$。所以,Bellman-Ford 算法是好算法。如果以关联矩阵(或其他数据结构)存储图的数据,并注意到每次循环中更新所有点的标号恰好是对每条弧检查两次(如果是有向图,则对每条弧检查一次,即只要检查入弧即可),则 Bellman-Ford 算法的总复杂度可以到 $O(v\varepsilon)$。一般情况下,由于这里考虑的是简单图,$\varepsilon\leqslant\frac{1}{2}v(v-1)$,所以 $O(v\varepsilon)$ 一般比 $O(v^3)$ 好一些,但一般比 $O(v^2)$ 差一些(一般情况下,弧数比点数多)。总而言之,Bellman-Ford 算法是一个好算法。

注 1: Bellman-Ford 算法需要求解所有从点 v_0 到其他点的最短有向路,而且要将 $v-2$ 次迭代进行完,即一定要求出指标 $u_i^{(v-1)}$,才能保证得到所有正确的结果。这一点与 Dijkstra 算法不同。

注 2: 适当地修改 $\mathrm{Pr}(v)$,可以用 Bellman-Ford 算法求出各种希望得到的路线(多条最短有向路、次最短有向路等)。但是得到路线,会有额外的计算量。

注 3: 对于正权重无向图,也可以用 Bellman-Ford 算法计算最短路,这种方法比 Dijkstra 算法的复杂性高,但可以稍微修改后用来求最长路。(可以把无向图的每条边变为互逆的两条弧,从而用 Bellman-Ford 算法进行计算;也可以直接用 Bellman-Ford 算法对正权无向图进行计算,只要注意算法中的 $w_{j,i}$ 不再是单向的弧,而是双向的边就可以了。)

注 4: 对于带有负圈的有向图或带有负权重的无向图,如果仍用 Bellman-Ford 算法计算最短(有向)路,则 $u_i^{(v-1)}$ 不收敛(即存在 j,使得标号 $u_j^{(v)} < u_j^{(v-1)}$,而且 $u_j^{(k)} \to -\infty$,当 $k \to \infty$ 时)。所以用 Bellman-Ford 算法计算最短(有向)路,并不用事先判断图中是否有负圈。只要计算到 $u_i^{(v)}$ 收敛(即 $u_i^{(v)} = u_i^{(v-1)}$,$i = 1,2,\cdots,v$),则图中就没有负圈,$u_i^{(v)} = u_i^{(v-1)}$ 就是从起点 v_0 到顶点 v_i 的最短路的路长;如果计算得到 $u_i^{(v)}$ 不收敛,则说明图中含有负圈,计算过程完全失效。

例 2-2　求如图 2-5 所示的赋权图中点 v_0 到其他所有点的最短有向路的路长及路线。

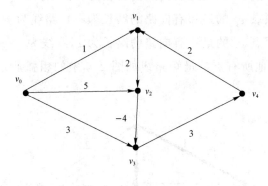

图 2-5

解： ① $u_0^{(1)} = w_{0,0} = 0, \Pr(0) = 0; u_1^{(1)} = w_{0,1} = 1, \Pr(1) = 0; u_2^{(1)} = w_{0,2} = 5, \Pr(2) = 0;$
$u_3^{(1)} = w_{0,3} = 3, \Pr(3) = 0; u_4^{(1)} = w_{0,4} = \infty, \Pr(4) = 0。$

② $u_0^{(2)} = \min_{0 \leqslant j \leqslant v-1} \{u_j^{(1)} + w_{j,0}\} = \min\{0+0, 1+\infty, 5+\infty, 3+\infty, \infty+\infty\} = 0, \Pr(0) = 0;$
$u_1^{(2)} = \min_{0 \leqslant j \leqslant v-1} \{u_j^{(1)} + w_{j,1}\} = \min\{0+1, 1+0, 5+\infty, 3+\infty, \infty+2\} = 1, \Pr(1) = 0;$
$u_2^{(2)} = \min_{0 \leqslant j \leqslant v-1} \{u_j^{(1)} + w_{j,2}\} = \min\{0+5, 1+2, 5+0, 3+\infty, \infty+\infty\} = 3, \Pr(2) = 1;$
$u_3^{(2)} = \min_{0 \leqslant j \leqslant v-1} \{u_j^{(1)} + w_{j,3}\} = \min\{0+3, 1+\infty, 5-4, 3+0, \infty+\infty\} = 1, \Pr(3) = 2;$
$u_4^{(2)} = \min_{0 \leqslant j \leqslant v-1} \{u_j^{(1)} + w_{j,4}\} = \min\{0+\infty, 1+\infty, 5+\infty, 3+3, \infty+0\} = 6, \Pr(4) = 3。$

③ $u_0^{(3)} = \min_{0 \leqslant j \leqslant v-1} \{u_j^{(2)} + w_{j,0}\} = \min\{0+0, 1+\infty, 3+\infty, 1+\infty, 6+\infty\} = 0, \Pr(0) = 0;$
$u_1^{(3)} = \min_{0 \leqslant j \leqslant v-1} \{u_j^{(2)} + w_{j,1}\} = \min\{0+1, 1+0, 3+\infty, 1+\infty, 6+2\} = 1, \Pr(1) = 0;$
$u_2^{(3)} = \min_{0 \leqslant j \leqslant v-1} \{u_j^{(2)} + w_{j,2}\} = \min\{0+5, 1+2, 3+0, 1+\infty, 6+\infty\} = 3, \Pr(2) = 1;$
$u_3^{(3)} = \min_{0 \leqslant j \leqslant v-1} \{u_j^{(2)} + w_{j,3}\} = \min\{0+3, 1+\infty, 3-4, 1+0, 6+\infty\} = -1, \Pr(3) = 2;$
$u_4^{(3)} = \min_{0 \leqslant j \leqslant v-1} \{u_j^{(2)} + w_{j,4}\} = \min\{0+\infty, 1+\infty, 3+\infty, 1+3, 6+0\} = 4, \Pr(4) = 3。$

④ $u_0^{(4)} = \min_{0 \leqslant j \leqslant v-1} \{u_j^{(3)} + w_{j,0}\} = \min\{0+0, 1+\infty, 3+\infty, -1+\infty, 4+\infty\} = 0, \Pr(0) = 0;$
$u_1^{(4)} = \min_{0 \leqslant j \leqslant v-1} \{u_j^{(3)} + w_{j,1}\} = \min\{0+1, 1+0, 3+\infty, -1+\infty, 4+2\} = 1, \Pr(1) = 0;$
$u_2^{(4)} = \min_{0 \leqslant j \leqslant v-1} \{u_j^{(3)} + w_{j,2}\} = \min\{0+5, 1+2, 3+0, -1+\infty, 4+\infty\} = 3, \Pr(2) = 1;$
$u_3^{(4)} = \min_{0 \leqslant j \leqslant v-1} \{u_j^{(3)} + w_{j,3}\} = \min\{0+3, 1+\infty, 3-4, -1+0, 4+\infty\} = -1, \Pr(3) = 2;$

$$u_4^{(4)} = \min_{0 \leqslant j \leqslant v-1} \{u_j^{(3)} + w_{j,4}\} = \min\{0+\infty, 1+\infty, 3+\infty, -1+3, 4+0\} = 2, \Pr(4) = 3.$$

⑤ $u_0^{(4)} = \min_{0 \leqslant j \leqslant v-1} \{u_j^{(3)} + w_{j,0}\} = \min\{0+0, 1+\infty, 3+\infty, -1+\infty, 4+\infty\} = 0, \Pr(0) = 0;$

$u_1^{(4)} = \min_{0 \leqslant j \leqslant v-1} \{u_j^{(3)} + w_{j,1}\} = \min\{0+1, 1+0, 3+\infty, -1+\infty, 4+2\} = 1, \Pr(1) = 0;$

$u_2^{(4)} = \min_{0 \leqslant j \leqslant v-1} \{u_j^{(3)} + w_{j,2}\} = \min\{0+5, 1+2, 3+0, -1+\infty, 4+\infty\} = 3, \Pr(2) = 1;$

$u_3^{(4)} = \min_{0 \leqslant j \leqslant v-1} \{u_j^{(3)} + w_{j,3}\} = \min\{0+3, 1+\infty, 3-4, -1+0, 4+\infty\} = -1, \Pr(3) = 2;$

$u_4^{(4)} = \min_{0 \leqslant j \leqslant v-1} \{u_j^{(3)} + w_{j,4}\} = \min\{0+\infty, 1+\infty, 3+\infty, -1+3, 4+0\} = 2, \Pr(4) = 3.$

⑥ 所以点 v_0 到顶点 v_1 的最短有向路的路长为 1，路线为 $v_0 v_1$；

点 v_0 到顶点 v_2 的最短有向路的路长为 3，路线为 $v_0 v_1 v_2$；

点 v_0 到顶点 v_3 的最短有向路的路长为 -1，路线为 $v_0 v_1 v_2 v_3$；

点 v_0 到顶点 v_4 的最短有向路的路长为 2，路线为 $v_0 v_1 v_2 v_3 v_4$。

所求得点 v_0 到其他所有点的最短路线如图 2-6 中的粗弧所示。（其中路线用反溯法依次根据 $\Pr(i)$ 可得。）

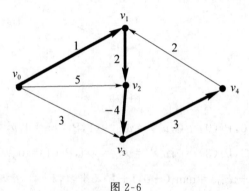

图 2-6

解毕

例 2-3 如图 2-7 所示的赋权图用 Bellman-Ford 算法得不到正确的点 v_0 到其他所有点的最短有向路的路长及路线。

解： 如果仍用 Bellman-Ford 算法，可将图 2-7 改为图 2-8，然后用 Bellman-Ford 算法或直接对图 2-7 用 Bellman-Ford 算法，只是注意 $w_{j,i}$ 是双向的边即可。其实，两种方法计算的过程和结果完全相同。

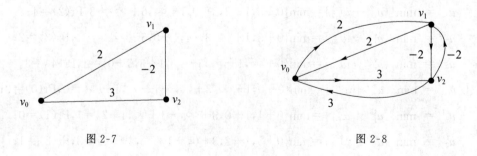

图 2-7   图 2-8

① $u_0^{(1)} = 0, \Pr(0) = 0; u_1^{(1)} = w_{0,1} = 2, \Pr(1) = 0; u_2^{(1)} = w_{0,2} = 3, \Pr(2) = 0.$

② $u_0^{(2)} = \min\limits_{0 \leqslant j \leqslant v-1} \{u_j^{(1)} + w_{j,0}\} = \min\{0+0, 2+2, 3+3\} = 0, \Pr(0) = 0;$

$u_1^{(2)} = \min\limits_{0 \leqslant j \leqslant v-1} \{u_j^{(1)} + w_{j,1}\} = \min\{0+2, 2+0, 3-2\} = 1, \Pr(1) = 2;$

$u_2^{(2)} = \min\limits_{0 \leqslant j \leqslant v-1} \{u_j^{(1)} + w_{j,2}\} = \min\{0+3, 2-2, 3+0\} = 0, \Pr(2) = 1.$

③ $u_0^{(3)} = \min\limits_{0 \leqslant j \leqslant v-1} \{u_j^{(2)} + w_{j,0}\} = \min\{0+0, 1+2, 0+3\} = 0, \Pr(0) = 0;$

$u_1^{(3)} = \min\limits_{0 \leqslant j \leqslant v-1} \{u_j^{(2)} + w_{j,1}\} = \min\{0+2, 1+0, 0-2\} = -2, \Pr(1) = 2;$

$u_2^{(3)} = \min\limits_{0 \leqslant j \leqslant v-1} \{u_j^{(2)} + w_{j,2}\} = \min\{0+3, 1-2, 0+0\} = -1, \Pr(2) = 1;$

……

可以检查到负圈 $v_1 \rightarrow v_2 \rightarrow v_1$。

显然(仅仅是对本题)图 2-7 中从点 v_0 到点 v_1 的最短有向路为 $v_0 v_2 v_1$，路长为 1;从点 v_0 到点 v_2 的最短有向路为 $v_0 v_1 v_2$，路长为 0。

解毕

Bellman-Ford 算法可以用邻接矩阵方便地表示。

例 2-4　求如图 2-9 所示的赋权图中点 v_1 到其他所有点的距离及最短路线。

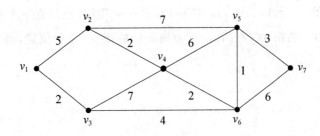

图 2-9

解:其邻接矩阵为 $\boldsymbol{D}$。

$$\boldsymbol{D} = \begin{pmatrix} d_{11} & d_{12} & d_{13} & d_{14} & d_{15} & d_{16} & d_{17} \\ d_{21} & d_{22} & d_{23} & d_{24} & d_{25} & d_{26} & d_{27} \\ d_{31} & d_{32} & d_{33} & d_{34} & d_{35} & d_{36} & d_{37} \\ d_{41} & d_{42} & d_{43} & d_{44} & d_{45} & d_{46} & d_{47} \\ d_{51} & d_{52} & d_{53} & d_{54} & d_{55} & d_{56} & d_{57} \\ d_{61} & d_{62} & d_{63} & d_{64} & d_{65} & d_{66} & d_{67} \\ d_{71} & d_{72} & d_{73} & d_{74} & d_{75} & d_{76} & d_{77} \end{pmatrix} = \begin{pmatrix} 0 & 5 & 2 & \infty & \infty & \infty & \infty \\ 5 & 0 & \infty & 2 & 7 & \infty & \infty \\ 2 & \infty & 0 & 7 & \infty & 4 & \infty \\ \infty & 2 & 7 & 0 & 6 & 2 & \infty \\ \infty & 7 & \infty & 6 & 0 & 1 & 3 \\ \infty & \infty & 4 & 2 & 1 & 0 & 6 \\ \infty & \infty & \infty & \infty & 3 & 6 & 0 \end{pmatrix}$$

d_{ij} 表示第 i 个点到第 j ($j \neq i$) 个点之间经过一条边的路($j = i$ 时是环)的长度(距离)。则 Bellman-Ford 算法中的 $u_i^{(1)}$ ($i = 0, 1, \cdots, v-1$) 就是矩阵 $\boldsymbol{D}$ 中的第一行,分别对应第一行中第 $1, 2, \cdots, v$ 位的元素。将此行重新加在矩阵 $\boldsymbol{D}$ 的第 $v+1$ 行,得矩阵 $\boldsymbol{D}^{(1)}$:

$$D^{(1)} = \begin{bmatrix} 0 & 5 & 2 & \infty & \infty & \infty & \infty \\ 5 & 0 & \infty & 2 & 7 & \infty & \infty \\ 2 & \infty & 0 & 7 & \infty & 4 & \infty \\ \infty & 2 & 7 & 0 & 6 & 2 & \infty \\ \infty & 7 & \infty & 6 & 0 & 1 & 3 \\ \infty & \infty & 4 & 2 & 1 & 0 & 6 \\ \infty & \infty & \infty & \infty & 3 & 6 & 0 \\ 0 & 5 & 2 & \infty & \infty & \infty & \infty \end{bmatrix}_{(8,7)} 。$$

再考虑从点 v_1 到第 $j(j \neq 1)$ 个点经过不超过两条边的路,所有这种两条边的路共有 v 条(其中也包括了从点 v_1 到第 $j(j \neq 1)$ 个点只经过一条边的路),分别为从点 v_1 分别到第 $1,2,\cdots,v$ 个顶点,然后再到第 j 个顶点,其路的长度分别为 $d_{1k}+d_{kj}$,$k=1,2,\cdots,v$,而最短的从点 v_1 到第 j 个顶点之间经过不超过两条边的路(或闭途径)的长度为 $\min\{d_{1k}+d_{kj},k=1,2,\cdots,v\}$。这就是 Bellman-Ford 算法中的 $u_j^{(2)}(j=0,1,\cdots,v-1)$,也就是说 Bellman-Ford 算法中的 $u_j^{(2)}(j=0,1,\cdots,v-1)$,可以用矩阵 $D^{(1)}$ 中的第 $v+1$ 行与矩阵 D 中的第 $j(j=1,2,\cdots,v)$ 列中的元素对应相加,然后在 v 个和中再取最小值,将此数加在矩阵 $D^{(1)}$ 的第 $j(j=1,2,\cdots,v)$ 列新加的第 $v+2$ 个位置,得 $D^{(2)}$:

$$D^{(2)} = \begin{bmatrix} 0 & 5 & 2 & \infty & \infty & \infty & \infty \\ 5 & 0 & \infty & 2 & 7 & \infty & \infty \\ 2 & \infty & 0 & 7 & \infty & 4 & \infty \\ \infty & 2 & 7 & 0 & 6 & 2 & \infty \\ \infty & 7 & \infty & 6 & 0 & 1 & 3 \\ \infty & \infty & 4 & 2 & 1 & 0 & 6 \\ \infty & \infty & \infty & \infty & 3 & 6 & 0 \\ 0 & 5 & 2 & \infty & \infty & \infty & \infty \\ 0 & 5 & 2 & 7 & 12 & 6 & \infty \end{bmatrix}_{(9,7)} 。$$

类似地,最短的从点 v_1 到第 $j(j \neq 1)$ 个点经过不超过 3 条边的路(或闭途径)的长度为 $\min\{u_k^{(2)}+d_{kj},k=1,2,\cdots,v\}$,从而可得矩阵 $D^{(3)}$ 的第 $v+3$ 行:

$$(0 \quad 5 \quad 2 \quad 7 \quad 7 \quad 6 \quad 12)。$$

继续得到矩阵 $D^{(4)}$ 的第 $v+4$ 行:

$$(0 \quad 5 \quad 2 \quad 7 \quad 7 \quad 6 \quad 10),$$

继续得到矩阵 $D^{(5)}$ 的第 $v+5$ 行,

$$(0 \quad 5 \quad 2 \quad 7 \quad 7 \quad 6 \quad 10),$$

与矩阵 $D^{(4)}$ 的第 $v+4$ 行相等(称作收敛)。这就说明得到了点 v_1 到其他所有点的距离。

一般地,只要原图没有负圈,则至多求到 $\boldsymbol{D}^{(v-1)}$ 的第 $2v-1$ 行一定会收敛。否则如果一直求下去,到 $\boldsymbol{D}^{(v)}$ 的 $2v$ 行还不收敛,则说明原图中有负圈。

解毕

注:如需求解路线,仍像式(2-3)或例 2-2 类似,设置 $\Pr(i)$ 并用反溯法依次查找可得。

习题 2-2

1. 用 Bellman-Ford 算法求题图 2-2 中从点 v_1 到其他任意一点的最短路线及距离(边旁边的数字表示一条弧的距离)。

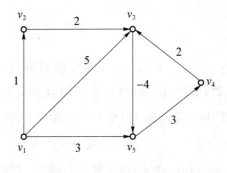

题图 2-2

2.3 Floyd-Warshall 算法

Dijkstra 算法和 Bellman-Ford 算法都是用来求解指定一个点到其他所有点的最短距离和最短路线问题。但如果要求解一个带有负权重的图(但没有负圈)中所有顶点之间的最短(有向)路的问题,虽然可以通过 v 次调用 Bellman-Ford 算法来完成,但复杂度比较高〔v 次调用 Bellman-Ford 算法的复杂度为 $O(v^4)$ 或最少为 $O(v^2\varepsilon)$〕。下面介绍 Floyd-Warshall 算法(1962 年提出)。该算法计算图中所有顶点之间的最短(有向)路,可以用下面的迭代方程表示〔标号 $u_{i,j}^{(k)}(k=1,2,\cdots,v)$ 表示第 k 次迭代得到的顶点 v_i 到顶点 $v_j(1\leqslant i,j\leqslant v)$ 的临时标号(表示从 v_i 到 v_j 不通过顶点 $v_k,v_{k+1},\cdots,v_v$ 的最短路或最短有向路路长），最后得到的 $u_{i,j}^{(v+1)}$ 就是从顶点 v_i 到顶点 v_j 的最终路长；$w_{i,j}$ 表示顶点 v_i 到顶点 v_j 的有向弧（或边）的权重〕：

$$\begin{cases} u_{i,j}^{(1)} = w_{i,j}, & i,j = 1,\cdots,v, \\ u_{i,j}^{(k+1)} = \min\{u_{i,j}^{(k)}, u_{i,k}^{(k)} + u_{k,j}^{(k)}\}, & i,j,k, = 1,\cdots,v. \end{cases} \quad (2\text{-}4)$$

定理 2-2 在式（2-4）中，标号 $u_{i,j}^{(k)}$（$i,j=1,\cdots,v$，$k=1,2,\cdots,v$）是不通过顶点 v_k，$v_{k+1},\cdots,v_v$（v_i,v_j 除外）时从顶点 v_i 到顶点 v_j 的最短（有向）路的路长。

证明：对 k 用归纳法。当 $k=1$ 时，显然成立。假设结论 k 时成立，下面考虑 $k+1$ 时的情况。

从顶点 v_i 到顶点 v_j 且不通过顶点 $v_{k+1},v_{k+2},\cdots,v_v$ 的最短（有向）路有两种可能：①该最短路不经过顶点 v_k，则根据归纳假设可知，此最短路的路长就是 $u_{i,j}^{(k)}$；②该最短路经过顶点 v_k，则该最短路路长为由顶点 v_k 分开的两条子路的最短路的路长之和，即 $u_{i,k}^{(k)} + u_{k,j}^{(k)}$。在这两种可能中取最小值，正好是 $u_{i,j}^{(k+1)}$。

因此，定理成立。

证毕

根据定理 2-2，当 $k=v+1$ 时一定有 $u_{i,j}^{(k)}$ 是最短路的路长 $u_{i,j}$，即 Floyd-Warshall 算法一定在第 v 步迭代后收敛，所以，Floyd-Warshall 算法是正确的。

另一方面，在计算过程中，对任意的 k（$1 \leqslant k \leqslant v$），如果图中没有负圈，则 $u_{i,i}^{(k)} = 0$（$1 \leqslant i \leqslant v$）；如果在某次迭代时（存在 k_0（$1 \leqslant k_0 \leqslant v$））发现某个顶点（$v_j$（$1 \leqslant j \leqslant v$））有 $u_{j,j}^{(k_0)} < 0$，则说明图中有负圈。所以用 Floyd-Warshall 算法计算所有顶点之间的最短（有向）路时，并不用事先判断图中是否有负圈。只要计算到某 k_0（$1 \leqslant k_0 \leqslant v$）和某 j（$1 \leqslant j \leqslant v$）使得 $u_{i,i}^{(k_0)} < 0$，则说明图中含有负圈，计算过程完全失效。否则，对任意的 k（$1 \leqslant k \leqslant v$），都有 $u_{i,i}^{(k)} = 0$（$1 \leqslant i \leqslant v$），则原图没有负圈，最后得到的 $u_{i,j}^{(v+1)}$ 就是顶点 v_i 到顶点 v_j 的最终路长。

所以 Floyd-Warshall 算法也可以用于判断图（有向图）中是否含有负圈。

Floyd-Warshall 算法可以具体描述如下。

Floyd-Warshall 标号算法。（$\mathrm{Pr}_{i,j}^{(k)}$ 表示在第 k 次迭代时从顶点 i 到顶点 j 的当前最短路中第一条弧的头端点，最后根据最终的二维数组 $\mathrm{Pr}_{i,j}^{(v+1)}$，采用正向追踪的方式得到最短路。）

① $k=1$，对所有顶点 i 和 j，令 $u_{i,j}^{(1)} = w_{i,j}$；$\mathrm{Pr}_{i,j}^{(1)} = j$。

② 对于所有顶点 i 和 j，若 $u_{i,j}^{(k)} \leqslant u_{i,k}^{(k)} + u_{k,j}^{(k)}$，则令 $u_{i,j}^{(k+1)} = u_{i,j}^{(k)}$，$\mathrm{Pr}_{i,j}^{(k+1)} = \mathrm{Pr}_{i,j}^{(k)}$；否则令 $u_{i,j}^{(k+1)} = u_{i,k}^{(k)} + u_{k,j}^{(k)}$，$\mathrm{Pr}_{i,j}^{(k+1)} = \mathrm{Pr}_{i,k}^{(k)}$。

③ 如果 $k=v+1$（顶点数加 1），结束；否则令 $k=k+1$，转步骤②。

算法分析:Floyd-Warshall 算法主要计算量是一个三重循环,最外层循环是对 k,循环 v 次,里面分别是对所有顶点 i 和 j,所以其计算量至多为 $O(v^3)$。

注 1:Floyd-Warshall 算法要将 v 次关于 k 的迭代进行完,才能保证得到所有正确的结果。

注 2:适当地修改 $\mathrm{Pr}_{ij}^{(k)}$ 的取值,也可以用 Floyd-Warshall 算法求出各种希望得到的路线(多条最短有向路、次最短有向路等),但是会有额外的计算量。

例 2-5　求如图 2-10 所示赋权图中所有顶点之间的最短有向路的路长及路线。

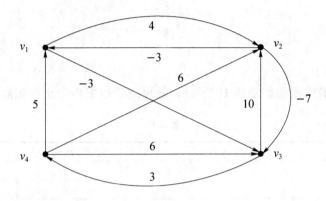

图 2-10

解:记最短路长矩阵为 $\boldsymbol{U}$,最短路矩阵为 $\mathbf{Pr}$,行和列都按照顶点 v_1, v_2, v_3, v_4 的顺序存放有关信息。则初始值为

$$\boldsymbol{U}^{(1)} = \begin{pmatrix} 0 & 4 & -3 & \infty \\ -3 & 0 & -7 & \infty \\ \infty & 10 & 0 & 3 \\ 5 & 6 & 6 & 0 \end{pmatrix}, \quad \mathbf{Pr}^{(1)} = \begin{pmatrix} 1 & 2 & 3 & 4 \\ 1 & 2 & 3 & 4 \\ 1 & 2 & 3 & 4 \\ 1 & 2 & 3 & 4 \end{pmatrix}。$$

第 1 次迭代后得到

$$\boldsymbol{U}^{(2)} = \begin{pmatrix} 0 & 4 & -3 & \infty \\ -3 & 0 & -7 & \infty \\ \infty & 10 & 0 & 3 \\ 5 & 6 & 2 & 0 \end{pmatrix}, \quad \mathbf{Pr}^{(2)} = \begin{pmatrix} 1 & 2 & 3 & 4 \\ 1 & 2 & 3 & 4 \\ 1 & 2 & 3 & 4 \\ 1 & 2 & 1 & 4 \end{pmatrix}。$$

第 2 次迭代后得到

$$\boldsymbol{U}^{(3)} = \begin{pmatrix} 0 & 4 & -3 & \infty \\ -3 & 0 & -7 & \infty \\ 7 & 10 & 0 & 3 \\ 3 & 6 & -1 & 0 \end{pmatrix}, \quad \mathbf{Pr}^{(3)} = \begin{pmatrix} 1 & 2 & 3 & 4 \\ 1 & 2 & 3 & 4 \\ 2 & 2 & 3 & 4 \\ 2 & 2 & 2 & 4 \end{pmatrix}。$$

第 3 次迭代后得到

$$\boldsymbol{U}^{(4)} = \begin{pmatrix} 0 & 4 & -3 & 0 \\ -3 & 0 & -7 & -4 \\ 7 & 10 & 0 & 3 \\ 3 & 6 & -1 & 0 \end{pmatrix}, \quad \mathbf{Pr}^{(4)} = \begin{pmatrix} 1 & 2 & 3 & 3 \\ 1 & 2 & 3 & 3 \\ 2 & 2 & 3 & 4 \\ 2 & 2 & 2 & 4 \end{pmatrix}.$$

第 4 次迭代后得到

$$\boldsymbol{U}^{(5)} = \begin{pmatrix} 0 & 4 & -3 & 0 \\ -3 & 0 & -7 & -4 \\ 6 & 9 & 0 & 3 \\ 3 & 6 & -1 & 0 \end{pmatrix}, \quad \mathbf{Pr}^{(5)} = \begin{pmatrix} 1 & 2 & 3 & 3 \\ 1 & 2 & 3 & 3 \\ 4 & 4 & 3 & 4 \\ 2 & 2 & 2 & 4 \end{pmatrix}.$$

最后得到的最短路长如矩阵 $\boldsymbol{U}^{(5)}$ 所示,最短路线根据 $\mathbf{Pr}^{(5)}$ 正向追踪可得表 2-1。

表 2-1

起点/终点	v_1	v_2	v_3	v_4
v_1		$v_1 v_2$	$v_1 v_3$	$v_1 v_3 v_4$
v_2	$v_2 v_1$		$v_2 v_3$	$v_2 v_3 v_4$
v_3	$v_3 v_4 v_2 v_1$	$v_3 v_4 v_2$		$v_3 v_4$
v_4	$v_4 v_2 v_1$	$v_4 v_2$	$v_4 v_2 v_3$	

习题 2-3

1. 用 Floyd-Warshall 算法求题图 2-3 中所有顶点之间的最短路线及距离(弧旁边的数字表示一条弧的距离)。

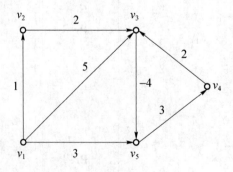

题图 2-3

2.4 最短路问题的应用

最短路问题在实际生产和生活中的应用非常广泛,是网络理论中应用最广泛的问题之一,许多实际优化问题都可以转化为最短路问题,如设备更新、管道铺设、线路安排、厂区布局等。另外,这一问题相对比较简单,其求解的有效算法经常可以在其他问题中作为子算法调用。本节通过例子介绍几个在实际生活中最短路问题的应用,但也只是抛砖引玉,还有大量的实际问题可以用最短路的算法求解。

例 2-6 (最可靠路线问题)在一个通信网络中,任意两个中继线 i 和 j 之间的线路可靠概率为 $p_{ij}(p_{ij}>0)$,对于 s 到 t 的任意(有向)路 $L=v_1v_2v_3\cdots v_{t-1}v_t$,其可靠性为 $M=p_{12}p_{23}\cdots p_{(t-1)t}$,$s$ 到 t 的有向路可能有多条,怎样找到可靠性最大的(有向)路线?

对任意的(有向)路,其可靠性为 $M=p_{12}p_{23}\cdots p_{(t-1)t}$,取 $\ln$ 得

$$\ln M=\ln p_{12}+\ln p_{23}+\cdots+\ln p_{(t-1)t}。$$

如果再将 $\ln p_{ij}$ 作为中继顶点 i 和 j 之间的边(弧)的权重,则最可靠路线的问题可以转化为求两点之间的最短路问题(当然也可以直接由 $\ln M$ 转化为求两点之间的最长路问题)。

例 2-7 计划评审技术(project evaluation & review technique,PERT)产生于 20 世纪50 年代。美国的一项尖端武器研制工作中,由于有几千家单位参与,为了安排并协调研究工作提出了该项技术,结果使得该任务比原计划完成的时间大大地提前。与 PERT 几乎同时提出的还有杜邦公司的**关键路径法**(critical path method,CPM)。这两种方法的技术基本相同。

PERT 是指在实施一个大型复杂的工程计划或工程项目(project)时,将整个项目(或工程)分成若干子项目(或子工序),每一个子项目需要在一定的时间内完成,有些子项目可以同时实施,但也有些子项目必须在完成另一些子项目之后才能实施。整个项目的所有子项目需要的时间工序之间的次序关系可以用一个有向图来表示,这种有向图称作**项目网络图**(PERT 图)。PERT 图可以为工程项目提供重要的帮助,特别是为项目及其主要活动提供了图形化和量化的信息显示,这些量化信息为识别潜在的项目延迟风险提供了极其重要的依据。

　　绘制 PERT 图需要建立在工作分解结构基础上的活动清单、工程顺序及每项活动的估计历时。绘制 PERT 图通常用弧表示子项目,子项目完成的时间用这条弧的权重表示。而点只是表示子项目开始或结束的时间点。例如,图 2-11 就是一个简单项目的 PERT 图(其中,$A,B,\cdots,J$ 表示子项目;"="后面的数字表示子项目的完工时间)。但也可以用点表示子项目,用弧表示子项目之间的次序关系,弧长表示前一个子项目的完成时间。图 2-11 所表示的工程项目也可以用图 2-12 所示的 PERT 图表示(其中,点 v_0 和点 v_{end} 表示整个项目开工和完工的时间顶点,其他顶点都表示子项目,弧上的权重表示子项目的完工时间)。

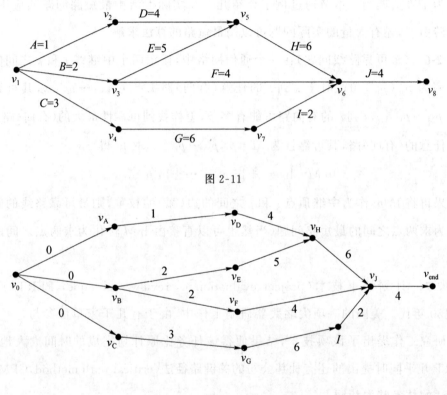

图 2-11

图 2-12

　　关键路径法也称为关键路径分析,是一种用来预测项目总体历时的项目分析技术。它既可以用来估计整个项目的总体进度,也是可以帮助项目经理克服项目进度拖延现象的一种重要工具,也是整个项目计划评审技术的一部分。

　　整个项目的**关键路径**是指一系列决定项目最早完成时间的活动,它是一个 PERT 图中最长的路径,并且有最少的浮动时间或时差。浮动时间或时差是指一项活动在不耽搁后继活动或项目的完成日期的条件下可以拖延的时间长度。关键路径的计算包括将 PERT 图的每一条路径所有活动的历时分别相加。

　　尽管关键路径是历时最长的路径,但它反映了项目完成的最短时间。如果关键路径上有一项或多项活动所花费的时间超过了计划的时间,除非项目经理采取某种纠正措施,否则项目总体进度就要被拖延。

　　在图 2-11 中的关键路径是 $v_1 v_3 v_5 v_6 v_8$,表示整个工程完工最少需要 17(天)。

　　除关键路径外,还要考虑每个子项目的**最早开工时间**(从整个项目开工时间点开始计时),即从整个项目开工时间点到每个子项目的开工时间点的最长路径上的时间和;以及每个子项目的**最晚开工时间**(再晚就会延长整个项目的完工时间,这里的时间仍是从整个项目开工时间点开始计时),即每个子项目的开工时间点到整个项目完工时间点的最长路径上的时间和。每个子项目的最晚开工时间减去最早开工时间就是每个子项目的**浮动时间**(或叫缓冲时间),合理地利用和调节每个子项目的浮动时间会对整个项目的安排和完成起到促进作用。

　　例 2-8　已知某地区的交通路线如图 2-13 所示,其中,点代表居民生活区,边代表公路,边旁边的权重代表居民生活区之间的公路距离,问区中心医院应建在哪个居民生活区,可使离医院最远的居民生活区的居民就诊时所走的路程最近?

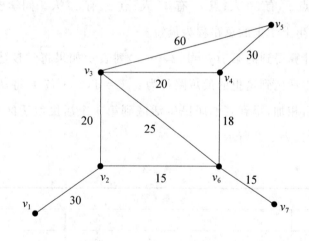

图 2-13

　　解:这是个选址问题,实际要求求出这个地区的出行的中心解。此问题可转化为一系列求最短路的问题。先求出点 v_1 到其他各点的最短路长 $d_{1j}(j=2,\cdots,7)$,令
$$D(v_1)=\max\{d_{11},d_{12},\cdots,d_{17}\},$$
表示的是若医院建在点 v_1,则距离医院最远的居民生活区的距离为 $D(v_1)$。再依次计算点 $v_2,\cdots,v_7$ 到其余各点的最短路,类似地求出 $D(v_2),\cdots,D(v_7)$。求得的 7 个值中得的最小值即为所求建设医院的位置。

　　计算结果如表 2-2 所示。

表 2-2

小区号	最短路径							$D(v_i)$
	v_1	v_2	v_3	v_4	v_5	v_6	v_7	
v_1	0	30	50	63	93	45	60	93
v_2	30	0	20	33	63	15	30	63
v_3	50	20	0	20	50	25	40	50
v_4	63	33	20	0	30	18	33	63
v_5	93	63	50	30	0	48	63	93
v_6	45	15	25	18	48	0	15	48
v_7	60	30	40	33	63	15	0	63

由于 $D(v_6)=48$ 最小，所以医院应建在点 v_6，此时离医院最远的居民生活区（点 v_5）的距离为 48 公里。

例 2-9 假设例 2-8 于图 2-13 中所示的 7 个居民生活区，决定要联合筹办一个学校，已知各个居民生活区的学生人数分别为：点 v_1 有 30 人；点 v_2 有 40 人；点 v_3 有 25 人；点 v_4 有 20 人；点 v_5 有 30 人；点 v_6 有 35 人；点 v_7 有 40 人。问学校应该建在哪一个居民生活区使得学生上学走的总路程为最短？

解：例 2-8 中计算得到的第 $j(j=1,2,\cdots,7)$ 列表示如果将学校建在第 j 个居民生活区，则其他居民生活区到这里的最短路程为 $d_{ij}(i=1,2,\cdots,7)$，将 d_{ij} 分别乘以居民生活区的学生数，然后相加，得到其他居民生活区到第 j 个居民生活区的总路程（所有学生的单程总路程），如表 2-3 所示。

表 2-3

小区号	最短路径							学生人数
	v_1	v_2	v_3	v_4	v_5	v_6	v_7	
v_1	0	30	50	63	93	45	60	30
v_2	30	0	20	33	63	15	30	40
v_3	50	20	0	20	50	25	40	25
v_4	63	33	20	0	30	18	33	20
v_5	93	63	50	30	0	48	63	30
v_6	45	15	25	18	48	0	15	35
v_7	60	30	40	33	63	15	0	40
总路程/千米	10 475	5 675	6 675	6 560	11 360	4 975	7 075	

由总路程可知 4 975 最小,所以学校应建在点 v_6,此时所有学生的单程总路程为 4 975 千米。

例 2-10 (设备更新问题)某工厂使用一台设备,每年年初工厂都要做出决定,如果继续使用旧的,要付维修费;若购买一台新设备,要付购买费。试制订一个 5 年的更新计划,使得总支出最少。已知设备在各年的购买费,及不同机器役龄时的残值与维修费,如表 2-4 所示(单位:万元)。

表 2-4

项目	第 1 年	第 2 年	第 3 年	第 4 年	第 5 年
购买费	11	12	13	14	14
机器役龄	0～1	1～2	2～3	3～4	4～5
维修费	5	6	8	11	18
残值	4	3	2	1	0

解: 把这个问题化为最短路问题。用点 v_i 表示第 i 年初购进一台新设备;虚设一个点 v_6,表示第 5 年底;如图 2-14 所示,弧 (v_i, v_j) 表示第 i 年购进的设备一直使用到第 j 年初(即第 $j-1$ 年底);弧 (v_i, v_j) 上的数字表示第 i 年初购进设备,一直使用到第 j 年初所需支付的购买费、维修的全部费用(可由表 2-4 计算得到)。

例如,弧 (v_1, v_2) 上的权重表示第 1 年年初购买第 2 年年初(第 1 年年底)卖掉的总费用 12 是第 1 年年初购买费 11 加上 1 年的维修费 5 减去 1 年役龄机器的残值 4 所得到的;弧 (v_1, v_4) 上的权重 28 是第 1 年年初的购买费 11 加上 3 年的维修费 5,6,8 减去 3 年役龄机器的残值 2 所得到的;弧 (v_2, v_4) 上的权重 20 是第 2 年年初购买费 12 减去设龄机器的残值 3 加上 2 年维修费 5,6 之和,如图 2-14 所示。

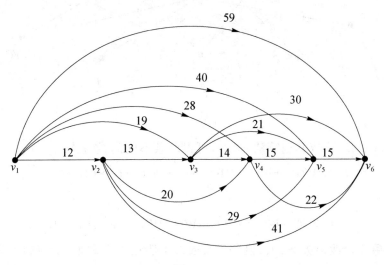

图 2-14

这样将求最小总支出问题转化为求最小路径问题,设备更新问题可转化为图 2-14 从点 v_1 到点 v_6 的最短路问题。

用 Dijkstra 算法计算,可得 $v_1 \to v_3 \to v_6$ 为最短路,路长为 49,即最优决策为在第 1 年购买一台新设备第 2 年年底(第 3 年年初)卖掉,第 3 年年初再购买一台新设备第 5 年年底卖掉。这样,5 年的总费用为 49 万元。

例 2-11 渡河问题:一个摆渡人 P 希望用一条小船把一头狼 W、一头羊 G 和一篮菜 C 从一条河的一岸运到对岸去。船只能容纳 P,W,G,C 中的两个,在无人看守的情况下,不能留下狼和羊在一起或者羊和菜在一起,应该如何选择渡河方案,使得四者都能渡河?

解:可以将此问题转化为最短路问题,然后用 Dijkstra 算法(或其他算法)求解。考虑在河的同一岸上,人、狼、羊、菜的任意组合,共有 $2^4 = 16$ 种,其中,狼 W、羊 G 和菜 C,羊 G 和菜 C,狼 W 和羊 G,3 种情况不允许出现,因而,人 P、人 P 和狼 W、人 P 和菜 C,这 3 种情况也不会出现。这样,在河的同一岸上只会出现 10 种情况,将这 10 种情况分别看作顶点,两个顶点之间连上一条边的充分必要条件是相应的两种情况如果可以通过小船运输(每次只能运输人自己或运输人和另外一种东西)到对岸(或从对岸运回),从而使原河岸的一种情况转变为另一种情况。如图 2-15 所示(其中,情况 O 表示四者都已成功渡河)。(可以不用考虑权重,或权重都是 1。)

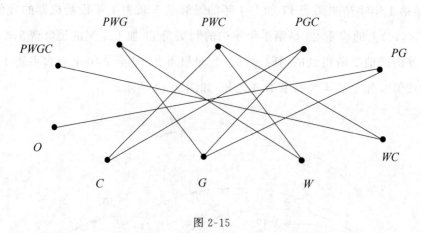

图 2-15

用 Dijkstra 算法(或其他算法)求解,可得两条不同的最短路线:

$$PWGC \to WC \to PWC \to C \to PGC \to G \to PG \to O$$

或

$$PWGC \to WC \to PWC \to W \to PWG \to G \to PG \to O。$$

相应的第 1 个渡河方案:人、狼、羊、菜通过小船运走人和羊,变为剩下狼和菜,人驾船返回,变为人、狼、菜,通过小船运走人和狼,变为剩下菜,人和羊驾船返回,变为人、羊和菜,通过小船运走人和菜,变为剩下羊,人驾船返回,变为人和羊,通过小船运走人和羊。成功渡河。

第 2 个渡河方案:人、狼、羊、菜通过小船运走人和羊,变为剩下狼和菜,人驾船返回,变为人、狼和菜,通过小船运走人和菜,变为剩下狼,人和羊驾船返回,变为人、羊和狼,通过小船运走人和狼,变为剩下羊,人驾船返回,变为人和羊,通过小船运走人和羊。成功渡河。

当然,此问题只要找到从 $PWGC$ 点到 O 点的途径或路即可,但是最短路是最优解。

习题 2-4

1. 某两人有一个装满了酒的 8 升酒壶,还有两个空壶,分别为 5 升和 3 升。试问只用这 3 个酒壶将酒平分的最简单方法是什么?

2. 请将背包问题转化为最短路问题。

3. 请将智力游戏"华容道""九连环"转化为最短路问题。

第3章 树与最优树

树是图论中最重要的概念之一,它分别由德国的 Kirchhoff(为了解出电网络联立方程问题时首次进行过研究)和英国的 A. Cayley〔首次明确提出了树的概念,并应用于有机化学中研究同分异构体(C_nH_{2n+2})的分子结构〕独立地进行过研究,并由 C. Jordan 对树的理论系统地进行了完善和推广,从而使得树作为图论中的一个重要内容被重视、研究和应用。

树是图论中结构最简单,应用最广泛的一种连通图,是图论的基础,图论中许多结论都可以由它而引出。学习清楚树的性质对图的进一步研究具有重要的意义。树在计算机科学、有机化学、电网络分析、最短连接及渠道设计等领域中都有广泛的应用。本章主要讨论树的概念、性质及基本的应用。

3.1 树 的 概 念

不含圈的图称作**无圈图**(acyclic graph),无圈图又称作**森林**或**林**(forest);连通的无圈图称作**树**(tree)。

例 3-1 所有 6 个顶点的树且互不同构(共 6 种)如图 3-1 所示。

定理 3-1 树中任意两个顶点之间有唯一的路相连。

证明: 树是连通图,所以任意两个顶点之间有路相连。下面用反证法证明,任意两个顶点之间有唯一的路相连。假设存在树 G,树 G 中存在两个顶点 u 与 v,树 G 中有两条不同的 (u,v)-路 P_1 和 P_2。因为 $P_1 \neq P_2$,所以一定存在 P_1 的一条边 $e=xy$ 不是 P_2 的边。显然,图 $P_1 \cup P_2 - e$ 是连通的。从而 $P_1 \cup P_2 - e$ 中包含一条 (x,y)-路 P。于是 $P+e$ 是树 G 中的一个圈,这与树 G 为无圈图矛盾。

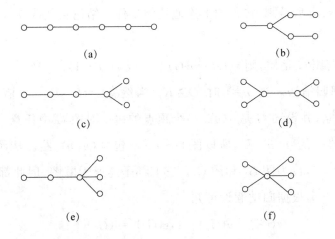

图 3-1

证毕

注 1: 当图 G 中无环时,易知图 G 是树的充分必要条件是图 G 中任意两个顶点之间有唯一的路相连。

注 2: 树上虽然没有圈,但仍然可以有闭途径。

图 G 的边 e 如果使得 $w(G-e)>w(G)$,则边 e 称作图 G 的**割边**(cut edge);如果使得 $w(G-e)=w(G)$,则边 e 称作图 G 的**非割边**(non-cut edge)。由于一条边至多有两个端点,而这两个端点至多在一个图的两个分支中,所以这条边的加入最多将两个分支连成一个分支,反之,将这条边从图中去掉,也最多使分支数加 1。所以图 G 的边 e 称作图 G 的割边的定义也可以是 $w(G-e)=w(G)+1$。

定理 3-2 图 G 的边 e 是割边的充分必要条件是边 e 不在图 G 的任意圈中。(图 G 的边 e 是非割边的充分必要条件是边 e 在图 G 的某圈中。)

证明: 设边 e 的两个端点为 x 和 y,则 x 和 y 在图 G 的同一分支中。于是,下面的充分必要条件显然都成立:

边 e 是图 G 的非割边。

$\Leftrightarrow w(G-e)=w(G)$。

$\Leftrightarrow x$ 和 y 在图 $G-e$ 的同一分支中。

$\Leftrightarrow$ 图 $G-e$ 中有 (x,y)-路。

$\Leftrightarrow$ 图 G 中有含边 e 的圈。

证毕

定理 3-3 图 G 连通且每条边都是割边的充分必要条件是图 G 为树。

证明: 根据定理 3-2,注意到图 G 无圈,即图 G 中每条边都不在任意一个圈中,其充分必要条件是每条边都是割边,再加上连通性的条件。结论自然成立。

证毕

定理 3-4　若图 G 是树,则 $\varepsilon(G)=\upsilon(G)-1$(或 $\varepsilon=\upsilon-1$)。

证明: 对 υ 用归纳法。当 $\upsilon=1$ 时,$G\cong K_1$,当然有 $\varepsilon=0=\upsilon-1$。假设定理对少于 υ 个顶点的树均成立,并设图 G 是 $\upsilon(\upsilon\geqslant2)$ 个顶点的树。对图 G 中任意一条边 $e=uv$,显然 uv 是图 G 中唯一的 (u,v)-路,所以图 $G-uv$ 不包含 (u,v)-路。从而图 $G-uv$ 不连通,且 $w(G-uv)=2$,设为图 G_1 和图 G_2。它们都是连通无圈图,因此都是树。并且,它们的顶点数都小于 υ,根据归纳假设可知

$$\varepsilon(G_1)=\upsilon(G_1)-1,\varepsilon(G_2)=\upsilon(G_2)-1,$$

所以

$$\varepsilon(G)=\varepsilon(G_1)+\varepsilon(G_2)+1=\upsilon(G_1)+\upsilon(G_2)-1=\upsilon(G)-1,$$

因此,结论成立。

证毕

推论 3-1　每棵非平凡树 G 至少有两个度为 1 的顶点(悬挂点)。

证明: 由于树 G 为非平凡连通图,所以对任意的顶点 $v\in V(G)$,都有 $d(v)\geqslant1$。再由定理 1-1(握手引理)及定理 3-4 可知

$$\sum_{v\in V(G)}d(v)=2\varepsilon(G)=2\upsilon(G)-2,$$

设图 G 中度为 1 的顶点个数为 k,则

$$2\upsilon(G)-2=\sum_{v\in V(G)}d(v)=k+\sum_{d(v)\geqslant2,v\in V}d(v)\geqslant k+2(\upsilon(G)-k)=2\upsilon(G)-k,$$

所以得到 $k\geqslant2$。

证毕

对于非平凡树 G,度为 1 的顶点也被称为**树叶**(leaf,leaves)。所以任何一棵非平凡树 G 都至少有两个树叶。

推论 3-2　恰只包含两个树叶的树是路。

证明: 设树 G 为恰只包含两个树叶的树,所以其他不是树叶的顶点 $v\in V(G)$,都有 $d(v)\geqslant2$。同推论 3-1 的证明可得

$$2\upsilon(G)-2=\sum_{v\in V(G)}d(v)=2+\sum_{d(v)\geqslant2,v\in V}d(v)\geqslant2+2(\upsilon(G)-2)=2\upsilon(G)-2,$$

上面的不等式两端都是 $2\upsilon(G)-2$,由夹逼准则可得 $\sum_{d(v)\geqslant2,v\in V}d(v)=2(\upsilon(G)-2)$,即:其他不是树叶的顶点 $v\in V(G)$,都有 $d(v)=2$。这种恰只包含两个树叶,其他顶点度数都是 2,又连通无圈的树只能是路。

证毕

任意图 G 的顶点 v，如果图 G〔如图 3-2(a)所示〕的边集 $E(G)$ 可划分为两个非空子集 E_1 和 E_2〔如图 3-2(b)所示〕，使得 $G[E_1] \bigcap G[E_2] = v$，则称点 v 为图 G 的**割点**（cut vertex）。

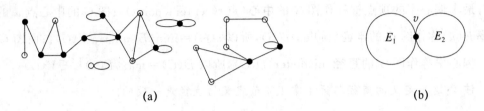

(a)　　　　　　　　　　　　　　　(b)

图 3-2

显然，当图 G 中无环时，点 v 为图 G 的割点的充分必要条件是 $w(G-v) > w(G)$；或当图 G 中无环时，点 v 为图 G 的割点的充分必要条件是存在图 G 的两个顶点 x 及 y，使图 G 中的任意一条 (x,y)-路中一定包含点 v。

定理 3-5　若图 G 是树，则图 G 的顶点 v 为割点的充分必要条件是 $d(v) > 1$。

证明：

① 若 $d(v) = 0$，则 $G \cong K_1$，点 v 不是割点。

② 若 $d(v) = 1$，则图 $G-v$ 仍然是树。因此 $\omega(G-v) = \omega(G)$，从而点 v 不是割点。

③ 若 $d(v) > 1$，则图 G 中存在与点 v 相邻接的两个不同的顶点 u, w。根据定理 3-1 可知，uvw 是图 G 中唯一的 (u,w)-路，因此图 $G-v$ 中不含 (u,w)-路，（即图 $G-v$ 中的点 u 与 w 不连通）。所以 $\omega(G-v) > 1$。即点 v 是图 G 的割点。

证毕

证明：设图 G 为非平凡、无环、连通图，令 T 为图 G 的一棵生成树，根据推论 3-1 及定理 3-5 可知，树 T 中至少存在两个顶点 u 与 w（两个树叶）不是树 T 的割点。显然它们也不是图 G 的割点〔因为对于顶点 u 与 w，有 $1 = \omega(T-u) \geqslant \omega(G-u) \geqslant 1$ 和 $1 = \omega(T-w) \geqslant \omega(G-w) \geqslant 1$〕。

证毕

关于树的性质目前可以总结如下。

下列命题等价：

(1) 图 G 是树（图 G 连通，无圈）；

(2) 图 G 中无环且任意两个顶点之间有且仅有一条路；

(3) 图 G 中无圈且 $\varepsilon = \upsilon - 1$；

(4) 图 G 连通且 $\varepsilon = \upsilon - 1$；

(5) 图 G 连通且每边为割边(对任意边 $e \in E(G)$,图 $G-e$ 不连通);

(6) 图 G 无圈且对任意边 $e \in E(\overline{G})$,图 $G+e$ 恰有一个圈。

在一个连通图 G 中,一个顶点 v 的**偏心率**(eccentricity)$E(v)$ 是指从这个点到图 G 中距离顶点 v 最远的顶点 w 之间的距离,即 $E(v) = \max\{d(v,w) \mid w \in V(G)\}$;图 G 中具有最小偏心率的顶点被称作图 G 的**中心**(点)(center (point));图 G 的中心点 u 的偏心率 $E(u)$ 称作图 G 的**半径**(radius)$r(G)$,所以 $r(G) = \min\{E(v) \mid v \in V(G)\}$;而图 G 的最大偏心率称作图 G 的**直径**(diameter)$D(G)$,所以 $D(G) = \max\{E(v) \mid v \in V(G)\}$。

注 1:这里定义的直径与第 1 章 1.4 节定义的直径是一致的。

注 2:一般图 G 的直径并不总是等于图 G 半径的 2 倍。

定理 3-6　如果图 G 是树,则图 G 要么只有一个中心点,要么有两个相邻的中心点。

证明:对树 G 的顶点数 v 作归纳证明。

当 $v=1$ 或 2 时,结论显然成立。假设 $2 \leqslant v < n$ 时(其中 $n \geqslant 3$),结论成立,对任意顶点数 $v=n$ 的树 G,去除掉树 G 的树叶,得到的 G' 仍然是树,而且与树 G 有同样的中心点〔设树 G 的中心点为 u,u 的偏心率 $E(u)$ 一定是 u 点与某树叶的距离才能达到〕,而且 $r(G') = r(G) - 1$(事实上,树 G 中每个非树叶的点的偏心率都比树 G' 中相应顶点的偏心率加 1)。另外,注意到对于顶点数至少为 3 的树,中心点一定不会是树叶。所以树 G 和树 G' 有相同的中心点。所以根据归纳假设,结论成立。

证毕

注:也可以根据最长路对定理 3-6 进行证明。

习题 3-1

1. 证明:在任意一棵非平凡树中,任意一条最长路的起点和终点均是树叶。再由此去证明推论 3-1。

2. 证明:一棵树中若 $\Delta \geqslant k$,则此树中至少有 k 个度为 1 的顶点(树叶)。

3. 证明:图 G 为林的充分必要条件是 $\varepsilon(G) = v(G) - \omega(G)$〔其中 $\omega(G)$ 指图 G 的分支数〕。

4. 证明:当 $\varepsilon(G) = v(G) - 1$ 时,以下 3 个结论是等价的。

(1) 图 G 是连通图。

(2) 图 G 是无圈图。

(3) 图 G 是树。

5. 证明：正整数序列 $(d_1, d_2, \cdots, d_v)$ 是一棵树的度序列当且仅当 $\sum\limits_{i=1}^{v} d_i = 2(v-1)$。

6. 证明：若林 G 恰有 $2k$ 个奇点，则林 G 中存在 k 条边不重复的路 $P_1, P_2, \cdots, P_k$，使得

$$E(G) = E(P_1) \bigcup E(P_2) \bigcup \cdots \bigcup E(P_k)$$

7. 饱和烃分子形如 $C_m H_n$，其中，碳原子的价键为 4，氢原子的价键为 1，且任何价键序列都不构成圈。证明：对每个 m，仅当 $n = 2m + 2$ 时 $C_m H_n$ 方能存在。

8. 设 T 是有 $k+1$ 个顶点的任意一棵树。证明：若 G 是简单图且 $\delta \geqslant k$，则图 G 一定有一个子图同构于 T。

9. 证明：图 G 是林的充分必要条件是图 G 的每个导出子图都包含一个度小于或等于 1 的顶点。

10. 若图 G 的任一连通子图都是其导出子图，证明：图 G 是林。

11. 设图 G 为 $v \geqslant 3$ 的连通图，证明：(1) 若图 G 有割边 $e = uv$，则图 G 有顶点 v 使 $w(G-v) > w(G)$（即，割边上必有一端点为割点）；(2)(1) 的逆命题不成立。

12 证明：恰有两个顶点为非割点的简单连通图必是一条路。

13. 证明：在简单连通图 G 中，点 v 为图 G 的割点的充分必要条件为图 G 的任意一棵生成树不以点 v 为树叶。

3.2　生成树、余树和键

一棵树 T 如果是连通图 G 的生成子图，则称树 T 为图 G 的**生成树**(spanning tree)或支撑树。任意一个连通图 G，都可以用下面的两种方法求出图 G 的生成树。

方法 1：求出图 G 的极小(minimal)连通生成子图 T（即图 T 是图 G 的连通生成子图，但图 T 的任意一个真子图都不是图 G 的连通生成子图）。这样得到的图 T 是连通的生成子图，而且每条边都是割边($\omega(T) = 1, \forall e \in E(T), \omega(T-e) = 2$)，所以根据定理 3-3，$T$ 是树，所以树 T 是图 G 的生成树。

求图 G 的生成树 T 的具体做法：在保持连通性的前提下，逐步将图 G 中可去的边去掉（只去掉边，不去掉点，因此一直保持是图 G 的生成子图），直到不能再去掉为止。显然，可以去掉的边是当前图 G 的生成子图的非割边，因此一定在当前图 G 的生成子图的某圈中（当然也在图 G 的某圈中）；最后不能再去掉边的时候，得到的图 T 就没有圈了。所以图 T 是图 G 的生成子图，既连通又无圈，所以是树。这种方法每去掉一条边就是破坏掉图 G 的某一个圈，所以也叫作"破圈法"。

方法 2：求出图 G 的极大（maximal）无圈生成子图 T（即图 T 是图 G 的无圈生成子图，但再往 T 中加入 $E(G) \backslash E(T)$ 的任意一条边，就会有圈）。

求图 G 的生成树 T 的具体做法：图 T 由 $V(G)$ 上的空图作为开始，在保持无圈的前提下，逐步将图 G 中能加到图 T 中的边加上（能加到图 T 中的边是指此边与图 T 中已有的边不构成圈），直到不能再加为止。保持无圈，保持顶点集合 $V(G)$ 不变，因此一直保持是图 G 的生成子图；到不能再加边时，图 T 就是连通的了。否则，如果图 T 还不连通，将图 T 中一个分支中的点集作为 S，将其余顶点作为 $\bar{S}$，则 $[S, \bar{S}]_T = \varnothing$。但是由于图 G 是连通的，所以 $[S, \bar{S}]_G \neq \varnothing$（定理 1-4），所以 $\forall e \in [S, \bar{S}]_G$，但是边 $e \notin T$（边 e 是连接 T 的两个不同分支），所以图 $T+e$ 中不会有圈（边 e 是图 $T+e$ 的割边）。这与图 T 不能再加边是矛盾的。所以图 T 是图 G 的生成树。这种方法在加边时要避免得到图 G 中的圈，所以也叫作"避圈法"。

所以可以得到如下定理。

定理 3-7 每个连通图都有生成树。

推论 3-3 若图 G 连通，则 $\varepsilon(G) \geqslant \upsilon(G) - 1$。

证明：取图 G 的生成树 T，则 $\varepsilon(G) \geqslant \varepsilon(T) = \upsilon(T) - 1 = \upsilon(G) - 1$。

证毕

推论 3-4 在非平凡、无环、连通图中，至少有两个顶点不是割点。

定理 3-8 设图 T 为图 G 的一棵生成树，边 e 为图 G 中不属于图 T 的边，则图 $T+e$ 中含有唯一的圈。

证明：若边 e 为环（即 1-圈），结论显然成立。若边 e 为图 G 中的棱，两个端点分别为点 u 和点 v，则由定理 3-1 可知，在图 T 中，点 u 和点 v 之间有唯一的一条路 P 相连，所以图 $T+e$ 中有圈 $P+e$。又由于图 T 中无圈，所以图 $T+e$ 中的所有圈都包含 e，即 $P+e$ 是图 $T+e$ 中的唯一的圈。

证毕

在第 1 章 1.4 节中定义的边割的概念，是对割边的一个推广。特别地，对图 G 的顶点 v，称图 G 中所有与顶点 v 相关联的边集合，即 $[\{v\}, V(G) \backslash v]$，称为图 G 的一个**关联**

边割(incident edge cut)；称使得 $\omega(G-B)=\omega(G)+1$ 的图 G 的极小边集 B 为图 G 的**键**(bond)。显然，图 G 的键 B 不是空集；边 e 是图 G 的割边的充要条件是 $\{e\}$ 是图 G 的键。

例 3-2　在图 3-3 中，$\{uv,zv,zy,vw,yx\}$，$\{zu,zv,zy,xy,xw\}$，$\{uv,zv,zy\}$，$\{zu,zv,zy\}$ 都是边割，其中，后两个为键。而 $E=\{zu,zv,zy,uv\}$ 不是图 G 的边割，当然更不是图 G 的键，虽然图 $G-E$ 不连通。

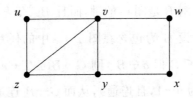

图 3-3

显然，我们有以下定理成立。

定理 3-9　在连通图 G 中：

① 边子集 E' 包含某边割的充分必要条件是 $\omega(G-E')>1$。

② 边子集 B 为图 G 的键。

　　⟺边集 B 是图 G 的极小非空边割。

　　⟺边集 B 是使图 $G-B$ 不连通的极小边子集。

　　⟺图 $G-B$ 不连通，且对边子集 B 中的任意一条边 e，图 $G-B+e$ 仍连通。

　　⟺$\omega(G-B)=2$，且子边集 B 中每一边的两个端点分别在两个分支中。

　　⟺存在非空顶点子集 $S\subset V$，使得边子集 $B=[S,\overline{S}]$（即 B 为边割），且 $G[S]$，$G[\overline{S}]$ 都连通。

设图 H 为图 G 的子图，称子图 $G-E(H)$ 为图 G 中图 H 的**补图**，记为 $\overline{H}(G)$（简记为 $\overline{H}$）。特别地，当图 T 为图 G 的生成树时，称图 $\overline{T}$ 为图 G 的**余树**。参考图 3-4。

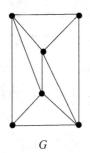　　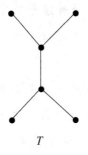　　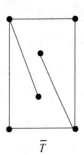

G　　　　　　　　T　　　　　　　　$\overline{T}$

图 3-4

定理 3-10 设图 T 为连通图 G 的一个生成树，$e \in E(T)$〔当然 $e \in E(G)$〕，则：① 在余树 $\overline{T}$ 中不包含图 G 的键；② 图 $\overline{T}+e$ 中包含图 G 的唯一的键。

证明： ① 因为图 T 是图 G 的生成树，故图 T 连通，$T = G - E(\overline{T})$，所以 $\overline{T} = G - E(T)$ 不包含图 G 的边割，从而也不包含图 G 的键。

② 注意到边 e 为图 T 的割边，令 S 与 $\overline{S}$ 分别为图 $T-e$ 中两个分支的顶点集合。考虑边割 $B = [S, \overline{S}]_G$，由于 $G[S]$（包含图 $T-e$ 的一个分支 $T[S]$）与 $G[\overline{S}]$（包含图 $T-e$ 的另一个分支 $T[\overline{S}]$）都连通，所以边割 B 是图 G 的键，而且 $B \subseteq \overline{T}+e$。下面证明边割 B 是图 G 包含于 $\overline{T}+e$ 中的唯一的键：设 B' 为包含在图 $\overline{T}+e$ 中的任意一个键，则 $G-B' \supseteq T-e$。假设存在边割 B 的一条边 $b \in B$ 但 $b \notin B'$，则 $G-B' \supseteq T-e+b$。但 $T-e+b$ 也是图 G 的一棵生成树（因为其边数为 $v-1$，且连通），从而 $G-B'$ 连通，这与 B' 为图 G 的键相矛盾，因此 B 的每条边都属于 B'，即 $B \subseteq B'$。再由键的极小性可知 $B = B'$。

证毕

比较定理 3-8 及定理 3-10 可知，树与圈之间、余树与键之间的关系是相似的，因此圈与键之间具有对偶性。关于边割、键的一些理论，可以参考本节附录中部分边割与键的性质。

附录

边割与键的性质：（设 S_1, S_2 为两个集合，记其**对称差**（即 $(S_1 \cup S_2)/(S_1 \cap S_2)$ 为 $S_1 \oplus S_2$ 称为 S_1 与 S_2 的**环和**（ring sum））。

① 图 G 中的每一个边割是图 G 的一些键的边不重并。

② 设边割 B_1 和边割 B_2 为图 G 的任意两个边割，则 $B_1 \oplus B_2$ 也是图 G 的边割。（对任意两个非空 $V_1, V_2 \subset V(G)$，有 $[V_1, \overline{V_1}] \oplus [V_2, \overline{V_2}] = [V_3, \overline{V_3}]$，其中，$V_3 = (V_1 \cap V_2) \cup (\overline{V_1} \cap V_2)$。）

③ 设边子集 E' 与 E'' 分别为图 G 中一些圈的边不重并，则 $E' \oplus E''$ 亦然。

④ 图 G 中的每个圈可唯一地表示为图 G 的一些基本圈的环和。

⑤ 图 G 为一些圈的边不重并的充分必要条件是图 G 中所有点的度数均为偶数。

⑥ 图 G 中的每一个边割可唯一地表示为图 G 的一些基本割集的环和。

⑦ 边子集 E' 为图 G 中一些圈的边不重并的充分必要条件是边子集 E' 与图 G 中每一个边割有偶数条公共边。

⑧ 边子集 B 为图 G 的一个边割的充分必要条件是边子集 B 与图 G 的每一个圈有偶数条公共边。（即图 G 的每一个圈有偶数条边子集 B 的边）

⑨ 设图 G 连通，图 T 为其任意一棵生成树。对每一条边 $e \in \overline{T}$，图 $T+e$ 中有唯一的圈 C，因而图 G 中一共可以得到 $\varepsilon - v + 1$ 个不同的圈：$C_1, C_2, \cdots, C_{\varepsilon-v+1}$。每一个这种圈称为图 G 的一个**基本圈**。

⑩ 设图 G 连通,图 T 为其任一生成树。对每一条边 $e \in T$,图 $\overline{T} + e$ 中有唯一的键,因而可得 $v-1$ 个不同的键: $B_1, B_2, \cdots, B_{v-1}$,每一个这种键称为图 G 的一个**基本割集**。

习题 3-2

1. 设图 G 连通,对 $e \in E(G)$,证明:

(1) 边 e 在图 G 的每棵生成树中当且仅当 e 是图 G 的割边。

(2) 边 e 不在图 G 的任意一棵生成树中当且仅当边 e 是图 G 的环。

2. 证明:无环图 G 恰只有一棵生成树 T,则 $G = T$。

3. 若 F 是图 G 的极大林,证明:

(1) 对图 G 的每个分支 H,$F \cap H$ 是 H 的生成树;

(2) $\varepsilon(F) = v(G) - \omega(G)$。

4. 证明:在任意一个图 G 中至少包含 $\varepsilon(G) - v(G) + \omega(G)$ 个不同的圈。

5. 证明:(1) 若图 G 的每个顶点均为**偶点**(即度为偶数的顶点),则图 G 没有割边;

(2) 若图 G 是 k-正则偶图且 $k \geqslant 2$,则图 G 没有割边。

6. 证明:当图 G 连通时,若 $S \neq \varnothing$,则边割 $B = [S, \overline{S}]$ 为键的充分必要条件是 $G[S]$,$G[\overline{S}]$ 都连通。

7. 证明:图 G 的每一个边割是图 G 的一些键(即割集)的边不重并。

8. 在图 G 中,设 B_1 和 B_2 为键,C_1 和 C_2 为圈(看作边子集)。证明:

(1) $B_1 \oplus B_2$ 是图 G 的键的边不重并集;

(2) $C_1 \oplus C_2$ 是图 G 的圈的边不重并集;

(3) 对图 G 的任意一条边 e,$(B_1 \cup B_2) \backslash \{e\}$ 都包含键;

(4) 对图 G 的任意一条边 e,$(C_1 \cup C_2) \backslash \{e\}$ 都包含圈。

9. 证明:若图 G 包含 k 棵边不重的生成树,则对于顶点集每一个划分 $(V_1, V_1, \cdots, V_n)$,两个端点在这个划分的不同部分的边的数目至少为 $k(n-1)$。

10. 证明:若连通图 G 的边子集 E' 与图 G 的每一棵生成树都有公共边,则 E' 包含图 G 的一个边割。(提示:证明 $G - E'$ 不连通。)

11. 证明:若点 u 是简单连通图 G 的割点,则点 u 是图 G^c 的非割点。(提示:一般地,图 G 不连通,则图 G^c 连通。)

12. 证明:若 C 是连通图 G 的一个圈,a, b 是 C 中的两条边,则在图 G 中一定存在

一个键 B，使得 $B \bigcap C = \{a, b\}$。

13. 证明：若树 T 为连通图 G 的任意一棵树（不一定为生成树），$e \in E(T)$，则在图 G 中一定有一个键 B，使得 $B \bigcap T = \{e\}$。

14. 证明：以下算法求出的子图，一定是连通图 $G = (V, E)$ 的一个生成树。

(1) 任取点 $v_1 \in V$，令 $T_1 = v_1$。

(2) 若 T_k 已取定，$V(T_k) = \{v_1, v_2, \cdots, v_k\}$，选点 $v_{k+1} \in V \backslash V(T_k)$ 使得点 v_{k+1} 与 T_k 中（至少）某一点 v_j 相邻，令 $T_{k+1} = T_k + V_{k+1}V_j$。

(3) 若 $k+1 < v$，回到步骤(2)；否则停止。

15. 证明：若连通图 G 中有两棵生成树 T_1 与 T_2 恰只有一条边不相同，则该两边共圈。

3.3 生成树的计数及 Cayley 公式

本节只讨论无环连通图。

将图 G 的关联矩阵 $A_{v \times \varepsilon}$ 中每一列的两个 1 元素之一改为 -1，得到一个新的矩阵，记为 A_a（它是图 G 的一个定向图的关联矩阵）。例如，对图 3-5，其 A_a 如下：

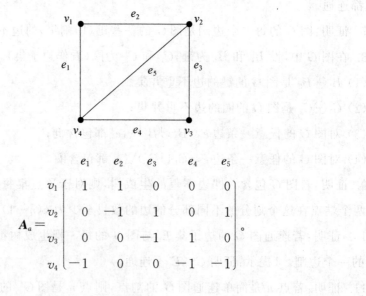

$$A_a = \begin{array}{c} \\ v_1 \\ v_2 \\ v_3 \\ v_4 \end{array} \begin{array}{ccccc} e_1 & e_2 & e_3 & e_4 & e_5 \\ \left(\begin{array}{ccccc} 1 & 1 & 0 & 0 & 0 \\ 0 & -1 & 1 & 0 & 1 \\ 0 & 0 & -1 & 1 & 0 \\ -1 & 0 & 0 & -1 & -1 \end{array}\right) \end{array}。$$

图 3-5

记 A 为从矩阵 A_a 中删去某一行所得的 $(v-1) \times \varepsilon$ 矩阵。

引理 3-1　设 A_1 为矩阵 A 的任意一个 $(v-1)$ 阶子方阵,则 $\det(A_1)=\pm 1$ 的充分必要条件是矩阵 A_1 的列对应于图 G 的一棵生成树。

证明: 令划去的行对应于顶点 u,记图 H 为与矩阵 A_1 所有的列相对应的边构成的生成子图。由于 $\varepsilon(H)=v-1$,因此有(由习题 3-1 第 4 题)图 H 连通的充分必要条件是图 H 为图 G 的生成树。

充分性。若图 H 为图 G 的生成树,重排矩阵 A_1 的行、列如下:取图 H 的一个度为 1 的顶点 u_1,并使 $u_1 \neq u$,记顶点 u_1 在图 H 中的关联边为 e_1;再取 $H-u_1$ 中的一个度为 1 的顶点 u_2,并使 $u_2 \neq u$,记 u_2 在图 H 中的关联边为 e_2;…。按 $u_1,u_2,\cdots$ 及 $e_1,e_2,\cdots$ 的顺序重排矩阵 A_1 的行、列,得矩阵 A_1'。易见,A_1' 为下三角型 $(v-1)$ 阶方阵。且主对角线元素全为 ± 1,因此 $|\det A_1|=|\det A_1'|=1$。

必要性。若图 H 不为图 G 的生成树,由上述知图 H 不连通。令 S 为图 H 中不含点 u 的一个分支的顶点集。易见,在矩阵 A_1 中对应于 S 的全体行向量之和为一个零向量。因此,$\det A_1 = 0$。

证毕

定理 3-11　(Binet-Cauchy 定理)设矩阵 $P=[p_{ij}]_{m \times n}$,$Q=[q_{ij}]_{n \times m}$,且 $m \leqslant n$,则:

$$\det(PQ) = \sum_{1 \leqslant j_1 < \cdots < j_m \leqslant n} \begin{vmatrix} p_{1j_1} & \cdots & p_{1j_m} \\ \vdots & \vdots & \vdots \\ p_{mj_1} & \cdots & p_{mj_m} \end{vmatrix} \times \begin{vmatrix} q_{j_1 1} & \cdots & q_{j_1 m} \\ \vdots & \vdots & \vdots \\ q_{j_m 1} & \cdots & q_{j_m m} \end{vmatrix}$$

引理 3-2　连通图的生成树数目为 $\det(AA^T)$。

证明: 由 Binet-Cauchy 定理可知,$\det(AA^T) = \sum(\det A_1)^2$(对矩阵 A 的所有 $v-1$ 阶子方阵 A_1 求和)。但由引理 3-1 可知

$$|\det(A_1)| = \begin{cases} 1, & A_1 \text{ 的列对应于 } G \text{ 的一生成树,} \\ 0, & \text{其他。} \end{cases}$$

证毕

定义无环图 G 的**度矩阵**为 $K=[k_{ij}]_{v \times v}$,其中,

$$k_{ij} = \begin{cases} -\mu_{ij}, & \text{当 } i \neq j \text{ 且点 } v_i \text{ 与点 } v_j \text{ 之间有 } \mu_{ij} \text{ 条平行边,} \\ d(v_i), & \text{当 } i=j。 \end{cases}$$

例 3-3　以本节开头中的图为例(如图 3-5 所示),其度矩阵 K 如下:

$$K = \begin{array}{c} \begin{array}{cccc} v_1 & v_2 & v_3 & v_4 \end{array} \\ \begin{pmatrix} 2 & -1 & 0 & -1 \\ -1 & 3 & -1 & -1 \\ 0 & -1 & 2 & -1 \\ -1 & -1 & -1 & 3 \end{pmatrix} \begin{array}{c} v_1 \\ v_2 \\ v_3 \\ v_4 \end{array} \end{array}。$$

定理 3-12 连通图 G 的生成树数目为图 G 的度矩阵 K 的任意一个元素的代数余子式。

证明:容易验证,$K = A_a A_a^{\mathrm{T}}$。首先,矩阵 K 的任意一行(列)的元素的代数和为 0,因此矩阵 K 的所有代数余子式都相等。然后,设矩阵 A_k 为从矩阵 A_a 中去掉第 k 行所得的 $(v-1) \times \varepsilon$ 矩阵,易见:$A_k A_k^{\mathrm{T}} =$ 从矩阵 K 中去掉第 k 行、第 k 列后所得的子方阵。故由引理 3-2 可知本定理成立。

证毕

例 3-4 本节开头中的图 3-5 的生成树数目为

$$\text{矩阵 } K \text{ 的}(2,3)\text{-元素的代数余子式} = (-1)^{2+3} \begin{vmatrix} 2 & -1 & -1 \\ 0 & -1 & -1 \\ -1 & -1 & 3 \end{vmatrix} = 8 \text{。}$$

定理 3-13(Cayley 定理) K_n 中共有 n^{n-2} 个不同的生成树。

证明:用上述定理可直接证出。

证毕

习题 3-3

1. 求 $K_{3,3}$ 的生成树数目。

2. 证明:若 e 是 K_n 的一条边,则 $K_n - e$ 的生成树数目为 $(n-2)n^{n-3}$。

3.4 树 的 应 用

树是图论的基础,许多结论可由它而引出。而且它也在各种领域中被广泛地应用。

1. 最优生成树问题

最优生成树(optimal spanning tree)是指赋权无向连通图 G 的所有生成树中权重之和最小的一个〔也被称作**最优树**(optimal tree)或**最小树**(minimum tree)〕。即:求图 G 的一棵生成树 T,使得 $w(T) = \min\limits_{G \text{的所有生成树}} \sum\limits_{e \in E(T)} w(e)$。

例 3-5　设城市 $v_1, v_2, \cdots, v_v$，任意两个城市之间都建有通信线路，某公司希望通过租用其中的一些通信线路的方式在这些城市之间建立一个连接这 v 个城市的通信网，如果租用城市 v_i 与城市 v_j 之间的通信线路的费用为 c_{ij}（$c_{ij} \geqslant 0$，也可以为 ∞，如为 ∞，可以理解为实际上这条线路就不存在），问这个公司应该租用哪些线路，从而建立起一个总租用费用最小且可连接这 v 个城市的通信网？

这个问题显然等价于在一个赋权图（如果允许权重为 ∞，则为赋权完全图）G 中求一个连通、权重最小的生成子图（显然为了使权重最小，此连通生成子图必须是无圈的），而一个连通无圈、权重最小的生成子图显然就是这个赋权图 G 的最优生成树。

例 3-6　二维矩阵数据存储问题。

某些蛋白质的氨基酸序列差异不大，如果用二维矩阵的每一行记录一种蛋白质氨基酸序列，行与行之间的差异很小。其中，有一种方法是只存储其中一行作为参照行，再存储行与行之间的一部分差异信息，使得可以在需要时根据参照行生成所有其他行的元素。一般地，给定差异信息 C_{ij}，如何确定存储哪些行之间的差异元素，使得存储空间尽可能少呢？

这一问题可以用最优生成树问题描述：把矩阵的每一行作为一个顶点构成一个完全图，第 i 个顶点对应于矩阵第 i 行，并令弧 (i, j) 上的权重为 C_{ij}，对于存储问题，实际上只需要存储一行的元素，以及由该完全图的一棵支撑树所对应的差异元素。最优生成树就对应于最优的存储方案。参考图 3-6。

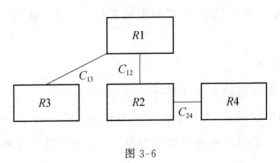

图 3-6

下面的 Kruskal 算法是对在非负赋权图中求生成树的极大无圈子图算法的改进，它是一种**贪心算法**（greedy algorithm）。

Kruskal 算法的基本思想：维护一个生成森林。每一次将一条权重最小的边加入子图 T 中，并保证不形成圈。如果当前边加入后不形成圈，则加入这条边，如果当前边加入后形成圈，则不加入这条边，并考虑下一条边。

Kruskal 算法如下。

（1）选棱（link）e_1 使 $w(e_1)$ 最小。

（2）若已选定棱 $e_1,e_2,\cdots,e_i$，则从 $E\backslash\{e_1,e_2,\cdots,e_i\}$ 中选取棱 e_{i+1} 使：

① $G[\{e_1,e_2,\cdots,e_i\}\bigcup\{e_{i+1}\}]$ 无圈；

② $w(e_{i+1})$ 是满足①的权重最小者。

（3）若步骤（2）不能再进行下去时，停止。否则，回到步骤（2）。

定理 3-14 设边 $e_1,e_2,\cdots,e_{v(G)-1}$ 是 Kruskal 算法依次获得的边，则由这些边得到的边导出子图 $G[\{e_1,e_2,\cdots,e_{v(G)-1}\}]$ 是图 G 的最优生成树。

证明：记 $T^*=G[\{e_1,e_2,\cdots,e_{v(G)-1}\}]$，首先，$T^*$ 显然是图 G 的一棵生成树。下面用反证法证明 T^* 是图 G 的最优生成树。假设 T^* 不是图 G 的最优生成树（下称最优树）。取图 G 的一棵最优树 T。令边 e_k 为 $\{e_1,e_2,\cdots,e_{v-1}\}$ 中（按顺序）第一个不属于树 T 的边，且令树 T 为最优树中使 k 为最大。则 $T+e_k$ 中唯一的圈 C 包含 e_k，且在 C 中必含一条边 $e_k'\notin T^*$（不然，$C\subseteq T^*$，矛盾）。但是，由于边 e_k' 不是 $T+e_k$ 的割边（边 e_k' 在圈 C 中，由定理 3-2 可知圈中的边都是非割边），从而 $T'=T+e_k-e_k'$ 连通，且树 T' 的边数与树 T 的边数相等，同为 $v(G)-1$，所以树 T' 也是图 G 的生成树（根据树的等价定理或习题 3-1 第 4 题）。

又，根据 Kruskal 算法，边 e_k 是 $E\backslash\{e_1,e_2,\cdots,e_{k-1}\}$ 中满足：① $G[\{e_1,e_2,\cdots,e_{k-1}\}\bigcup\{e_k\}]$ 无圈；② $w(e_k)$ 是满足①的最小者。现在 $e_k'\in E\backslash\{e_1,e_2,\cdots,e_{k-1}\}$，而且满足 $G[\{e_1,e_2,\cdots,e_{k-1}\}\bigcup\{e_k'\}]$ 无圈（$G[\{e_1,e_2,\cdots,e_{k-1}\}\bigcup\{e_k'\}]$ 是最优树 T 的子图），所以 $w(e_k)\leqslant w(e_k')$，所以 $w(T')\leqslant w(T)$，但是由于树 T 是最优树，所以只能是 $w(T')=w(T)$，即树 T' 也是图 G 的最优树，但是 $\{e_1,e_2,\cdots,e_{v-1}\}$ 中第一个不属于树 T' 的边的下标大于 k。这与 k 的取法相矛盾。

证毕

Kruskal 算法的实现。

先按权重的不减顺序将边集重新排序成 $a_1,a_2,\cdots,a_\varepsilon$。

关于算法中无圈性的判定，有一个简单的办法：当 $S=\{e_1,e_2,\cdots,e_i\}$ 已取定时，对候选边 a_k 有 $G[S\bigcup\{a_k\}]$ 无圈的充分必要条件是 a_k 的两个端点在林 $G[S]$（此处将 $G[S]$ 当作图 G 的生成子图）的不同分支中。

从而有求最优树的 Kruskal 算法的标记法〔令 T 为当前子树边的集合，将 $G[T]$ 当作图 G 的生成子图，$w(uv)$ 为边 uv 的权重〕。

① $i=0,j=0$，将图 G 的顶点 v_k 标以 $l(v_k)=k,k=1,2,\cdots,v$；将 $E(G)$ 中的边按权重从小到大排序 $w(a_1)\leqslant w(a_2)\leqslant\cdots\leqslant w(a_\varepsilon)$；$T=\varnothing$。

② 如果 $i=v-1$，则结束，此时树 T 就是最优树；否则，令 $j=j+1$，如果 $j>\varepsilon$，则结束。此时图 G 没有生成树；否则，取 a_j，令 a_j 的两个端点分别为 $x(a_j)$ 与 $y(a_j)$，如果 $l(x(a_j))=l(y(a_j))$，则转步骤③，否则转步骤④。

③ 转步骤②。

④ 令 $e_{i+1}=a_j$，$T=T\cup\{e_{i+1}\}$。如果 $l(x(a_j))<l(y(a_j))$，则令图 G 的顶点 $v_k(k=1,2,\cdots,v)$ 中标为 $l(y(a_j))$ 的所有顶点都修改标为 $l(x(a_j))$；否则，令 G 的顶点 $v_k(k=1,2,\cdots,v)$ 中标为 $l(x(a_j))$ 的所有顶点都修改标为 $l(y(a_j))$。令 $i=i+1$，转步骤②。

算法分析：对任意图 G，其点数为 v，边数为 ε。对边按照权重从小到大进行排序需要 $O(\varepsilon\log_2\varepsilon)$ 次比较（用快速排序法）；比较边两个端点的标号至多需要 ε 次比较；重新标号至多需要 $O(v(v-1))$ 次比较〔可以通过链表、堆栈等技术简化，但对算法的总体复杂性无法降阶，因为一般而言，对边排序需要的比较已经大于 $O(v(v-1))$ 了〕。

注 1：如果图 G 为简单图，$\varepsilon\leqslant\dfrac{v(v-1)}{2}$，则 Kruskal 算法的复杂性为 $\max\{O(\varepsilon\log_2\varepsilon),O(v(v-1))\}\leqslant O(v^3)$，是好算法。如果图 G 不是简单图，则 Kruskal 算法复杂性为 $\max\{O(\varepsilon\log_2\varepsilon),O(v(v-1))\}$，不一定是好算法。虽然可以预先对图 G 进行简单化（去掉环和任意两点之间权重较大的重边），但由于简单化本身对图 G 而言就不一定是好算法，所以最终仍不一定是好算法。

注 2：Kruskal 算法可以用来判断一个图是否连通。

注 3：步骤④可以用链表、堆栈等技术实现。

例 3-7　欲建立一个连接 5 个城市的光纤通信网络。各城市之间的线路的造价如图 3-7 所示，求一个使总造价最少的线路建设方案。

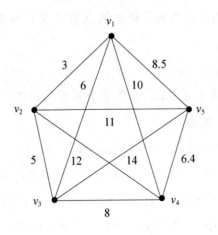

图 3-7

解：$i=0,j=0,T=\varnothing$；将图 3-7 中的顶点 $v_1,\cdots,v_5$ 分别标号为 1,2,3,4,5；将图 3-7 中的边按权重从小到大排序为 $v_1v_2,v_2v_3,v_1v_3,v_4v_5,v_3v_4,v_1v_5,v_1v_4,v_2v_5,v_2v_4,v_3v_5$。

① $j=1$，取边 v_1v_2，其两个端点的标号为 1 和 2，$T=\{v_1v_2\}$，顶点 $v_1,\cdots,v_5$ 的标号

修改为 $1,1,3,4,5;i=1$。

② $j=2$,取边 v_2v_3,其两个端点的标号为 1 和 3,$T=\{v_1v_2,v_2v_3\}$,顶点 $v_1,\cdots,v_5$ 的标号修改为 $1,1,1,4,5;i=2$。

③ $j=3$,取边 v_1v_3,其两个端点的标号为 1 和 1。

④ $j=4$,取边 v_4v_5,其两个端点的标号为 4 和 5,$T=\{v_1v_2,v_2v_3,v_4v_5\}$,顶点 $v_1,\cdots,v_5$ 的标号修改为 $1,1,1,4,4;i=3$。

⑤ $j=5$,取边 v_3v_4,其两个端点的标号为 1 和 4,$T=\{v_1v_2,v_2v_3,v_4v_5,v_3v_4\}$,顶点 $v_1,\cdots,v_5$ 的标号修改为 $1,1,1,1,1;i=4$。结束。图 3-7 的最优树如图 3-8 所示。

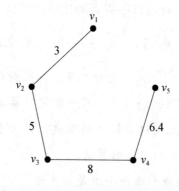

图 3-8

Prim 算法也是一种用贪心算法求最优树的著名算法,其基本思想是不断扩展一棵子树 $T=(S,E')$($S\subseteq V;E'\subseteq E$),直到 S 中包括原图的全部顶点,得到最优树 T。每一次增加一条边,使得这条边是由当前子树的顶点集 S 及其补集 $\overline{S}$ 所形成的边割集中的权重最小的边。

Prim 算法如下:

〔令 S 为当前子树的顶点集合;E' 为当前子树的边的集合;$w(uv)$ 为边 uv 的权重;$d(v)$ 为点 v 到 S 的最小距离。〕

① $k=0$,任取 $v\in V(G)$,令 $v_0=v,S=\{v_0\},E'=\varnothing,d(v_0)=0,d(v)=\infty(v\neq v_0)$。

② 若 $S=V(G)$,结束(S 与 E' 分别为最优树的顶点集与边集);否则,转步骤③。

③ 对任意的 $v\in V(G)\backslash S$,计算 $d(v)=\min\{w(v_kv),d(v)\}$;对所有的 $v\in V(G)\backslash S$,计算 $\min\{d(v)|v\in V(G)\backslash S\}$。令点 v_{k+1} 为最小值点,若 $d(v_{k+1})=\infty$,则图 G 不连通,结束(图 G 没有生成树);否则,选取边 vv_{k+1}(其中,$v\in S,w(vv_{k+1})=d(v_{k+1})$),令 $S=S\cup\{v_{k+1}\},E'=E'\cup\{vv_{k+1}\}$,令 $k:=k+1$,转步骤②。

Prim 算法中的标号 $d(v)$ 可以用优先队列实现,算法复杂度为 $O(v\log_2 v+\varepsilon)$,比 Kruskal 算法要快一些。

例 3-8　对例 3-7 中的问题用 Prim 算法求解。

解：$k=0$，取点 v_1，$S=\{v_1\}$，$E'=\varnothing$，$d(v_1)=0$，$d(v_2)=d(v_3)=d(v_4)=d(v_5)=\infty$；$S\neq V(G)$，$d(v_2)=\min\{w(v_1v_2),d(v_2)\}=\min\{3,\infty\}=3$，类似地，$d(v_3)=6$，$d(v_4)=10$，$d(v_5)=8.5$；$\min\{d(v)\mid v\in V(G)\backslash S\}=\min\{3,6,10,8.5\}=3(=w(v_1v_2))$，所以 $S=\{v_1,v_2\}$，$E'=\{v_1v_2\}$。

$k=1$，$S\neq V(G)$，$d(v_3)=\min\{w(v_2v_3),d(v_3)\}=\min\{5,6\}=5$，类似地，$d(v_4)=10$，$d(v_5)=8.5$；$\min\{d(v)\mid v\in V(G)\backslash S\}=\min\{5,10,8.5\}=5(=w(v_2v_3))$，所以 $S=\{v_1,v_2,v_3\}$，$E'=\{v_1v_2,v_2v_3\}$。

$k=2$，$S\neq V(G)$，$d(v_4)=\min\{w(v_3v_4),d(v_4)\}=\min\{8,10\}=8$，类似地，$d(v_5)=8.5$；$\min\{d(v)\mid v\in V(G)\backslash S\}=\min\{8,8.5\}=8(=w(v_3v_4))$，所以 $S=\{v_1,v_2,v_3,v_4\}$，$E'=\{v_1v_2,v_2v_3,v_3v_4\}$。

$k=3$，$S\neq V(G)$，$d(v_5)=\min\{w(v_4v_5),d(v_5)\}=\min\{6.4,8.5\}=6.4(=w(v_4v_5))$，所以 $S=\{v_1,v_2,v_3,v_4,v_5\}$，$E'=\{v_1v_2,v_2v_3,v_3v_4,v_4v_5\}$。$S=V(G)$，结束。最优树如图 3-8 所示。

Sollin(Boruvka)算法则是前面介绍的两种算法的综合。每次迭代同时扩展多棵子树，直到得到最优树 T。

Sollin(Boruvka)算法如下：

① 对于所有点 $v\in V$，$G_v=\{v\}$，$T=\varnothing$。

② 若 $|T|=v-1$，则结束，此时树 T 为图 G 的最优树；否则，对于树 T 中所有的子树集合 G_v，计算它的边割 $[G_v,\overline{G_v}]$ 中的最小边 e_v^*（有的书中称连接两个连通分量的最小边为"安全边"）。

③ 对树 T 中所有子树集合 G_v 及其边割最小边 $e_v^*=(p,q)$，将 G_v 与 q 所在的子树集合合并。$T=T\cup e_v^*$，转步骤②。

Sollin(Boruvka)算法分析：每次循环迭代时，每棵树都会合并成一棵较大的子树，因此每次循环迭代都会使子树的数量至少减少一半，所以，循环迭代的总次数为 $O(\log_2 v)$。每次循环迭代所需要的计算时间：对于第②步，每次检查所有边 $O(\varepsilon)$ 次，去更新每个连通分量的最小弧；对于第③步，合并 $O(v/2^i)$ 个子树。所以 Sollin(Boruvka)算法总的复杂度为 $O(\varepsilon \log_2 v)$。

2. 斯坦纳树问题(Steiner tree problem)

假设要在北京、上海、西安 3 个城市之间架设电话线，一种办法是分别连通北京—上海和北京—西安(即上面的最优树)。另一种办法是选第 4 个点，假设郑州，由此分别向 3 个城市架线。第二种办法所用的电话线可能比第一种办法所需要电话线的长度还要省。第二种方法所用的就是 20 世纪 40 年代提出的著名的斯坦纳树的最简单的一个模型。

这种问题实际上早在 1638 年,法国数学家费马(Fermat)在他所写的一本关于求极值的书中就提出了,称为费马问题(注:费马问题,若 a,b,c 分别为 $\triangle ABC$ 三边的长,P 为 $\triangle ABC$ 内的一点,则 $PA+PB+PC \leqslant a+b+c$;且 $PA+PB+PC \leqslant \max\{a+b,b+c,a+c\}$,那么 P 在什么位置时 $PA+PB+PC$ 最小)。

在 17 世纪初,由于解析几何刚开始出现,求极值问题也刚露萌芽,费马问题在当时竟成了难题,据说一时无人能解。梅森(M. Mersenne,1588—1648)将它带到意大利,后被托里彻利(M. Torricelli,1608—1647)所解决。而后,卡瓦列里(B. F. Cavalieri,1598—1647)指出:若 O 点为所求之点,则过 O 点的 3 条线段 OA,OB 和 OC 两两交成 $120°$ 的角(O 点称为费马点,以纪念费马对此类问题的开创性研究)。

费马问题不但有数学上的证明,也有力学上的证明。波兰著名数学家斯坦因豪斯借助力学方法的证明:在一块薄木板上画出 $\triangle ABC$,再分别在 3 个顶点处各钻一小孔,然后用 3 条系在一起(结点为 O)的细绳,另一端分别穿过 3 个小孔,绳下各自挂一个等重砝码,等这个力学系统平衡后,点 O 的位置恰好使 OA,OB 和 OC 两两交成 $120°$ 的角。

若三角形的 3 个内角皆小于或等于 $120°$,在三角形的外侧以 3 条边长分别作 3 个正三角形:$\triangle ABC'$,$\triangle BCA'$,$\triangle ACB'$,(托里彻利)证明了:作 3 个正三角形 $\triangle ABC'$,$\triangle BCA'$,$\triangle ACB'$ 的外接圆 O_1,O_2,O_3,则 O_1,O_2,O_3 必交于一点,这个便是要求的费马点。1750 年,Simpson 指出:上面的 3 个正三角形 $\triangle ABC'$,$\triangle BCA'$,$\triangle ACB'$ 的外顶点与内顶点之间的线段(AA',BB',CC')也相交于费马点。1834 年,Heinen 指出:线段 AA',BB',CC' 的长度都等于费马点到三角形 3 个顶点 A、B、C 的距离之和。

由于都是利用圆规和直尺作图,他们所考虑的都是三角形的 3 个内角皆小于或等于 $120°$ 的情况,否则无法作图。直到 1834 年,Heinen 才考虑其中有一个角(设为 $\angle B$)大于或等于 $120°$ 的情况。他证明:此时连接三角形 3 个顶点 A,B,C 的最小网络就是连接 3 点的折线 $AB+BC$。此种情况称为退化情况,因为 O 点已经退化到 B。

费马问题很容易被推广到若干个点的情况。瑞士数学家斯坦纳(J. Steiner,1796—1863)将问题进行了推广:在平面上求一点,使得这一点到平面上给定的若干个点的距离之和最小。这可以看作斯坦纳树问题的雏形。斯坦纳在这个问题上未曾作过什么贡献。

其后,德国的两位数学家韦伯(H. Weber,1842—1913)和维斯菲尔德(E. Wieszfeld)分别在 1909 年和 1937 年将该问题作为工厂选址问题提出来:某地有给定的若干个仓库,每个仓库的其他相关因素可以换算成一个权重表示,求一个建造工厂的合适地点,使工厂到每个仓库的距离与权重乘积的总和最小,则这个工厂的地址是最经济、便利的。维斯菲尔德并给出了一个算法用以求出工厂地址的近似值。我国在 20 世纪 50 年代末期也曾提出类似的选址问题。

斯坦纳树问题得到进一步发展是由于库朗（R. Courant）和罗宾斯（H. Robbins）在 1941 年的一本科普性读物《什么是数学》中提到了费马问题。书中说，斯坦纳对此问题的推广是一种平庸的推广。要得到一个有意义的推广，需要考虑的不是引进一个点，而应是引进若干个点，使引进的点与原来给定的点连成的图的权重最小。他们将此新问题称为斯坦纳树问题，并给出了这一新问题的一些基本性质。

由于其在运输、通信和计算机等现代经济与科技中的重要作用，近几十年来它的研究进展越来越快。围绕斯坦纳树问题有很多有意思的推广和应用。例如，修建一条从西伯利亚到上海的天然气管道，沿途向许多城市输送天然气，用斯坦纳树的结果就会比最优生成树的结果更节约。再例如，计算机的微型集成电路芯片，由于同一线路布局的芯片需求量很大，在设计上若能尽量缩短线路总长，就会极大地节约成本。

据说美国的贝尔电话公司开始时就是按照最优生成树的距离数据对用户收费的，直到 1967 年，遇上了一家精明的航空公司，向他们提出应该按照斯坦纳树的距离数据进行收费，从而减少了收费。（无论这一说法是否真实，贝尔电话公司对研究最优生成树与斯坦纳树问题确实是很重视的，而且得到了很多有价值的成果。）

如何寻找到一个最优权重的斯坦纳树问题实际上是一个非常困难的问题，目前已经证明这个问题是 NP-hard 问题，意味着基本上没有所谓的多项式时间算法能处理这一问题。但这一问题仍值得探索。

1992 年，中国数学家堵丁柱和旅美华人黄光明两人解决了所谓"Steiner 比"（Steiner ratio）问题，引起了很大的轰动（尽管有人提出异议）。

什么是"Steiner 比"问题呢？给定平面上 n 个点，在添加某些新点后连接它们间的最小树长设为 l，不添加任何新点直接连接 n 个点的最小树长设为 l_0，显然 $l \leqslant l_0$，$\dfrac{l}{l_0}$ 称为"Steiner 比"。例如，对正三角形 3 个顶点，这种比为 $\dfrac{l}{l_0} = \dfrac{3 \times \dfrac{2}{3} \times \sqrt{3}}{2 \times 2} \approx 0.866$，对正方形 4 个顶点，这种比为 $\dfrac{l}{l_0} = \dfrac{3 + \sqrt{3}}{3\sqrt{3}} \approx 0.910\,6$。那么，"Steiner 比"有下界吗？

1968 年，美国贝尔电话公司电报实验室的吉贝尔特和波拉克猜测：$\dfrac{l}{l_0} \geqslant \dfrac{\sqrt{3}}{2} \approx 0.866 \cdots$，即 $l_0 - l \leqslant \left(1 - \dfrac{\sqrt{3}}{2}\right) l_0$ 或 $l_0 - l \leqslant \left(\dfrac{2}{\sqrt{3}} - 1\right) l$。

直到 1989 年,人们才对 7 个点的情形给出证明。

1990 年,堵丁柱与黄光明博士共同完成了 n 为一般情形的上述猜想的证明,他们的方法是先将上面的问题转化为一个"极小-极大问题",然后证得"平面上 n 个点,通过增加另外一些点所获得的最小树长,最多可比原来缩短 0.134",这个结论实际上与上述结论等价。

利用他们的方法,还可解决其他一类最优化(最大和最小)问题。1992 年,他们两人经过努力,解决了 n 维空间上的最小树问题。

例 3-9 通信网络中的组播树。

在单源单播模型中,数据包通过网络沿着单一路径从源主机向目标主机传递,但在单源组播模型中,信源向某一组地址(这一组地址代表一组目标主机)传递数据包时,为了让所有接收者传递数据,一般采用组播分布树描述 IP 组播在网络里经过的路径。组播分布树有 4 种基本类型:泛洪法、有源树、有核树和 Steiner 树。

3. 最小树形图

前面关于树、最优树和 Steiner 树的讨论中,所考虑的图都是无向图,但有时候需要在有向图中考虑类似的问题。

例 3-10 一家大型公司的总经理需要向该公司位于不同国家和地区的一些部门经理传达一条重要信息。假设这名总经理可以用以下两种方式之一完成这一信息的传播:①直接给部门经理打电话传达;②总经理给某些部门经理打电话,然后让这些得到信息的部门经理再打电话将信息传达给其他某些部门经理,并以此类推,直到最后将此信息传达到所有的部门经理。由于不同国家或地区之间的电话费用是不同的,为了节省总的电话费的开支,一般来说,第一种方式应该不是最节省的方式,而第二种方式(第一种方式可以看作第二种方式的一种特殊情形)中,哪些部门经理应当由总经理直接传达信息?每个得到信息的部门经理又应当给哪些尚未得到信息的部门经理打电话,才能使整个大型公司传达此信息的总费用最少?

在这个问题中,首先,信息传播是有向的,由掌握这个重要信息的总经理或部门经理打电话给尚未得到信息的部门经理,让每个部门经理都要得到这个信息,为了使传达此信息的总费用最少,显然总经理不需要任何部门经理的电话传达,所以在这个信息传播的过程中有"根"(总经理),他只向某些部门经理打电话传达此信息,而且任何部门经理只要得到一次这个信息就足够了。如果将总经理或部门经理看作点,将一个电话看作一条弧,这条弧的两个端点分别为打电话的(总经理或部门经理)和接电话的部门经理,这条弧的方向是由打电话的端点指向接电话的端点,弧上的权重表示打电话的费用。这样就得到了一个有向赋权图。这个有向图本来是任意两点之间都可以有弧,现在需要找出一个权重最小，以总经理代表的点作为根点的、连通的、有向的生成子图。（信息传播途径在这个子图中是一条从根点到其他每个顶点的有向路，所以当忽略弧的方向时这个生成子图是一棵生成树。参考图 3-9。）

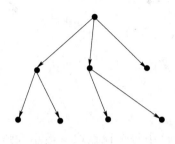

图 3-9

定义：有向图 $D = (V, A)$ 若满足①不包含有向圈；②存在一个顶点 i 使得 $d^-(i) = 0$（即顶点 i 没有入弧），而对其余顶点 j 有 $d^-(j) = 1$（即顶点 j 有且只有一条入弧）。则称图 G 为以点 i 为**根**（root）的**树形图**（arborescence），也称**有根树**（rooted tree）或**外向树**（out-tree）。参考图 3-9。

定义：如果一个有向图的支撑子图是一个树形图，则称该树形图为该有向图的**支撑树形图**（或生成树形图）（spanning arborescence）。赋权有向图中权重最小的支撑树形图称为该赋权有向图的**最小树形图**（optimal spanning arborescence）。

显然树形图有如下性质：

① 树形图在去掉每条弧的方向后，得到的无向基本图是一棵树。〔具有 v 个顶点树形图中一个顶点（根）没有入弧，另外 $v-1$ 个顶点都恰好各有一个入弧，所以恰好有 $v-1$ 条弧，而且既没有有向圈，也没有圈。〕

② 从树形图的根到每一个顶点有且仅有一条有向路，这条路的长度称为该顶点的代（即该顶点关于根顶点的层数）。

定义：设 v 是有向图 D 的任意一个顶点，在所有指向点 v 的入弧中，权重最小的弧称为点 v 的**最小入弧**（minimum incoming arc）。由最小入弧组成的有向圈称为**最小入弧圈**（minimum incoming arc cycle）。

如果在赋权有向图 D 中，从每个顶点取一条最小入弧，组成的子图是否就是最小树形图？当然不一定，这样得到的子图不能保证是树形图。如果在有向图 D 中每个顶点取最小入弧组成的子图是图 D 的支撑树形图，则此支撑树形图一定就是图 D 的最小树形图。但是最小树形图不一定全是由最小入弧组成的。例如，图 3-10 中的最小树形图为图 3-11。虽然如此，但以此出发，继续考虑：在赋权有向图 D 中，从每个顶点取一条最小入弧，组成的子图如果不是支撑树形图，能否据此找到图 D 的最小树形图？

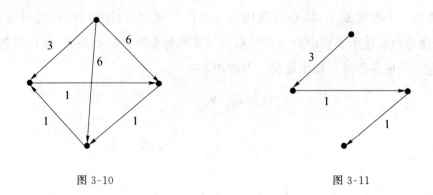

图 3-10   图 3-11

引理 3-3 在赋权有向图 D 中每个顶点取一最小入弧,组成的图记为 H,则:

(1) 若 $|H|<v-1$,则图 D 没有支撑树形图;

(2) 若 $|H|=v-1$,且图 H 不含有向圈,则图 H 是图 D 的最小树形图;

(3) 若 $|H|=v$,设 a 是图 H 中权重最大的弧,且 $H-a$ 不含有向圈,则 $H-a$ 是图 D 的最小树形图。

证明:显然,此处略。

证毕

定理 3-15 设 C 是赋权有向图 D 的最小入弧圈,如果图 D 存在支撑树形图,则存在图 D 的最小树形图 T 满足 $|C\backslash T|=1$。

证明:假设定理不成立,在图 D 的最小树形图中找一棵 T 使得 $|C\backslash T|$ 最小。由于树形图不含有向圈,因此 $|C\backslash T|=k\geqslant 2$。记 C 中不在树 T 上的弧依次为 $a_1=(v_1,v_1')$,$a_2=(v_2,v_2'),\cdots,a_k=(v_k,v_k')$,则 C 中余下的弧组成的有向路 $P(v_1',v_2),P(v_2',v_3),\cdots,$$P(v_k',v_1)$ 都属于树 T。不妨设点 v_1' 是所有 k 个顶点 $\{v_1',v_1',\cdots,v_k'\}$ 在树 T 中代数最小的顶点,则点 v_1' 在 T 中不会是点 v_2' 的后代。但由于点 v_2 在树 T 中是点 v_1' 的后代,所以点 v_2 在树 T 中不会是点 v_2' 的后代。记 a_2' 是点 v_2' 在树 T 中的入弧,则 $T'=T+a_2-a_2'$ 也是图 D 的支撑树形图。由于 a_2 是顶点 v_2' 的最小入弧,因此 $w(T')=w(T)+w(a_2)-w(a_2')\leqslant w(T)$〔这里的 $w(*)$ 表示 $*$ 的权重〕。因此树 T' 也是图 D 的最小树形图,且 $|C\backslash T'|=|C\backslash T|-1$,这与树 T 的取法矛盾。

证毕

根据这一定理,在构造最小树形图时,如果有向图中存在最小入弧圈,则去掉圈上某一条弧之后再继续构造。

那么究竟去掉圈上哪条弧呢?如果根在圈上,显然去掉圈上指向根的弧;如果根不在圈上,则去掉圈中某条弧 a' 后,这条弧的头 u 点就没有入弧了,还必须再找一条从圈外某点指向 u 点的弧 a,根据 a 与 a' 的权重和树形图的其他因素来决定。

定义：设 C 是赋权有向图 $D=(V,A,w)$ 的一个有向圈，w 为图 D 的权函数（即 $w:A{\to}R$），记 C 的顶点集合为 $V(C)$，定义图 D 收缩 C 后得到的新有向图 $D^*=(V^*,A^*,w^*)$ 为

$$V^*=(V\backslash V(C))\bigcup\{y\},$$

其中，顶点 y 称为收缩 C 后的人工顶点。

$$A^*=A\backslash A(C),$$

$$w^*=\begin{cases} w(a), & \text{当 } a \text{ 在 } D^* \text{ 中的头不是 } y \text{ 时,} \\ w(a)-w(a_1)+w(a^*), & \text{当 } a \text{ 在 } D^* \text{ 中的头是 } y \text{ 时.} \end{cases}$$

其中，a_1 是 C 中与 a 有相同头的弧，a^* 是 C 中权重最大的弧。这一过程称为有向图的**收缩**（condensation），D^* 称作 D 的**收缩图**（condensed digraph）。

定理 3-16　设 C 是赋权有向图 $D=(V,A,w)$ 的一个最小入弧圈，$D^*=(V^*,A^*,w^*)$ 为图 D 的收缩 C 后得到的收缩图。如果树 T^* 是图 D^* 的最小树形图，则 $T^*\bigcup C$ 包含了图 D 的一个最小树形图。

证明：参见文献（谢金星，邢文讯，王振波编著。网络优化，北京：清华大学出版社，2009 年）。

证毕

根据上述定理，可以设计如下求最小树形图的算法。

朱（永津）-刘（振宏）算法（1965 年如下）。

① 令 $m=1$，$D(1)(V(1),A(1),w(1))=D(V,A,w)$。

② 在 $D(m)$ 中对每个顶点取一条最小入弧，组成的弧集记为 $H(m)$。若 $|H(m)|<|V(m)|-1$，则原赋权有向图 D 没有支撑树形图；否则若 $|H(m)|=|V(m)|$，则去掉 $H(m)$ 中的权最大的一条弧〔仍记为 $H(m)$〕，转步骤③；否则直接转③。

③ 若 $H(m)$ 不包含圈，则令 $H'(m)=H(m)$，转步骤⑤；否则取 $H(m)$ 包含的一个圈 $C(m)$，转步骤④。

④（收缩）对 $D(m)$ 收缩 $C(m)$ 得到新的赋权有向图 $D(m+1)=(V(m+1),A(m+1),w(m+1))$，记人工顶点为 $y(m)$。令 $m=m+1$，转步骤②。

⑤ 若 $m=1$，则 $H'(m)$ 就是 D 中的最小树形图，结束；否则转步骤⑥。

⑥（展开）令 $H'(m-1)=H'(m)\bigcup(C(m-1)\backslash a'(m-1))$，其中 $a'(m-1)$ 是 $C(m-1)$ 中的一条弧：如果 $y(m-1)$ 在 $H'(m)$ 中有入弧，则取 $a'(m-1)$ 为与该入弧有相同头的弧；否则 $a'(m-1)$ 取 $C(m-1)$ 中的权重最大的一条弧。令 $m=m-1$，转步骤⑤。

算法分析：朱-刘算法实际上包括两大过程，即收缩（②～④）和展开（⑤～⑥）。每一个过程最多循环 $(v-1)$ 次。容易看出②的复杂度为 $O(\varepsilon)$，③的复杂度为 $O(v)$，④的复杂度为 $O(\varepsilon)$，⑤的复杂度为 $O(1)$，⑥的复杂度为 $O(\varepsilon)$。因此朱-刘算法的总复杂度为 $O(v\varepsilon)$。

注1：朱-刘算法可以适用于对任意权重（权重可正可负）的赋权有向图求最小树形图。

注2：朱-刘算法同样可以用于计算最大树形图（比如将权重取反号或作其他的变动）。

注3：对朱-刘算法做一些改动，容易设计求具有固定根的最小树形图或最大树形图的算法（留作练习）。

例 3-11 求赋权有向图 D 的最小树形图，如图 3-12 所示。

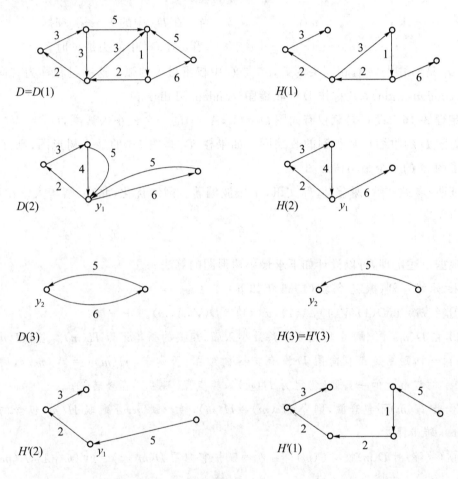

图 3-12

例 3-6 中的二维矩阵数据存储问题也可以用最小树形图来计算。

定义：若有向图 D 满足①不包含有向圈；②对任意顶点 j 有 $d^-(j)=0$ 或 $d^-(j)=1$，则称图 D 为**分枝**（branching）。

分枝是若干树形图的并；所以树形图本身也是分枝的一种特殊情况。

定义：如果一个有向图的生成子图是一个分枝，则称该分枝为该有向图的**支撑分枝**（或**生成分枝**）。赋权有向图 D 中权重最大的支撑分枝称为图 D 的**最大分枝**。

最大分枝中不会含有负权弧。

即使赋权有向图 D 中所有弧上的权均为正数，并且图 D 中存在支撑树形图，图 D

的最大分枝也不一定是支撑树形图（自然更谈不上是最大树形图）。例如，3-13（a）是图 D，图 3-13（b）是 D 的最大分枝，图 3-13（c）是图 D 的最大树形图（也是最小树形图，因为这是图 D 的唯一的支撑树形图）。

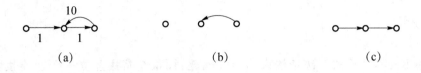

图 3-13

求一个赋权有向图 D 的最大分枝问题有 Edmonds 算法（1968 年）（与朱-刘算法本质相同）。

树形图也称作**外向树**，类似地也可以定义**内向树**。如果一个树形图满足：除了树叶的出度为 0 之外，其他各顶点的出度均为 1 或 2，则这种树形图称作**二元树形图**（binary arborescence）或**二元树**（binary tree）（有时也把二元树形图中弧的方向忽略掉后得到的基础图称作二元树）。

二元树在计算机领域有广泛的应用，也容易表示。例如，图 3-14 中每个非树叶节点（包括根点）的出弧都是 2，其中，往左下方向的出弧记为 0，往右下方向的出弧记为 1，这样树的每个树叶都可以得到一个编码（从根点到此树叶的路上每条弧上的记号依次排列起来），所有叶子上的编码组成一套编码。这套编码表达的信息可以有很多应用。例如，英文 26 个字母出现的几率是不一样的，有的字母出现的概率大，如 e 或 t 等，有的字母出现的概率小，如 z 或 q 等，每个字母用二元树的树叶编码来表示。在编码时要求常见的字母码的长度短一些，那么该如何设计最佳的编码呢？一种最佳的编码标准是使得下面码长的数学期望 $L=\sum_{i=1}^{26} p_i l_i$ 达到最小，其中，l_i 是第 i 个字母的码的长度，p_i 是第 i 个字母出现的几率。一组编码可对应一颗二元树，它的叶子点 v_i 赋权为第 i 个字母出现的几率 p_i，从根到点 v_i 的路径长度（树上每条弧的权重都是 1）为 l_i。因此设计最佳编码问题可归结为找一颗二元树 T，使得权重 $m(T)=\sum_i p_i l_i$ 取最小。其中 $\sum_i$ 是对所有的叶求和。这种权重最小的二元树称为最佳二元树，又叫 **Huffman 树**。Huffman 树有一些特殊的性质，可以根据这些性质得到求解 Huffman 树的算法。

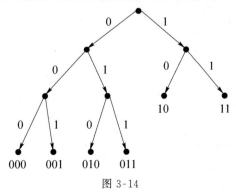

图 3-14

习题 3-4

1. 用 Kruskal 算法解决带约束的连线问题：用最小费用建立一个能连接若干个城市的赋权有向图 D，但某些特定的城市之间要求有直通的线路相连。

2. 连通图 G 的树图是这样的一个图：其顶点集是图 G 的全体生成树 $\{T_1, T_2, \cdots, T_\tau\}$，树 T_i 与树 T_j 直接有边的充分必要条件是树 T_i 与树中 T_j 恰有 $\upsilon - 2$ 条公共边。证明：任何连通图的树图是连通的。

3. 证明：在任意两棵最优树中，具有相同权重的边数相等。

4. 在无向图的所有支撑树中，边上的权重最大者与最小者之差最小的一棵支撑树称为**平衡树**，请尝试设计一个计算无向图的平衡树的算法，并分析算法的计算复杂度。

5. 在无向无权图的所有支撑树中，使得指定节点的度数为 k 的支撑树称为 k **度限制树**，请尝试设计一个计算无向无权图的 k 度限制树的算法，并分析算法的计算复杂度。

6. 将无向赋权图的所有支撑树按照权重非降的顺序排列，称处于第 k 个位置的支撑树为**第 k 个支撑树**，请尝试设计一个计算无向赋权图的第 2 个支撑树的算法，并分析算法的计算复杂度。

7. 在无向赋权图中，如果去掉一条边后，最小树的权重严格增加了，则称被去掉的边为**活跃边**，去掉后，最小树的权重增加最多的一条边称为**最活跃边**，请尝试设计一个计算无向赋权图的最活跃边的算法，并分析算法的计算复杂度。

8. 最小树的敏感性分析：设计一个算法，对无向赋权图的边计算一个区间，使得当权重在该区间内变化时，最小树不变，并分析算法的计算复杂度。

9. 设计一个算法（可以考虑在朱-刘算法的基础上适当改变），计算以指定顶点作为根的最小树形图。

第 4 章　匹配与覆盖

匹配是图论中的重要概念之一,匹配问题通常用婚配的形式来描述,在理论和实践中都有着广泛的应用。匹配和覆盖有着非常密切的关系,类似地,独立集和团也有着非常密切的关系,也在理论和实践中有着广泛的应用。本章主要介绍这 4 个概念及它们之间的关系,重点是匹配。如无特殊说明,本章中涉及的图都只考虑无向简单图。

4.1　匹　　配

如果图 G 的一个边子集 M 中,每条边的两个端点不同(即每条边为一条棱),且任意两条边都互不相邻(即任意两条边都没有公共端点),则称边子集 M 为图 G 的一个**匹配**(matching)。如果边 $uv \in M$,则称点 u 与点 v 在 M 下**相匹配**,也称 M **饱和**(saturated)点 u 与点 v,或称点 u 与点 v 为 M-**饱和的**(M-saturated);如果一个点 w 相关联的所有的边都不属于一个匹配 M,则称点 w 为 M-**不饱和的**(M-unsaturated)。显然,图 G 的一个匹配 M 的任意子集仍然是图 G 的匹配。

如果图 G 的每个顶点都被一个**匹配** M 所饱和,则称 M 为图 G 的**完美匹配**(perfect matching)。显然,如果图 G 有完美匹配 M,则图 G 的顶点数一定是偶数,且边导出子图 $G[M]$ 是图 G 的 1-正则生成子图,称为图 G 的 **1-因子**(1-factor)。当然,顶点数为偶数的图也可能没有完美匹配,如图 4-1 所示。

对于图 G 的一个匹配 M,如果图 G 的任意匹配 M',都有 $|M'| \leqslant |M|$,则称 M 为图 G 的**最大匹配**(maximum matching)。任何一个图都会有最大匹配。如果图 G 有完美匹配 M,则 M 当然是图 G 的最大匹配;当图 G 的最大匹配 M 不是图 G 的完美匹配时,图 G 中 M-不饱和的顶点集合是一个非空独立集。

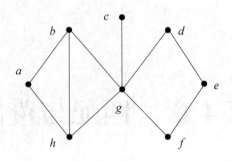

图 4-1

对于图 G 的一个匹配 M，P 是图 G 中的一条路，如果路 P 的边交替的属于 M 及 $E(G)\backslash M$，则称路 P 为图 G 的 M-**交错路**(M-alternating path)。设路 P 是图 G 的 M-交错路，如果路 P 的起点与终点都是 M-不饱和的，则称路 P 为图 G 中的 M-**可扩路**(M-augmenting path)。

例 4-1 设图 4-1 所示的图为 G，则边集 $M_1=\{ab,gh,ef\}$，$M_2=\{cg,de\}$，$M_3=\{ab\}$，$M_4=\varnothing$ 都是图 G 的匹配。c,g,d,e 4 个顶点为 M_2-饱和的，a,b,h,f 4 个顶点为 M_2-非饱和的；a,b,h,g,e,f 6 个顶点为 M_1-饱和的，c,d 两个顶点为 M_1-非饱和的；路 $abhgfed$ 是 M_1-交错路，但不是 M_2-交错路；路 $habg$ 是 M_3-交错路，也是 M_3-可扩路；路 ab 是 M_2-交错路；但容易验证，图 G 没有 M_1-可扩路(没有以 c,d 两点作为端点的 M_1-交错路)；也可以验证图 G 没有完美匹配(从饱和 c 点的匹配开始找，最多只能找出 3 条边的匹配)，所以 M_1 是图 G 的最大匹配，当然，$M=\{cg,bh,ef\}$ 也是图 G 的最大匹配。$\{c,d\}$ 或 $\{a,d\}$ 都是独立集。

对任意图 G 的任意匹配 M，如果路 P 是图 G 的 M-可扩路，显然路 P 上的边数是奇数，而且路 P 上的第一条边和最后一条边都不属于 M，如果在路 P 上交换 M 与非 M 边(将非 M 边改为 M 边，同时将 M 边改为非 M 边)，不在路 P 上的 M 中的边不变，即可得到图 G 的一个新的匹配，而且边数比 M 中的边数多 1。例如，对图 4-1 所示的图 G，对 $M=\{hg,fe\}$，路 $ahgd$ 是 M-可扩路，交换路 P 上的 M 边与非 M 边，得到新的匹配 $M'=\{ah,gd,fe\}$；或路 $ahgfed$ 也是 M-可扩路，交换 P 上的 M 边与非 M 边，得到新的匹配 $M''=\{ah,gf,ed\}$。而 M' 或 M'' 都是图 4-1 所示的图 G 的最大匹配(M 当然不是图 G 的最大匹配)，所以没有 M'-可扩路或 M''-可扩路。下面的定理 4-1 证实了这个结论。

定理 4-1(Berge，1957) M 为图 G 的最大匹配的充分必要条件是图 G 中不存在 M-可扩路。

证明：必要性。反证法。假设图 G 有 M-可扩路 P，则

$$M' = M \triangle E(P) = (M \cup E(P)) \backslash (M \cap E(P))$$

也是 G 的匹配，且 $|M'| = |M| + 1$，这与 M 为图 G 的最大匹配相矛盾。

充分性。反证法。假设 M 不是图 G 的最大匹配，取图 G 中任意一个最大匹配 M^*。令 $H = G[M \triangle M^*]$，显然，对 $\forall v \in V(H)$，都有 $d_H(v) = 1$ 或 $d_H(v) = 2$。因此，H 的每个分支都是一个圈或一条路，而且是由 M 及 M^* 的边交错组成。但 $|M^*| > |M|$，所以 H 中一定有一个分支是一条路 P，且其起点与终点都是 M^*-饱和的。从而路 P 是图 G 中的 M-可扩路，矛盾。

证毕

例 4-2 考虑两个人在图 G 上的游戏。两个人交替地选取不同的顶点 $v_1, v_2, \cdots$，使对每个 $i > 1$，都有点 v_i 与点 v_{i-1} 相邻。最后一个顶点的选择者获胜。证明：第一个选点人有获胜策略的充分必要条件是图 G 没有完美匹配。

证明：必要性。反证法，假设图 G 有完美匹配 M，注意到 M 饱和图 G 的每个顶点。第一人取了点 v_1 后，第二人取饱和 v_1 的 M 边的另一个端点为点 v_2；第一人取了点 v_3 后（如第一人选不了点，则直接就输了），第二人取饱和 v_3 的 M 边的另一个端点为点 v_4，如此进行下去，由于图 G 有完美匹配，所以第二人总能选到顶点，但图 G 点数是有限的，故第一人要么在某次选不了点，直接输掉，要么在第二人选完最后一顶点后无点可选。所以第一人一定会输。

充分性。任取图 G 的最大匹配 M。由于图 G 没有完美匹配，所以 M 不是完美匹配，所以图 G 中存在 M-不饱和顶点，又由定理 4-1 可知，图 G 中没有 M-可扩路。由此，可以得到第一人的得胜策略：游戏开始，第一人选取图 G 中的 M-不饱和顶点为 v_1，如果 v_1 为孤立点，则第二人直接输；否则，第二人选的顶点 v_2，一定与点 v_1 相邻，而且为 M-饱和的（否则，就找到了 M-可扩路 $v_1 v_2$，矛盾），这时，第一人就可以选取饱和 v_2 的 M 边的另一个端点为点 v_3。如果这时点 v_3 没有未曾取过的相邻顶点，则第二人输；否则，第二人选的顶点 v_4，一定与点 v_3 相邻，而且为 M-饱和的（否则，就找到了 M-可扩路 $v_1 v_2 v_3 v_4$，矛盾），接着，第一人继续选取饱和 v_4 的 M 边的另一个端点为点 v_5，如此进行下去，一定是第二人到某一步时选不到顶点而输（因为只要第二人能选到顶点，第一人也一定能选取到顶点，图 G 点数是有限的）。

证毕

那么，如何判断一个图是否有完美匹配呢（当然只需要考虑有偶数个顶点的图）？如何找到完美匹配呢？又如何找到一个图的最大匹配呢？一般来说，对任意图，寻找完美匹配或最大匹配是比较困难的，但是对于偶图或一些特殊的图，有一些巧妙的方法能够解决完美匹配或最大匹配的问题。

习题 4-1

1. 证明:每个 k-方体都有完美匹配($k \geq 3$)。

2. 证明:一棵树中最多只有一个完美匹配。

3. 对每个 $k > 1$,找出一个无完美匹配的 k-正则简单图的例子。

4. 求 K_{2n} 与 $K_{n,n}$ 中不同的完美匹配的个数。

5. 图 G 的 k-正则生成子图称为图 G 的 k-因子。若图 G 中存在边不重的 k-因子 $H_1, H_2, \cdots, H_n$,使得 $G = H_1 \cup H_2 \cup \cdots \cup H_n$,则称图 G 为 k-**可因子分解的**。

(1) 证明:$K_{n,n}$ 与 K_{2n} 是 1-可因子分解的;Peterson 图(如题图 1-2 所示)不是 1-可因子分解的。

(2) 下面的题图 4-1 的 4 个图中哪些图有 2-因子?

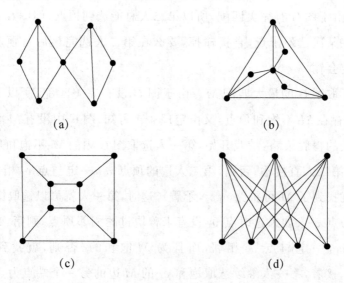

$$(a) \qquad\qquad (b)$$

$$(c) \qquad\qquad (d)$$

题图 4-1

(3) 用 Dirac 定理(在 5.3 节中,推论 5-2)证明:若 G 是简单图,$v(\geq 4)$ 是偶数,且 $\delta \geq 1 + \dfrac{v}{2}$,则图 G 有 3-因子。

6. 证明:K_{2n+1} 可表示为 n 个连通的 2-因子的并(连通的 2-因子是 Hamilton 圈)。

4.2　独立集、团、覆盖和匹配及其之间的关系

独立集（independent set）：图 G 的顶点子集 $V'(V' \subseteq V(G))$ 中任意两个顶点在图 G 中都互不相邻，则称 V' 为图 G 的独立集。显然，如果 V' 为图 G 的独立集，则其导出子图 $G[V']$ 为空图。

团（clique）：图 G 的顶点子集 $S(S \subseteq V(G))$ 中任意两个顶点在图 G 中都相邻，则称 S 为图 G 的团。如果 S 为图 G 的团，则其导出子图 $G[S]$ 为完全图。

覆盖（covering）：图 G 的顶点子集 $K(K \subseteq V(G))$，如果图 G 的每条边中至少有一个端点在 K 中，则称 K 为图 G 的覆盖。如果 K 为图 G 的覆盖，则其导出子图 $G[V \backslash K]$ 为空图或 $V \backslash K$ 为独立集。

对于任意图 G，顶点数最多的独立集称作**最大独立集**（maximum independent set）；图 G 的最大独立集的顶点个数称为图 G 的**独立数**（independent number），记作 $\alpha(G)$；顶点数最少的覆盖称作**最小覆盖**（minimum covering set）；图 G 的最小覆盖的顶点个数称为图 G 的**覆盖数**（covering number），记作 $\beta(G)$。

定理 4-2　S 为图 G 的团的充分必要条件是 S 为图 $\overline{G}$（图 G 的补图，也记作 G^c）的独立集。

证明： 显然。

证毕

定理 4-3　S 为图 G 的覆盖的充分必要条件是 $V \backslash S$ 为图 G 的独立集。

证明： S 为覆盖 $\Leftrightarrow G$ 的每边至少有一端在 S 中。

$\qquad\qquad\quad \Leftrightarrow$ 不存在两个端点全在 $V \backslash S$ 中的边。

$\qquad\qquad\quad \Leftrightarrow V \backslash S$ 为 G 的独立集。

证毕

推论 4-1　对任意图 G，$\alpha + \beta = \upsilon$，其中，$\alpha$ 为 G 的独立数，β 为 G 的覆盖数，υ 为 G 的顶点数。

证明： 设 S 为图 G 的最大独立集，则 $V \backslash S$ 为其覆盖，因此 $\beta \leqslant |V \backslash S| = \upsilon - \alpha$；又设 K 为 G 的最小覆盖，则 $V \backslash K$ 为其独立集，因此 $\alpha \geqslant |V \backslash K| = \upsilon - \beta$。

因此 $\alpha + \beta = \upsilon$。

证毕

注： 由上述证明可知 S 为图 G 的最大独立集 $\Leftrightarrow V \backslash S$ 为 G 的最小覆盖。

关于图 G 中任意一个覆盖 K 及任意一个匹配 M,由覆盖定义,M 中每条边至少有一端属于 K,且匹配 M 中任意两条边无公共顶点,因此 $|M| \leqslant |K|$。特别地,对图 G 的最大匹配 M^* 及最小覆盖 $\widetilde{K}$ 仍有 $|M^*| \leqslant |\widetilde{K}|$。

引理 4-1 设 M 与 $\widetilde{K}$ 分别为图 G 中的匹配与覆盖,如果 $|M| = |\widetilde{K}|$,则 M 为图 G 的最大匹配,$\widetilde{K}$ 为图 G 的最小覆盖。

证明:由 $|M| \leqslant |M^*| \leqslant |\widetilde{K}| \leqslant |K|$ 即得,其中 M 为 G 的任意匹配,K 为 G 的任意覆盖。

证毕

习题 4-2

1. 分别对题图 4-2 中的 4 个图求出最大独立集、最大团(点数最多的团)、最小覆盖、最大匹配。

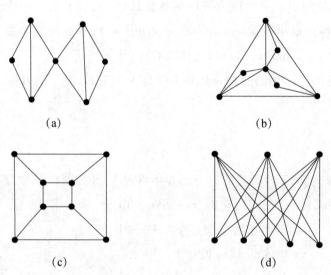

(a)　　　　　　　(b)

(c)　　　　　　　(d)

题图 4-2

4.3 偶图的匹配和覆盖

1935 年 Philip Hall 在他证明的婚姻定理中,回答了这样的婚配问题:假设有 n 个

男孩和 $m(n \leqslant m)$ 个女孩,每个男孩认识一些女孩,问在什么条件下,每个男孩都能娶到一个他认识的女孩?

这个问题可以用一个偶图 $G=(X,Y;E)$ 来表示,其中,X 和 Y 分别对应于男孩和女孩的集合,每条边将一个男孩连接到他认识的一个女孩。问题变成:偶图 G 应满足什么条件才能有一个饱和 X 中每个顶点的匹配?(这种偶图中满足饱和 X 中每个顶点的匹配也称为**从 X 到 Y 的完全匹配**(complete matching from X to Y)。) 显然,为了使每个男孩都能娶到一个他认识的女孩,其必要条件是:其中任意 k 个男孩,$1 \leqslant k \leqslant n$,都至少要认识 k 个女孩。但初看起来,令人惊奇的是,这个必要条件竟然也是充分条件! 这就是下面的 Hall 定理。其中,$N(S)$ 表示 S 的**邻集**(neighbour set)($S \subseteq V$):图 G 中所有与 S 中顶点相邻接的顶点集合。值得提醒的是,一般而言,$N(S)$ 也可能包含 S 中的顶点。

定理 4-4(Hall,1935)　在偶图 $G=(X,Y;E)$ 中包含使 X 中每个顶点都饱和的匹配的充分必要条件是:对任意的 $S \subseteq X$,都有 $|N(S)| \geqslant |S|$。

证明:必要性显然。

充分性。用反证法,假设存在偶图 G,它满足条件:对任意的 $S \subseteq X$,都有 $|N(S)| \geqslant |S|$。但是图 G 中不包含使 X 中每个顶点都饱和的匹配。令 M^* 为图 G 的最大匹配,点 u 为 X 中 M^* 不饱和的顶点。记

$$Z = \{v | \exists M^* - \text{交错}(u,v) - \text{路}\}。$$

由于 M^* 为最大匹配,由定理 4-1,u 为 Z 中唯一 M^*-不饱和顶点。令

$$S = Z \cap X, \quad T = Z \cap Y,$$

则,任意顶点 $w \in T$,$\exists M^*$-交错(u,w)-路 P,而且路 P 上所有顶点都属于 Z。设路 P 上 w 点前面的顶点为 w_1(w_1 也可能是点 u),$w_1 \in S$,所以 $w \in N(S)$。

另外,任意顶点 $w \in N(S)$,则点 w 与 S 中某顶点 w_1 相邻,如果 $w_1 = u$,则点 w 一定是 M^*-饱和顶点(否则,$w_1 w$,也就是 uw,就是 M^*-可扩路,与定理 4-1 矛盾),设点 w_2($w_2 \neq u$)与点 w 在 M^* 下相匹配,则 uww_2 就是一条 M^*-交错(u,w_2)-路,所以 $w \in T$;如果 $w_1 \neq u$,则 $\exists M^*$-交错(u,w_1)-路 Q,Q 的长度是偶数,而且最后一条边(设为 $t_1 w_1$)属于 M^*,所以 Qw 也是一条 M^*-交错(u,w)-路,所以仍然有 $w \in T$。总之,任意顶点 $w \in N(S)$,都有 $w \in T$。

所以 $T = N(S)$。

另外,从前面的叙述中注意到 $S \backslash \{u\}$ 与 T 的顶点在 M^* 下相匹配,所以 $|T| = |S| - 1$。所以可得

$$|N(S)| = |T| = |S| - 1 < |S|。$$

这与"对任意的 $S \subseteq X$,都有 $|N(S)| \geqslant |S|$"条件矛盾。

证毕

补充：定理 4-4 之另证法（Halmos, Vaughan）。

证明：对 $|X|$ 进行归纳。当 $|X|=1$ 时，结论显然成立。假设当 $|X|<n(n \geqslant 2)$ 时结论都成立，证当 $|X|=n$ 时也成立。设偶图 $G=(X(G), Y(G); E)$ 满足 $|X(G)|=n$。

如果满足对 $\forall S \subset X(G)$，都有 $|N(S)| \geqslant |S|+1$，则任取一条边 $e=xy$，其中，$x \in X(G), y \in Y(G)$。令 $H=G-\{x, y\}$，易知 H 满足条件：对任意的 $S \subseteq X(H)$ $(=X(G)-\{x\})$，都有 $|N(S)| \geqslant |S|$。而 $|X(H)|=n-1$，由归纳假设可知，H 中有一匹配 M' 饱和 $X(H)(=X(G)-\{x\})$ 中每一个顶点，从而图 G 中有一匹配 $M=M' \cup \{e\}$ 饱和 $X(G)$ 中每一个顶点。

如果 $\exists S_0 \subset X(G)$，使得 $|N_G(S_0)|=|S_0|$。由归纳假设可知，存在匹配 M_0 饱和 S_0 中每一个顶点〔考虑对 $G[S_0 \cup N(S_0)]$ 用归纳法〕。令 $H=G-S_0 \cup N(S_0)$，则 H 满足条件：对任意的 $S \subseteq X(H)$，都有 $|N(S)| \geqslant |S|$（因为原图 G 满足条件：对任意的 $S \subseteq X(H)$，都有 $|N(S)| \geqslant |S|$）。因此 H 中有一匹配 M' 饱和 $X(H)(=X(G)-S_0)$ 中每一个顶点，从而图 G 中有一匹配 $M=M' \cup M_0$ 饱和 $X(G)$ 中每一个顶点。

证毕

定理 4-5 设 d 为非负整数，则对于偶图 $G=(X, Y; E)$ 有：图 G 中存在边数为 $|X|-d$ 的匹配的充分必要条件是：对任意的 $S \subseteq X$，都有 $|N(S)| \geqslant |S|-d$。

证明：在 Y 中增加 d 个顶点，并把他们分别都连接到 X 中的每个顶点，记所得图为 H。易知：

$$G \text{ 中存在边数为 } |X|-d \text{ 的匹配}。$$

$$\Leftrightarrow H \text{ 中存在饱和 } X(G) \text{ 中每一个顶点的匹配}。$$

$$\Leftrightarrow \text{对任意的 } S \subseteq X，\text{都有 } |N_H(S)| \geqslant |S|。（\text{定理 4-4}）$$

$$\Leftrightarrow \text{对任意的 } S \subseteq X，\text{都有 } |N_G(S)| \geqslant |S|-d。$$

$$（\text{因为 } |N_H(S)|=|N_G(S)|+d。）$$

证毕

对于偶图 $G=(X, Y; E)$，令 $d^*=\max\limits_{S \subseteq X}\{|S|-|N(S)|\}$，由定理 4-5 可知，图 G 中存在边数为 $|X|-d$ 的匹配的充分必要条件是 $d \geqslant d^*$。因此设图 G 的最大匹配为 M^*，易知 $|M^*|=\min\limits_{S \subseteq X}\{|N(S)|+|X \backslash S|\}$。

推论 4-2 婚姻定理（marriage theorem） 每个 k-正则（$k>0$）偶图 G 都有完美匹配。

证明：设 $G=(X, Y; E)$，则 $k|X|=|E|=k|Y|$，所以 $|X|=|Y|$。

又：对任意的 $S \subseteq X$，令 E_1 和 E_2 分别为与 S 和 $N(S)$ 相关联的边集。易知：$E_1 \subseteq$

E_2,所以 $k|S|=|E_1|\leqslant|E_2|=k|N(S)|$,所以 $|S|\leqslant|N(S)|$。即,对任意的 $S\subseteq X$,都有 $|N(S)|\geqslant|S|$。由定理 4-4 可知,图 G 中有使 X 中每个顶点都饱和的匹配 M^*,它也是图 G 的完美匹配。

证毕

定理 4-6(Konig,1931)　设 $M^*,\widetilde{K}$ 分别为偶图 G 的最大匹配和最小覆盖,则:$|M^*|=|\widetilde{K}|$。

证明:设 $G=(X,Y;E)$,记

$$U=\{u\in X\mid u\text{ 为 }M^*\text{-不饱和的}\},$$
$$Z=\{v\in V\mid \exists M^*\text{-交错}(u,v)\text{-路},u\in U\},$$
$$S=Z\cap X,\quad T=Z\cap Y。$$

与定理 4-4 的证明类似,有:T 中每个顶点都是 M^*-饱和的;T 与 $S\backslash U$ 中顶点在 M^* 下相匹配;$N(S)=T$。

记 $\widetilde{K}=(X\backslash S)\cup T$,易知,图 G 中每条边至少有一端在 $\widetilde{K}$ 中,即 $\widetilde{K}$ 为图 G 的覆盖(不然,图 G 中就有一条边其两端分别在 S 与 $Y\backslash T$ 中,这与 $N(S)=T$ 相矛盾)。

又,显然,$|M^*|=|\widetilde{K}|$,由引理 4-1 可知,$\widetilde{K}$ 为最小覆盖。

证毕

补充:定理 4-6 之另证法。

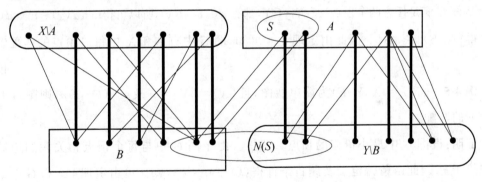

图 4-2

证明:令 $\widetilde{K}=A\cup B$ 为 G 的最小覆盖,其中,$A\subseteq X,B\subseteq Y$。参考图 4-2。由覆盖的定义易知:对任意的 $S\subseteq A$,都有 $|N(S)\cap(Y\backslash B)|\geqslant|S|$。〔这是因为 $(A\backslash S)\cup(N(S)\cup B)$ 也是图 G 的覆盖,再由 $\widetilde{K}$ 为最小覆盖即得。〕也就是说 2-划分为 $(A,Y\backslash B)$ 的图 G 的子偶图 G_1 满足 Hall 定理条件,从而图 G_1 中有饱和 A 中每个点的匹配 M_1。同理,2-划分为 $(B,X\backslash A)$ 的 G 的子偶图 G_2 也有饱和 B 中每个点的匹配 M_2。显然 $M_1\cup M_2$ 是图 G 的匹配,且 $|M_1\cup M_2|=|A\cup B|=|\widetilde{K}|$,因此由引理 4-1 可知。

证毕

例 4-3 证明:一个 6×6 方格棋盘去掉其对角上的两个 1×1 方格之后,不可能用 1×2 长方格恰好遮盖住;但是如果去掉同一行(或同一列)的角上的两个 1×1 方格之后就可以用 1×2 长方格恰好遮盖住。

证明: 作一个图 G 以 1×1 方格为顶点,两个顶点相邻当且仅当对应的两个 1×1 方格有公共边。则图 G 是一个偶图,顶点个数为 $36 - 2 = 34$,顶点 2-划分 (X, Y) 满足 $|X| = 18$, $|Y| = 16$。

问题等价于:是否存在一些边把图 G 的每个顶点恰好盖住,即图 G 中是否存在完美匹配? 但偶图 G 中 2-划分的顶点数 $|X| \neq |Y|$,这是不可能的。

易知:原问题中如果去掉同一行(或同一列)的角上的两个 1×1 方格之后可以用 1×2 长方格恰好遮盖住。

证毕

例 4-4 证明:在简单偶图 $G = (X, Y; E)$ 中,若对任意两个顶点 $x \in X$, $y \in Y$,都有 $d(x) \geqslant d(y)$,则图 G 中有一匹配饱和 X 中每一个顶点。

证明: 对图 G 的任意 $S \subseteq X$,记 E_1 为 G 中与 S 相关联的边集,E_2 为 G 中与 $N(S)$ 相关联的边集,显然可得

$$|S| \min_{x \in X} d(x) \leqslant \sum_{x \in S} d(x) = |E_1| \leqslant |E_2| = \sum_{y \in N(S)} d(x) \leqslant |N(S)| \max_{y \in Y} d(y)。$$

又,因为图 G 满足任意两个顶点 $x \in X$, $y \in Y$,都有 $d(x) \geqslant d(y)$,所以可得 $\min\limits_{x \in X} d(x) \geqslant \max\limits_{y \in Y} d(y)$,所以得 $|N(S)| \geqslant |S|$。因此由定理 4-4 可知,图 G 中有饱和 X 中每一顶点的匹配。

证毕

例 4-5 若 $G = (X, Y; E)$ 为简单偶图,且 $|X| = |Y| = n$ 及 $\varepsilon > (k-1)n$,则图 G 有边数为 k 的匹配。

证明: 设图 G 中最小覆盖的顶点数为 p。由于图 G 中与每个顶点相关联的边数小于或等于 n,因此由覆盖定义及题目条件得 $(k-1)n < \varepsilon \leqslant pn$。再由定理 4-6 得 G 中最大匹配边数为 $p \geqslant k$。

证毕

例 4-6 矩阵的一行或一列统称为一条线。证明:一个 $(0,1)$-矩阵中,包含所有 1 元素的线的最小条数等于既不同行又不同列的 1 元素的最大个数。

证明: 对任意一个 m 行 n 列的 $(0,1)$-矩阵 $\boldsymbol{M} = [m_{ij}]_{m \times n}$,作一个偶图 $G = (X, Y; E)$,其中,$X = \{x_1, x_2, \cdots, x_m\}$,$Y = \{y_1, y_2, \cdots, y_n\}$(即 x_i 对应于 $\boldsymbol{M}$ 的第 i 行,y_j 对应于 $\boldsymbol{M}$ 的第 j 列),且对任意的 i 与 j,x_i 与 y_j 连成一条边的充分必要条件是 $m_{ij} = 1$。则 M 中每个 1 元素恰只对应于图 G 的一条边;M 中不同行不同列的 1 元素的集合,对应于图 G 中

的一个匹配；M 中包含所有 1 元素的线的集合，对应于图 G 中的一个覆盖。故 M 中不同行不同列的 1 元素的最大个数，等于图 G 中最大匹配的边数（由定理 4-6 可知）；它也等于图 G 中最小覆盖的顶点数，即包含所有 1 元素的线的最小条数。

证毕

习题 4-3

1.（1）证明：偶图 G 有完美匹配的充分必要条件是对任意的 $S \subseteq V(G)$，都有 $|N(S)| \geqslant |S|$。

（2）举例说明：去掉偶图这个条件之后，（1）的结论不再成立。

2. 对于 $k > 0$，证明：（1）每个 k-正则偶图都是 1-可因子分解的；（2）每个 $2k$-正则图都是 2-可因子分解的。

3. 设 $A_1, A_2, \cdots, A_n$ 是某集合 S 的子集。子集族 $(A_1, A_2, \cdots, A_n)$ 的一个**相异代表系**（a system of distinct representatives）是指 S 的一个子集 $\{a_1, a_2, \cdots, a_n\}$ 满足：当 $1 \leqslant i \leqslant n$ 时，有 $a_i \in A_i$ 且当 $i \neq j$ 时，有 $a_i \neq a_j$。证明：$(A_1, A_2, \cdots, A_n)$ 有相异代表系的充分必要条件是对于 $\{1, 2, \cdots, n\}$ 的所有子集 J，都有 $\left| \bigcup_{i \in J} A_i \right| \geqslant |J|$。〔定理 4-4 的另一种表述。〕

4. 证明 Hall 定理的一个推广：偶图 $G = (X, Y; E)$ 的最大匹配 M^* 有
$$|M^*| = |X| - \max_{S \subseteq X} \{|S| - |N(S)|\} = \min_{S \subseteq X} \{|X \backslash S| + |N(S)|\}.$$

5. 由定理 4-6 推导定理 4-4。

6. 若非负实数矩阵 Q 的每行元素之和均为 1，每列元素之和也均为 1，则称 Q 为双随机矩阵。称一个矩阵为置换矩阵如果它是每行和每列均恰只有一个 1 元素的 $(0,1)$-矩阵（所以每个置换矩阵都是双随机的）。证明：（1）每个双随机矩阵一定是个方阵；（2）每个双随机矩阵 Q 都可表示为置换矩阵的凸线性组合，即
$$Q = c_1 P_1 + c_2 P_2 + \cdots + c_k P_k,$$

其中，每个 P_i 都是置换矩阵，每个 c_i 都是非负实数，且 $\sum_{i=1}^{k} c_i = 1$。

〔注：（1）与（2）无直接联系。〕

6. 设偶图 $G = (X, Y; E)$ 中，Y' 为匹配 M 在 Y 中的端点集，证明：存在图 G 的最大匹配 M^*，其端点集包含 Y'。

8. 设在简单偶图 $G=(X,Y;E)$ 中，X' 为 X 中所有度为 Δ 的顶点子集。证明：则图 G 中存在饱和 X' 中每个顶点的匹配。

9. 有 m 对夫妻，今将男女各随意分成 r 组 $(r\leqslant m)$。今欲从每组选一个代表，问该 $2r$ 个代表恰为 r 对夫妻的充分必要条件是什么？

10. 设 A 为 m 行 n 列的 $(0,1)$-矩阵，$m\leqslant n$。如果 A 的每行恰有 $k(\leqslant m)$ 个 1，每列有小于或等于 k 个 1，证明：$A=P_1+P_2+\cdots+P_k$，其中，每个 P_i 为 m 行 n 列的 $(0,1)$-矩阵，而且每行恰有一个 1，每列至多有一个 1。

11. 一个 $r\times n$ 矩阵 $A=[a_{ij}]$，$r\leqslant n$，称为**拉定矩形**。如果每个元素 $a_{ij}\in N=\{1,2,\cdots,n\}$ 且在每行每列中，每个整数 $k\in N$ 至多出现一次。试证：A 恒可延伸为一个 $n\times n$ 拉定方阵。〔提示：先证明 A 可延伸为 $(r+1)\times n$ 拉定矩阵。〕

4.4 完美匹配

1947 年，W. T. Tutte 得到了一般图 G 有完美匹配（即 1-因子）的充分必要条件，他的结果应该说很出人意外。图 G 的顶点数为奇数的分支，称为 G 的**奇分支**（odd component）；类似地，图 G 的顶点数为偶数的分支，称为图 G 的**偶分支**（even component）。记 $o(G)$ 为图 G 中奇分支的个数。

定理 4-7（Tutte，1947） 图 G 有完美匹配的充分必要条件是：对任意的 $S\subset V$，都有 $o(G-S)\leqslant|S|$。

证明：（Lavász 证法）只要对简单图情形加以证明即可。

必要性。设图 G 有完美匹配 M。对任意的 $S\subset V$，令 $G_1,G_2,\cdots,G_n$ 为 $G-S$ 中的奇分支。因为每个 G_i 的顶点数都是奇数，所以每个 G_i 中至少有一顶点 u_i 与 S 中一顶点 v_i 在 M 下相匹配（如图 4-3 所示）。从而 $o(G-S)=n=|\{v_1,v_1,\cdots,v_n\}|\leqslant|S|$。

充分性。反证法。假设存在图 G 满足条件"对任意的 $S\subset V$，都有 $o(G-S)\leqslant|S|$"，但不含完美匹配。令图 G^* 为图 G 的不含完美匹配的极大生成母图。由于 $G-S$ 是 G^*-S 的生成子图，所以对任意的 $S\subset V$，$o(G^*-S)\leqslant o(G-S)\leqslant|S|$，即图 G^* 满足条件"对任意的 $S\subset V$，都有 $o(G^*-S)\leqslant|S|$"，又，如果令 $S=\varnothing$ 得 $o(G^*)=0$，因此 $\upsilon(G^*)=\upsilon(G)$ 为偶数。令 $U=\{v\in V|d_{G^*}(v)=\upsilon-1\}$，因图 G 没有完全匹配，所以 $U\neq V$。

下面先证明：G^*-U 是一些完全图的**不相交的并**。

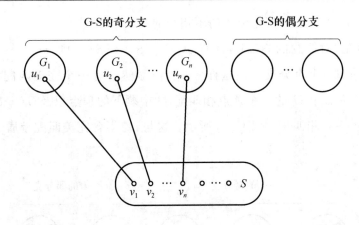

图 4-3

反证法。假设 $G^* - U$ 有一个分支不是完全图,则此分支中一定存在 3 个顶点 x, y, z 使得 $xy \in E(G^*)$, $yz \in E(G^*)$ 和 $xz \notin E(G^*)$(习题 1-4 第 8 题)。又,因为 $y \notin U$, 所以一定存在 $w \in V(G^* - U)$ 使 $yw \notin E(G^*)$。

由于图 G^* 是不包含完美匹配的极大图,所以对于所有的 $e \notin E(G^*)$,$G^* + e$ 都有完美匹配。设 M_1 和 M_2 分别是 $G^* + xz$ 和 $G^* + yw$ 的完美匹配,并且用 H 表示由 $M_1 \triangle M_2$ 导出的 $G^* \cup \{xz, yw\}$ 的边导出子图,由于图 H 的每个顶点的度数均为 2,所以图 H 是一些圈的不相交并图。进而,这些圈上的边是由 M_1 和 M_2 的边是交错组成的,所以这些圈都是偶圈。下面分两种情况讨论。

情况 1　xz 与 yw 不在图 H 的同一个圈中,如图 4-4 (a)所示,如果 yw 在图 H 的圈 C 中,则 C 中所有 M_1 的边及 C 外所有 M_2 的边一起构成图 G^* 的一个完美匹配,矛盾。

情况 2　xz 与 yw 同在图 H 的某一个圈 C 中,如图 4-4(b)所示,由于 x 和 z 的对称性,不妨设 x, y, w, z 依次出现于 C 上,如图 4-4(b)所示。这时,C 的 $yw \cdots z$ 节中的所有 M_1 边,连同边 yz,以及不在 $yw \cdots z$ 节中的所有 M_2 边,一起组成 G^* 的一个完美匹配,矛盾。

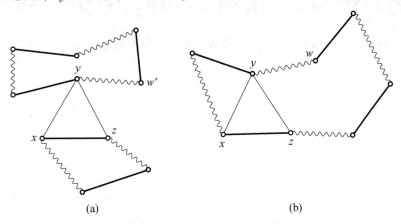

(a)　　　　　　　　　　(b)

M_1—粗线;　M_2—波浪线。

图 4-4

由此可知,$G^* - U$ 是一些完全图的不相交的并。

由于 G^* 满足"对任意的 $S \subset V$,都有 $o(G^* - S) \leqslant |S|$",则:$o(G^* - U) \leqslant |U|$,即 $G^* - U$ 中至多有 $|U|$ 个奇分支。但这样一来,G^* 显然会有一个完美匹配:$G^* - U$ 的各奇分支中的一个顶点和 U 的一个顶点相匹配,U 中剩下的顶点以及 $G^* - U$ 的各奇分支中剩下的顶点也各自相匹配,如图 4-5 所示。这与 G^* 不含完美匹配矛盾。

证毕

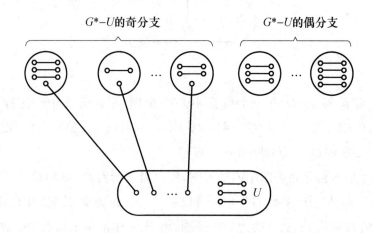

图 4-5

注:定理 4-7 虽然是一个充分必要条件,但是条件"任意的 $S \subset V$,都有 $o(G - S) \leqslant |S|$"的验证是指数次方级别的,所以并不是一个多项式时间的方法。

推论 4-3 (Peterson,1891) 每一个不含割边的 3-正则图都有一个完美匹配。

证明:设图 G 是没有割边的 3-正则图,对任意的 $S \subset V$,令 $G_1, G_2, \cdots, G_n$ 为 $G - S$ 中的所有奇分支。记 m_i 为一个端点在 G_i 中而另一端在 S 中的边的条数。由于图 G 是 3-正则图,所以 $\sum\limits_{v \in V(G_i)} d(v) = 3v(G_i)$,对 $1 \leqslant i \leqslant n$ 都成立;且 $\sum\limits_{v \in S} d(v) = 3|S|$。所以 $m_i = \sum\limits_{v \in V(G_i)} d(v) - 2\varepsilon(G_i) = 3v(G_i) - 2\varepsilon(G_i)$ 是奇数,又图 G 中无割边,因此 $m_i \geqslant 3$,对 $1 \leqslant i \leqslant n$ 都成立。从而可得对任意的 $S \subset V$,

$$o(G - S) = n \leqslant \frac{1}{3} \sum_{i=1}^{n} m_i \leqslant \frac{1}{3} \sum_{v \in S} d(v) = |S|。$$

故由定理 4-7 可知图 G 有完美匹配。

证毕

注:推论 4-3 是一个充分条件,不是必要条件。如果一个图不满足推论 4-3 的条件,仍有可能有完美匹配。另,推论 4-3 的条件容易验证。

例 4-7 容易验证,图 4-6 中(a)~(d)都满足定理 4-7 的条件,因此都有完美匹配。

而图 4-6(e)和图 4-6(f)不满足定理 4-7 的条件,所以没有完美匹配;其中图 4-6(a)和图 4-6(b)也满足推论 4-3 的条件;图 4-6(c)、图 4-6(d)、图 4-6(e)都有割边,都不满足推论 4-3 的条件,但图 4-6(c)和图 4-6(d)有完美匹配,图 4-6(e)没有完美匹配。

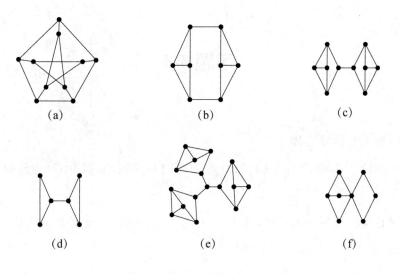

图 4-6

引理 4-2　(Bollobas,1979)对任意一个简单图 G 及非负整数 d,则图 G 中存在匹配 M,使 M-不饱和的顶点数小于或等于 d 的充分必要条件是:对任意的 $S \subset V$,都有 $o(G-S) \leqslant |S| + d$。

证明:注意到,图 G 中 M-不饱和的顶点数,及 $o(G-S) - |S|$,都和 $v(G)$ 有相同的奇偶性,因此不妨设 d 为与 $v(G)$ 有相同奇偶性的非负整数。往图 G 中加上由 d 个新顶点组成的顶点集 W,再将 W 中每一个顶点与 $W \cup V$ 中其他每个顶点都用新边连接起来,得到图 H。容易看出。

图 G 中存在匹配 M,使 M-不饱和的顶点数小于或等于 d。

$\Leftrightarrow H$ 中有完美匹配。

$\Leftrightarrow o(H-S') \leqslant |S'|$, $\forall S' \subset V \cup W$。

$\Leftrightarrow o(G-S) \leqslant |S| + d$, $\forall S \subset V$。

〔当 S' 不包含 W 中所有顶点时,$H-S'$ 连通,从而有 $o(H-S') \leqslant 1$。〕

证毕

令 $\alpha = \max\limits_{S \subset V} \{o(G-S) - |S|\}$,引理 4-2(Bollobas,1979)可改写为:G 中存在匹配 M,使 M-不饱和的顶点数小于或等于 d 的充分必要条件是 $\alpha \leqslant d$。

因此,对图 G 中最大匹配,设为 M^*,有:图 G 中 M^*-不饱和的顶点数等于 α。

从而有以下推论。

推论 4-4(C. Berge)　在任意简单图 G 中,令 $\alpha=\max\limits_{S\subset V}\{o(G-S)-|S|\}$,则最大匹配 M^* 满足 $|M^*|=\dfrac{v-\alpha}{2}$。

习题 4-4

1. 用定理 4-7 推导定理 4-4。

2. 推导推论 4-3:若图 G 是 $(k-1)$-边连通的 k-正则图,且 $v(G)$ 为偶数,则图 G 有完美匹配。

3. 设图 G 为一棵树,$v(G)\geqslant 2$,证明:图 G 有完美匹配的充分必要条件是 $o(G-v)=1$,$\forall v\in V$。

4. 证明:至多有两条割边的 3-正则图 G 都有完美匹配。

4.5　匹配的应用

匹配问题,特别是偶图的匹配问题,在许多生产实践及理论中有广泛的应用。例如,下面的任务分配问题(或称作配置问题、人员分配问题等)、最优分配问题、稳定匹配问题等都可以看作匹配的应用。

1. 任务分配问题

问题:设某企业有 n 个员工 $x_1,x_2,\cdots,x_n$ 及 n 项工作 $y_1,y_2,\cdots,y_n$,已知每个员工各胜任一些工作。能否使每个员工都分配到一项其胜任的工作?

将每个员工看作 X 集合中的每个顶点,将每项工作看作 Y 集合中的每个顶点,某个员工能胜任一项工作就将 X 中的此员工代表的顶点和 Y 中的此工作代表的顶点之间连上一条边,则得到一个偶图 $G=(X,Y;E)$。上面的问题可以叙述为:能否在任意给定的偶图 $G=(X,Y;E)$(其中,$|X|=|Y|$)中求出图 G 的完美匹配?定理 4-4 给出了存在完美匹配的充分必要条件,即:如果对任意的 $S\subseteq X$,都有 $|N(S)|\geqslant|S|$,则图 G 有完美匹配。但是如何找到完美匹配呢? 定理 4-4 并没有提供方法。如果 $\exists S_0\subseteq X$,使得:

$|N(S_0)|<|S_0|$,则图 G 没有完美匹配。但是验证"任意的 $S\subseteq X$,都有 $|N(S)|\geqslant|S|$"或"$\exists S_0\subseteq X$,使得:$|N(S_0)|<|S_0|$"是指数次方级别的,所以定理 4-4 不容易直接用来解决上面的问题,1965 年 Edmonds 提出了求解上面问题的多项式时间算法。

匈牙利算法(Hungarian method,Edmonds,1965)如下。

以任意一个匹配 M 作为开始。(可取 $M=\varnothing$。)

① 若 M 已饱和 X 的每个顶点,停止(M 为完美匹配)。否则,取 X 中 M-不饱和顶点 u,令:$S=\{u\}$,$T=\varnothing$。

② 若 $N(S)=T$,则停止,算法结束(无完美匹配);否则 $N(S)\supset T$,转到下一步。

③ 取 $y\in N(S)\setminus T$,若 y 为 M-饱和的,设 $yz\in M$,则令 $S=S\cup\{z\}$,$T=T\cup\{y\}$,转步骤②;否则,y 为 M-不饱和的,存在 M-可扩路 P,令 $M=M\Delta E(P)$,转到步骤①。

算法以任意一个匹配 M(可为 $\varnothing$)开始,用生长"以点 u 为根的 M-交错树(由从点 u 开始的 M-交错路的并得到)"的方法,来系统搜索以点 u 为起点的 M-可扩路。算法开始时及每次通过 M-可扩路更新 M 后,都检验 $y\in N(S)\setminus T$ 是否是 M-不饱和的,如果是 M-不饱和的,就找到一个 (u,y)-M-可扩路 P,就可以得到更大的匹配 $M\Delta E(P)$,仍记为 M。"得到一个更大的匹配 $M\Delta E(P)$"可以看作这个算法的一个"大"的循环,而这种"大"的循环最多进行 $|X|$ 次(因为完美匹配最多有 $|X|$ 条边)。如果 $N(S)\setminus T$ 中的顶点 y 是 M-饱和的,设 $yz\in M$,则令 $S=S\cup\{z\}$,$T=T\cup\{y\}$。〔由于每次集合 T 增加一个顶点 y 时,集合 S 也同时增加一个与点 y 相邻的顶点 z,所以算法的过程中保持 $N(S)\supseteq T$。〕点 u 开始到点 y 的 M-交错路得到延长,也称作以点 u 为根的 M-交错树的生长,这是因为每次从原 M-交错树延长或生长出去的点 $y(y\in N(S)\setminus T$,即点 y 与原 M-交错树上的某点相邻)和点 z 都是原 M-交错树之外的顶点,所以同时延长或生长出去 y 和 z 两个顶点之后还是树。"M-交错路的延长"可以看作这个算法的一个"小"的循环,这个"小"循环嵌套在一个"大"循环内,每当找到一个 $N(S)\setminus T$ 中的顶点是 M-不饱和的,就跳出"小"循环,进入到"大"循环;而一旦遇到选不出顶点 $y\in N(S)\setminus T$,即得到 $N(S)=T$,而 $|T|=|S|-1$,所以得到 $|N(S)|<|S|$,说明图 G 中无完美匹配,整个算法停止。"小"循环最多进行 $|X|$ 次(因为每次小循环会让 S 中的点增加一个,最多增加到 X,要么得到 M-可扩路,然后就找到完美匹配,要么得到没有完美匹配的结论)。所以匈牙利算法是一个多项式时间算法。

例 4-8　用匈牙利算法求图 4-7 的完美匹配(如果有完美匹配,则求出一个完美匹配;如果没有完美匹配,则给出判断依据)。

解:这里没有给出初始的匹配,不妨从 $M=\varnothing$ 开始。

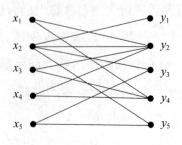

图 4-7

(1) M 没有饱和 X 的每个顶点,取 X 中 M-不饱和的顶点 x_1,令 $S=\{x_1\}$,$T=\varnothing$。则 $N(S)=\{y_2,y_3\}$,$N(S)\supset T$,取 $y_2\in\{y_2,y_3\}=N(S)\backslash T$,$y_2$ 为 M-不饱和的,所以找到了 M-可扩路 $P=x_1y_2$,令 $M=M\Delta E(P)=\{x_1y_2\}$。(转到匈牙利算法中的①。)

(2) M 没有饱和 X 的每个顶点,取 X 中 M-不饱和顶点 x_2,令:$S=\{x_2\}$,$T=\varnothing$。则 $N(S)=\{y_1,y_2,y_4,y_5\}$,$N(S)\supset T$,取 $y_1\in\{y_1,y_2,y_4,y_5\}=N(S)\backslash T$,$y_1$ 为 M-不饱和的,所以找到了 M-可扩路 $P=x_2y_1$,令 $M=M\Delta E(P)=\{x_1y_2\}\Delta\{x_2y_1\}=\{x_1y_2,x_2y_1\}$。

(3) M 没有饱和 X 的每个顶点,取 X 中 M-不饱和的顶点 x_3,令 $S=\{x_3\}$,$T=\varnothing$。则 $N(S)=\{y_2,y_3\}$,$N(S)\supset T$,取 $y_3\in\{y_2,y_3\}=N(S)\backslash T$,$y_3$ 为 M-不饱和的,所以找到了 M-可扩路 $P=x_3y_3$,令 $M=M\Delta E(P)=\{x_1y_2,x_2y_1\}\Delta\{x_3y_3\}=\{x_1y_2,x_2y_1,x_3y_3\}$。

(4) M 没有饱和 X 的每个顶点,取 X 中 M-不饱和顶点 x_4,令 $S=\{x_4\}$,$T=\varnothing$。则 $N(S)=\{y_2,y_3\}$,$N(S)\supset T$,取 $y_3\in\{y_2,y_3\}=N(S)\backslash T$,$y_3$ 为 M-饱和的,而且 $y_3x_3\in M(y_3x_3=x_3y_3)$,令 $S=S\cup\{x_3\}=\{x_3,x_4\}$,$T=T\cup\{y_3\}=\{y_3\}$。(转到匈牙利算法中的②。)

$N(S)=\{y_2,y_3\}$,$N(S)\supset T$,取 $y_2\in\{y_2\}=N(S)\backslash T$,$y_2$ 为 M-饱和的,而且 $y_2x_1\in M(y_2x_1=x_1y_2)$,令 $S=S\cup\{x_1\}=\{x_3,x_4,x_1\}$,$T=T\cup\{y_2\}=\{y_2,y_3\}$。

$N(S)=\{y_2,y_3\}$,$N(S)=T$。结束。图 4-7 没有完美匹配。因为找到了一个 $S=\{x_3,x_4,x_1\}$,而 $N(S)=\{y_2,y_3\}$,满足 $|N(S)|<|S|$。根据定理 4-4 可知图 4-7 没有完美匹配。

解毕

注 1:在匈牙利算法中,当从一个顶点集合中选取一个顶点时,是可以任意选取的,编写程序时,为了简单,一般按照顺序选取顶点;而手工写出解题过程时,则可以优先选择能够"快速"解决问题的顶点(这里的"快速"不一定是全局最快速)。如果选取不同的顶点,解题过程可能不完全相同,但只要是按照算法的步骤正确求解,得到的结论是一致的。即:如果一个图有完美匹配,则无论怎样选择顶点,都能找到完美匹配(完美匹配

也可能不一样);而如果一个图没有完美匹配,则无论怎样选择顶点,都能得到没有完美匹配的结论(但得到的满足 $|N(S)|<|S|$ 的集合 S 可能不同)。中间其他的过程也可能不一致。例如,例 4-8 的(3)中,如果取 $y_2 \in \{y_2, y_3\} = N(S) \backslash T$,则(3)中后面的过程为 y_2 为 M-饱和的,而且 $y_2 x_1 \in M$,令 $S = S \cup \{x_1\} = \{x_3, x_1\}$,$T = T \cup \{y_2\} = \{y_2\}$。$N(S) = \{y_2, y_3\}$,$N(S) \supset T$,取 $y_3 \in \{y_3\} = N(S) \backslash T$,$y_3$ 为 M-不饱和的,所以找到了 M-可扩路 $P = x_3 y_2 x_1 y_3$(也可以是 $P = x_3 y_3$),令

$$M = M \Delta E(P) = \{x_1 y_2, x_2 y_1\} \Delta \{x_3 y_2, y_2 x_1, x_1 y_3\} = \{x_2 y_1, x_3 y_2, x_1 y_3\}。$$

······

注 2:在按照匈牙利算法解题的过程中,对一个给定的 M,以点 u 为根的 M-交错树的生长过程也可能是不同的。例如,在例 4-8 的(4)中,当 $S = \{x_3, x_4, x_1\}$,$T = \{y_2, y_3\}$ 时,以点 x_4 为根的 M-交错树(此时 $M = \{x_1 y_2, x_2 y_1, x_3 y_3\}$)可以是一条路 $x_4 y_3 x_3 y_2 x_1$,如图 4-8(a)所示,也可以是两条从点 u 开始的 M-交错路的并,如图 4-8(b)所示。这两个以点 x_4 为根的 M-交错树都是正确的。

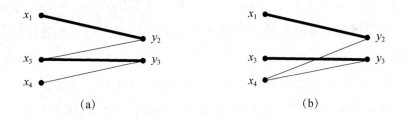

$$(a) \qquad\qquad\qquad (b)$$

图 4-8

注 3:如果一个图没有完美匹配,按照匈牙利算法解题结束时得到的不一定是图的最大匹配。例如,例 4-8 结束时得到的匹配为 $\{x_1 y_2, x_2 y_1, x_3 y_3\}$,而图 4-7 的最大匹配为 $\{x_1 y_2, x_2 y_1, x_3 y_3, x_5 y_5\}$(不唯一)。

注 4:匈牙利算法稍加修改就可以得到寻找一个偶图的最大匹配的算法(Edmonds,1965 年)。

以任意一个匹配 M 作为开始。(可取 $M = \varnothing$。)

(1) 若 M 已饱和 X 的每个顶点,停止(M 为完美匹配)。否则,取 X 中所有 M-不饱和的顶点组成的集合 U,令 $S = U$,$T = \varnothing$。

(2) 若 $N(S) = T$,则停止,算法结束(M 为最大匹配);否则 $N(S) \supset T$,转到下一步。

(3) 取 $y \in N(S) \backslash T$,若 y 为 M-饱和的的,设 $yz \in M$,则令 $S = S \cup \{z\}$,$T = T \cup \{y\}$,转步骤(2);否则,y 为 M-不饱和的,存在 M-可扩路 P,令 $M = M \Delta (P)$,转到步骤(1)。

注意到,算法停止于(2)是因为 $N(S) = T$ 造成 $|T| = |S \backslash U|$。又,对任意的 $S \subseteq X$,

都有 $(X\backslash S)\cup N(S)$ 为原图的覆盖。又由于 $X\backslash U$ 的每个顶点都是 M-饱和的,因此:

$$|M| = |X\backslash U| = |X\backslash S| + |S\backslash U| = |X\backslash S| + |T| = |(X\backslash S)\cup N(S)|。$$

从而由引理 4-1 可知,$(X\backslash S)\cup N(S)$ 为原图的最小覆盖,M 为原图的最大匹配。

2. 最优分配问题

在现实生活中,有各种性质的任务分配问题还要考虑不同的分配所带来的总效益(总收益、总效率、总费用等)。例如,有若干项工作需要分配给若干个人(或部门、机器等)完成,每个人完成同样的工作所带来的效益不同,怎样分配工作使得总效益最高。类似地,有若干项合同需要选择若干个投标者来承包,每个投标者承包同样的合同投标额不同,怎样选择投标者使所有合同总投标额最小(或最高);有若干班级需要安排在各教室上课,怎样安排使最多学生能够安排在最合适的教室;或若干条航线指定若干条航班,怎样效益最高等。诸如此类的问题,它们的基本要求是在满足特定的分配要求条件下,使分配方案的总体效果最佳(或花费最小)。

称如下问题为**标准的最优分配问题**(简称最优分配问题,optimal assignment problem):设某企业有 n 个员工 $x_1, x_2, \cdots, x_n$ 及 n 项工作 $y_1, y_2, \cdots, y_n$,已知任意员工 $x_i(1\leqslant i\leqslant n)$ 分配到工作 $y_j(1\leqslant j\leqslant n)$ 后带来的收益为 $C_{ij}(C_{ij}\geqslant 0)$,问怎样分配任务使得总收益最大?

将每个员工看作 X 集合中的每个顶点,将每项工作看作 Y 集合中的每个顶点,员工 $x_i(1\leqslant i\leqslant n)$ 与工作 $y_j(1\leqslant j\leqslant n)$ 对应的顶点之间连上一条边,权重为 C_{ij},这样得到一个赋权完全偶图 $G=(X,Y;E)$,标准的最优分配问题可以叙述为求出赋权完全偶图 $G=(X,Y;E)$ 的权重最大的完美匹配。权重最大的完美匹配简称作**最优匹配**(optimal matching)。

如果用穷举法解最优分配问题,就要穷举出全部的 $n!$ 个完美匹配,当 n 较大时,是不可取的。Kuhn(1955 年)与 Munkres(1957 年)分别找到了解最优分配问题的好算法,他们引入所谓的可行顶点标号,把问题转化为非赋权偶图中求完美匹配问题,从而可用匈牙利算法来解决。

对赋权完全偶图 $G=(X,Y;E)$,如果图 G 的顶点标号 $l(v),v\in V(G)$ 满足:对 $\forall x\in X,y\in Y$,都有 $l(x)+l(y)\geqslant w(xy)$,其中,$w(xy)$(大于或等于 0)为边 xy 的权重,则称 l 为 G 的**可行顶点标号**(feasible vertex labelling),简记为图 G 的 $f.v.l.$。

对任意赋权完全偶图,可行顶点标号总是存在的,如

$$\begin{cases} l(x)=\max\limits_{y\in Y}\{w(xy)\}, & \forall x\in X, \\ l(y)=0, & \forall y\in Y。 \end{cases}$$

记 $E_l=\{xy\in E\,|\,l(x)+l(y)=w(xy)\}$，并称以 E_l 为边集的图 G 的生成子图为**相等子图**（equality subgraph），记为 G_l。

定理 4-8　设偶图 $G=(X,Y;E)$ 的可行顶点标号 l 使 G_l 包含一个完美匹配 M^*，则 M^* 是图 G 的最优匹配。

证明：显然，M^* 也是图 G 的完美匹配，且 $w(M^*)=\sum\limits_{e\in M^*}w(e)=\sum\limits_{v\in V}l(v)$。对图 G 的任意一个完美匹配 M，显然有 $w(M)=\sum\limits_{e\in M}w(e)\leqslant\sum\limits_{v\in V}l(v)$。因此 $w(M)\leqslant w(M^*)$，即 M^* 是图 G 的最优匹配。

证毕

下面是求最优匹配算法的基本思想：任取赋权完全偶图 $G=(X,Y;E)$ 的一 $f.v.l.\ l$ 作为开始。定 G_l，并在 G_l 上任取一个匹配 M 作为开始的匹配。用匈牙利算法在 G_l 上找完美匹配。若找到，它就是 G 的最优匹配；否则匈牙利算法停止于某匹配 M'（不是完美匹配）及一个 M'-交错树 H，它不能再"生长"。将 l 适当修改成新的 $f.v.l.\ \tilde{l}$：使 $G_{\tilde{l}}$ 仍包含 M' 及 H，且 H 在 $G_{\tilde{l}}$ 又可继续"生长"。重复上述过程。

Kuhn-Munkres 算法〔Kuhn（1955 年）和 Munkres（1957 年）提出；Edmonds 改写于 1967 年〕。

对赋权完全偶图 $G=(X,Y;E)$，以图 G 的任意 $f.v.l.\ l$ 作为开始。定 G_l，并在 G_l 上任取一个匹配 M（可为 $\varnothing$）作为开始的匹配。

① 若 M 饱和 X 的每个顶点，则 M 为最优匹配，停止；否则，任取一个 M-不饱和的顶点 u，令 $S=\{u\}$，$T=\varnothing$。

② 若 $N_{G_l}(S)\supset T$，转到步骤③；否则，$N_{G_l}(S)=T$。计算 $\alpha_l=\min\limits_{\substack{x\in S\\y\notin T}}\{l(x)+l(y)-w(xy)\}$ 及

$$f.v.l.\ \tilde{l}:\tilde{l}(v)=\begin{cases}l(v)-\alpha_l & v\in S\\l(v)+\alpha_l, & v\in T,\ \text{令 }l=\tilde{l},G_l=G_{\tilde{l}}。\\l(v), & \text{其他}\end{cases}$$

③ 选取 $y\in N_{G_l}(S)\setminus T$，若 y 为 M-饱和的，设 $yz\in M$，则令 $S=S\cup\{z\}$，$T=T\cup\{y\}$，转步骤②；否则，y 为 M-不饱和的，存在 M-可扩路 P，令 $M=M\triangle E(P)$，转到步骤①。

注 1：算法中每计算一次新的 G_l 的计算量为 $O(v^2)$；找到 M-可扩路之前，至多进行 $|X|$ 次搜索（每次可能做一次新的 G_l 的计算）；而初始匹配 M 至多扩大 $|X|$ 次。因此 Kuhn-Munkres 算法是个好算法〔计算复杂性为 $O(v^4)$〕。目前，求解赋权完全偶图的最优匹配问题的算法复杂性最低可以到 $O(v^3)$。

注 2：本算法也可用于求解人员分派问题。

注 3：本算法也可用于求解不标准的最优分配问题，通常是将不标准的最优分配问

题转化为标准的最优分配问题，特别地，如果最优分配问题中的员工分配到工作是用“费用”代替“收益”(或“效益”)，则目标函数应该是求最小值。这种最优分配问题仍然可以转化为标准的最优分配问题，从而用 Kuhn-Munkres 算法求解。

注 4：本算法是用于求解赋权完全偶图的最优匹配。对于赋权完全图，J. Edmonds 和 E. Johnson 在 1970 年给出了求解最优匹配的算法，其时间复杂性为 $O(\upsilon^3)$，可参考 Gibbons 所著的 *Algorithmic Graph Theory*，第 136-147 页或其他教材。

例 4-9 设赋权完全偶图 $G=(X,Y;E)$ 用图 4-9 所示的矩阵 $\boldsymbol{C}$ 表示，其中，矩阵中的每行对应图 G 中 X 的一个顶点，每列对应 Y 的一个顶点，C_{ij} 表示边 x_iy_j 的权重。求图 G 的最优匹配。

$$\boldsymbol{C}=\begin{pmatrix} 3 & 5 & 4 & 5 & 1 \\ 2 & 2 & 2 & 0 & 2 \\ 0 & 1 & 0 & 1 & 0 \\ 2 & 4 & 1 & 4 & 0 \\ 1 & 2 & 3 & 1 & 3 \end{pmatrix}$$

图 4-9

解：按

$$\begin{cases} l(x)=\max\limits_{y\in Y}\{w(xy)\}, & \forall x\in X, \\ l(y)=0, & \forall y\in Y。\end{cases}$$

给出图 G 的 $f.v.l.\ l$，如图 4-10(a)矩阵旁边的数字所示，即

$$l(x_1)=5;l(x_2)=2;l(x_3)=1;l(x_4)=4;l(x_5)=3;l(y_i)=0,i=1,2,3,4,5。$$

定 G_l 如图 4-10(b)所示。〔或用矩阵如图 4-10(a)〈〉中所有元素所示。〕

$$\begin{array}{c} \boldsymbol{C}=\begin{pmatrix} 3 & \langle 5\rangle & 4 & \langle 5\rangle & 1 \\ \langle 2\rangle & \langle 2\rangle & \langle 2\rangle & 0 & \langle 2\rangle \\ 0 & \langle 1\rangle & 0 & \langle 1\rangle & 0 \\ 2 & \langle 4\rangle & 1 & \langle 4\rangle & 0 \\ 1 & 2 & \langle 3\rangle & 1 & \langle 3\rangle \end{pmatrix}\begin{matrix} 5 \\ 2 \\ 1 \\ 4 \\ 3 \end{matrix} \\ \begin{matrix} 0 & 0 & 0 & 0 & 0 \end{matrix} \end{array}$$

(a)

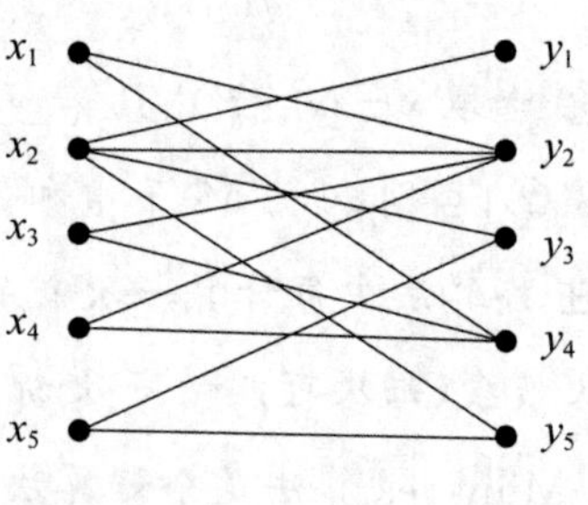

(b)

图 4-10

对非赋权偶图 G_l 用 Hungarian method 求完美匹配，可以从任意匹配开始。例如，

从图 4-11 中粗线所示的匹配 M 开始。从 M-不饱和的顶点 x_3 系统搜索 M-可扩路组成的 M-交错树,生长到如图 4-12 所示的 M-交错树时停止生长,这时有 $N_{G_l}(S) = \{y_2, y_4\} = T$(其中, $S = \{x_3, x_4, x_1\}$)。

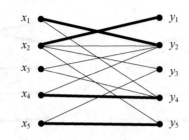

图 4-11

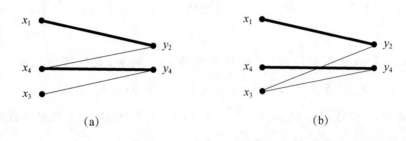

(a)   (b)

图 4-12

算出此时的 $\alpha_l = \min\limits_{\substack{x \in S \\ y \notin T}} \{l(x) + l(y) - w(xy)\} = 1$,得到图 G 新的 $f.v.l.$ $\tilde{l}$,如图 4-13(a)矩阵旁边的数字所示,即:

$$l(x_1) = 4, l(x_2) = 2, l(x_3) = 0, l(x_4) = l(x_5) = 3; l(y_1) = l(y_3) = l(y_5) = 0, l(y_2) = l(y_4) = 1。$$

$$\begin{bmatrix} 3 & \langle 5 \rangle & \langle 4 \rangle & \langle 5 \rangle & 1 \\ \langle 2 \rangle & 2 & \langle 2 \rangle & 0 & \langle 2 \rangle \\ \langle 0 \rangle & \langle 1 \rangle & \langle 0 \rangle & \langle 1 \rangle & \langle 0 \rangle \\ 2 & \langle 4 \rangle & 1 & \langle 4 \rangle & 0 \\ 1 & 2 & \langle 3 \rangle & 1 & \langle 3 \rangle \\ 0 & 1 & 0 & 1 & 0 \end{bmatrix} \begin{matrix} 4 \\ 2 \\ 0 \\ 3 \\ 3 \\ \end{matrix}$$

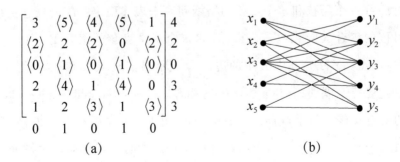

(a)   (b)

图 4-13

定 G_l 如图 4-13(b)所示。〔或用矩阵如图 4-13(a)〈 〉中所有元素所示。〕注意到 G_l 保留了 G_l 中的最后的 M 及 M-交错树,并且使 M-交错树又可以继续生长了。(另外, G_l 中的边 $x_2 y_2$ 在 G_l 中没有了,这种边不影响 M-交错树的生长。)如图 4-14(a)左侧图所示。

对 G_l，从刚才得到的 M 及 M-交错树，继续用 Hungarian method 求完美匹配，可以得到 M-可扩路 $P = x_3 y_3$，从而将 M 更新为图 4-14(b)中粗边所示。这就是图 G_l 的完美匹配，也是图 G 的最优匹配，权重为 14。

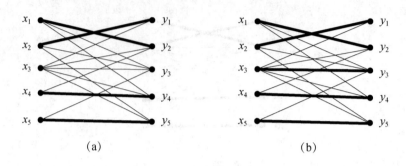

(a)   (b)

图 4-14

解毕

注 1：图 G 的最优匹配不唯一，但权重都为 14。例如，最优匹配也可以是 $\{x_1 y_2, x_2 y_3, x_3 y_1, x_4 y_4, x_5 y_5\}$ 等不同的边集，分别是由不同的 M-交错树得到的。

注 2：图 4-11 中的匹配 M 的权重已经是 14，但由于 M 不是 G_l 的完美匹配，所以当时不能得到结论"M 是图 G 的最优匹配"，只有最后按照 Kuhn-Munkres 算法完成计算之后，确定了图 G 的最优匹配权重为 14，才能说"M 是图 G 的最优匹配"。

3. 稳定匹配

1962 年，D. Gale L. 和 L. S. Shapley 发表了一篇名为《大学招生与婚姻的稳定性》的论文，首次提出了稳定婚姻问题，成为研究稳定匹配的典型例子。

习惯上常用 m 个男孩和 n 个女孩的婚姻问题来表述稳定匹配的概念及结果。假设 m 个未婚男孩的集合 $X = \{x_1, x_2, \cdots, x_m\}$ 和 n 个未婚女孩的集合 $Y = \{y_1, y_2, \cdots, y_n\}$，作简单偶图 $G = (X, Y; E)$，其中 E 中的边 $x_i y_j$ 表示男孩 x_i 与女孩 y_j 彼此认识。这里的图 G 并不一定是完全偶图，m 与 n 也不一定相等。今假设每个男孩 $x_i (i = 1, 2, \cdots, m)$ 对他所认识的所有女孩有一个**倾向度**（preference）排序（排序第一表示最喜欢，也称作倾向度最高）；每个女孩 $y_j (j = 1, 2, \cdots n)$ 对她所认识的所有男孩也有一个倾向度排序。对图 G 上任意给定的**一个倾向度分配**（preference assignment），设 M 是图 G 的一个匹配，如果对图 G 中任意一条边 xy，$xy \in E(G)$，但 $xy \notin M$，以下两个条件至少一个成立：①存在 $xy' \in M$（即 x 点是 M-饱和的），使 x 点倾向于 y' 高过倾向于 y 点；②存在 $x'y \in M$（即 y 点是 M-饱和的），使 y 点倾向于 x' 高过倾向于 x 点，则称 M 为图 G 的**稳定匹配**（stable matching）。

根据这个定义,对一个稳定匹配 M,如果男孩 x 认识女孩 y,但是没有娶她($xy\notin M$),则一定是要么 x 娶了更喜欢的 y'(x 对 y' 的倾向度高过 x 对 y 的倾向度),要么 y 嫁了更喜欢了 x'(y 对 x' 的倾向度高过 y 对 x 的倾向度)。简而言之,x 与 y 认识,但没结婚的原因是 x 或 y 在 M 下有更满意的婚姻(所以 x 或 y 就不会破坏现有的婚姻集合 M,即 M 是稳定的)。另一方面,如果在一个婚姻集合 M 下,一个男孩 x 和一个女孩 y,x 或为单身,或虽然娶了 y' 但是 x 对 y 的倾向度高过 x 对 y' 的倾向度,同时 y 或为单身,或虽然嫁了 x' 但是 y 对 x 的倾向度高过 y 对 x' 的倾向度,则显然,x 和 y 出于两人的利益,应该会选择结婚(从而破坏婚姻集合 M),所以 M 就不是一个稳定的婚姻集合。

稳定匹配的定义还导致:任何人与其独身,不如选择一个认识的而且可以结婚的人结婚。这个结论看上去与现实生活不符,但也说明现实生活中的婚姻集合 M 是不稳定的。

偶图 G 的任意一个稳定匹配 M 不一定是图 G 的完美匹配,也不一定是图 G 的最大匹配。例如,在图 4-15 中,$\{x_1y_2\}$ 是图 G 的稳定匹配;而 $\{x_1y_1, x_2y_2\}$ 是图 G 的完美匹配(当然也是最大匹配),但不是图 G 的稳定匹配。但是,图 G 的稳定匹配 M 一定是图 G 的极大匹配〔$\forall\,xy\in E(G)$,$xy\notin M$,则 $M\cup\{xy\}$ 不是图 G 的匹配〕。

设 M^* 为偶图 $G=(X,Y;E)$ 中的一个稳定匹配,如果对图 G 中的任意一个稳定匹配 M 及 $\forall\,x\in X$,只要 $xy\in M$,则存在 $xy^*\in M^*$,使 $y=y^*$;或使 x 倾向于 y^* 高过 x 倾向于 y,则称 M^* 为图 G 的 X-**最优**(optimal)**稳定匹配**。类似地,也可以定义图 G 的 Y-最优稳定匹配。由此可知,相对于其他任意一个稳定匹配而言,图 G 的 X-最优稳定匹配对每个男孩是最好的,图 G 的 Y-最优稳定匹配对每个女孩是最好的;又,如果图 G 的 X-最优稳定匹配存在的话,它一定是唯一的。

例如,图 4-15 所示,$\{x_1y_2\}$ 是图 G 的唯一的稳定匹配,当然也是图 G 的 X-最优稳定匹配,也是图 G 的 Y-最优稳定匹配。再例如,图 4-16 所示,图 G 中有两个稳定匹配,分别为粗线边的集合和虚线边的集合,其中,粗线边的集合是图 G 的 X-最优稳定匹配(但对 $y\in Y$ 来说,是最糟的),而虚线边的集合则不是 X-最优稳定匹配。

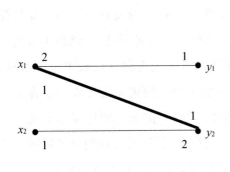

图 4-15

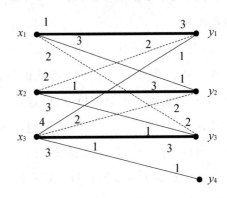

图 4-16

下面将证明,在任意给定的一个倾向度分配下,任意一个偶图中,都可找到一个 X-最优稳定匹配。

其实人们一直在沿用古老的传统法则:每个男孩(在开始时及被拒绝后)每次都向至今未曾拒绝过他的女孩中他最倾向的一个女孩求婚;每个女孩每次都保留当前她的求婚者中她最倾向的一个男孩,并拒绝其余的求婚者。这过程一直进行到不再发生变化(求婚或拒绝)时为止。这个法则不但很简单,而且可以求出 X-最优稳定匹配。将这个法则用算法的语言叙述如下。

Gale-Shapley 算法:

对任意偶图 $G=(X,Y;E)$,每个 $x_i(i=1,2,\cdots m)$ 对所有边 $x_iy\in E$ 有一个倾向度排序;每个 $y_j(j=1,2,\cdots n)$ 对所有边 $xy_j\in E$ 也有一个倾向度排序。$M=\varnothing$。

① 若 X 的每个顶点要么是 M-饱和的,要么是孤立点,则 M 为 G 的 X-最优稳定匹配,停止;否则,任取 X 中一个 M-不饱和的而且不是孤立点的顶点 x,寻找点 x 的倾向度最高的顶点 $y\in Y$。

② 如果 y 是 M-不饱和的,则令 $M=M\cup\{xy\}$,转步骤①;否则,存在 $x'y\in M$,如果 y 对 x' 的倾向度高过 y 对 x 的倾向度,则令 $E=E\setminus\{xy\}$,转步骤①;否则,y 对 x 的倾向度高过 y 对 x' 的倾向度,则令 $M=(M\setminus\{x'y\})\cup\{xy\}$,$E=E\setminus\{x'y\}$,转步骤①。

算法进行过程中,一条边并入到 M 中看作是一次暂时成功的求婚;一条边从 M 和 E 中去除看作一次拒绝;一条边从 E 中去除但并不属于 M,则看作一次不成功的求婚,当然也是被拒绝。最后得到的 M 才被允许结婚。

算法每次可以选择一个人、几个人或所有人一起行动(求婚或拒绝),其结果是一样的,都是 X-最优稳定匹配。

另外,由该算法易知,在过程中,只要一女孩曾经有过一个求婚者,她最终必定会结婚;但每个男孩最终不一定会结婚,他可能会被每个他认识的女孩所拒绝,或他可能就没有认识的女孩,参考图 4-15,$\{x_1y_2\}$ 是图 G 的唯一的稳定匹配,当然也是图 G 的 X-最优稳定匹配。

又,在过程进行中,总是男孩主动选择,女孩被动接受,但是女孩则可以选择接受追求者或拒绝追求者,每个女孩一次次保留着越来越好的求婚者;只要女孩是单身的自由状态,男孩的追求就不会被拒绝,但这并不表示男孩总是能选到自己最中意的女孩,因为女孩是可以毁约的。男孩每被拒绝一次,就只能从自己的优先选择表中选择下一个女孩。男孩不能重复尝试求婚那些已经拒绝过他的女孩,因此这种选择总是无奈地向越来越不中意的方向发展。每一轮选择之后都会有一些男孩或女孩脱离单身的自由状态,当某一轮过后所有男孩要么都已经暂时求婚成功,要么是不认识任何女孩(或被所有认识的女孩拒绝过），这个算法就结束了。

而每个男孩则一次次"降价以求"。但是，该算法最终得到的是图 G 的 X-最优稳定匹配 M^*，其在图 G 的所有稳定匹配中对每个男孩是最好的稳定匹配；而对每个女孩却有可能是最糟的（参考图 4-16）。

在 Gale-Shapley 算法中，$|X|$ 个男孩和 $|Y|$ 个女孩最多有 $|X||Y|$ 条边。Gale-Shapley 算法实际上每次求婚过程（不管是暂时求婚成功，还是被拒绝）都是考虑一条边，而且每条边都不会被重复考虑，要么直接被并入到匹配 M 中，要么替换 M 中已有的一条边（被替换的边则从 E 中被去除），直到找到图 G 的 X-最优稳定匹配，因此，算法最多需要 $|X||Y|$ 次求婚过程就可以结束。因此是 Gale-Shapley 算法是好算法。

如果要求解图 G 的 Y-最优稳定匹配，则上面的过程相应地进行改变。Y-最优稳定匹配可以看作是所有女孩都采取主动，而男孩只能被动地接受或拒绝，最终得到所有女孩最满意的婚姻。

例 4-10　用 Gale-Shapley 算法求如图 4-17 所示的偶图 $G=(X,Y;E)$ 的 Y-最优稳定匹配。

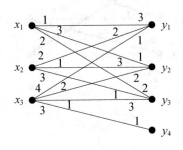

图 4-17

解：$M=\varnothing$。

① 取 Y 中 M-不饱和顶点 y_1，找到 y_1 的倾向度最高的 x_3，x_3 是 M-不饱和的，令 $M=M\cup\{x_3y_1\}=\{x_3y_1\}$；取 Y 中 M-不饱和的顶点 y_2，找到 y_2 的倾向度最高的 x_1，x_1 是 M-不饱和的，令 $M=M\cup\{x_1y_2\}=\{x_3y_1,x_1y_2\}$；取 Y 中 M-不饱和顶点 y_3，找到 y_3 的倾向度最高的 x_2，x_2 是 M-不饱和的，令 $M=M\cup\{x_2y_3\}=\{x_3y_1,x_1y_2,x_2y_3\}$；取 Y 中 M-不饱和顶点 y_4，找到 y_4 的倾向度最高的 x_3，x_3 是 M-饱和的，$x_3y_1\in M$，而且 x_3 对 y_4 的倾向度高过 x_3 对 y_1 的倾向度，则令 $M=(M\backslash\{x_3y_1\})\cup\{x_3y_4\}=\{x_1y_2,x_2y_3,x_3y_4\}$，$E=E\backslash\{x_3y_1\}$。

② 取 Y 中 M-不饱和顶点 y_1，找到 y_1 的倾向度最高的 x_2（随着 x_3y_1 边从 E 中被去除，边上的两个倾向度也被去除），x_2 是 M-饱和的，$x_2y_3\in M$，而且 x_2 对 y_1 的倾向度高

过 x_2 对 y_3 的倾向度,则令 $M=(M\backslash\{x_2y_3\})\bigcup\{x_2y_1\}=\{x_1y_2,x_3y_4,x_2y_1\}$，$E=E\backslash\{x_2y_3\}$。

③ 取 Y 中 M-不饱和顶点 y_3，找到 y_3 的倾向度最高的 x_1，x_1 是 M-饱和的，$x_1y_2\in M$，而且 x_1 对 y_3 的倾向度高过 x_1 对 y_2 的倾向度，则令 $M=(M\backslash\{x_1y_2\})\bigcup\{x_1y_3\}=\{x_3y_4,x_2y_1,x_1y_3\}$，$E=E\backslash\{x_1y_2\}$。

④ 取 Y 中 M-不饱和顶点 y_2，找到 y_2 的倾向度最高的 x_3，x_3 是 M-饱和的，$x_3y_4\in M$，而且 x_3 对 y_2 的倾向度高过 x_3 对 y_4 的倾向度，则令

$$M=(M\backslash\{x_3y_4\})\bigcup\{x_3y_2\}=\{x_2y_1,x_1y_3,x_3y_2\}，\quad E=E\backslash\{x_3y_4\}。$$

⑤ Y 的每个顶点要么是 M-饱和的,要么是孤立点(这些点在剩余的 E 中没有关联边了),这里,y_1,y_2,y_3 是 M-饱和的,y_4 是孤立点(边 x_3y_4 被从 E 中去掉了),停止。$M=\{x_2y_1,x_1y_3,x_3y_2\}$ 就是所求的原偶图 $G=(X,Y;E)$ 的 Y-最优稳定匹配,如图 4-18 所示的粗边集合。恰好是图 4-16 中的一个稳定匹配。

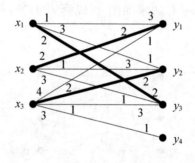

图 4-18

解毕

在例 4-10 中,有意思的是,图 G 的 Y-最优稳定匹配 $M=\{x_2y_1,x_1y_3,x_3y_2\}$，而没能让每一个女孩与她最心仪的男孩结婚,原因在于 y_1 和 y_4 同时最倾向于 x_3，但由于一夫一妻制的限制,正如例 4-10 的解题过程中所看到的,最终造成所有女孩都没和最心仪的男孩结婚。这也可以看作是一种"蝴蝶效应"。

定理 4-9 对任意简单偶图 $G=(X,Y;E)$，其中,$|X|=m$，$|Y|=n$，以及图 G 上的任意一个倾向度分配,由 Gale-Shapley 算法求出的匹配是图 G 的 X-最优稳定匹配。

证明: 显然,Gale-Shapley 算法最终停止于一个匹配,设为 M^*。

先证明 M^* 是图 G 的稳定匹配,考虑图 G 的任意边 xy，$xy\in E(G)$，但 $xy\notin M^*$，在算法进行的全过程中,只有两种可能会造成 $xy\notin M^*$：① x 从未向 y 求过婚；② x 向 y 求过婚,但被 y 拒绝了。如果是①，x 一定向别人求过婚,且在 x 按自己的倾向度顺序求婚的过程中,未到 y 之前就停止了,并最终娶了另一位女孩 y^*，因此存在边 $xy^*\in M^*$，

而且 x 对 y^* 的倾向度高过 x 对 y 的倾向度。如果是②,y 拒绝 x 时,一定是当时 y 对另一男孩的倾向度高过 y 对 x 的倾向度,这导致 y 最终嫁给了另一男孩 x^*,从而存在边 $x^*y \in M^*$,且 y 对 x^* 的倾向度高过 y 对 x 的倾向度。所以 M^* 是图 G 的稳定匹配。

再证明 M^* 是图 G 的 X-最优稳定匹配。对 $\forall x \in X$,令

$$S(x) = \{y \in Y \,|\, \exists \text{稳定匹配 } M \text{ 使 } xy \in M\}。$$

下面将证明以下命题成立,而且由下面命题证明 M^* 是图 G 的 X-最优稳定匹配。

命题:在 Gale-Shapley 算法进行的全过程中,$\forall x \in X$ 都不会被任意 $S(x)$ 中的成员所拒绝。

先用命题证明:M^* 是图 G 的 X-最优稳定匹配。对 $\forall x \in X$,如果 $S(x) = \varnothing$,由 $S(x)$ 的定义可知,在全过程结束时,x(在 M^* 下)必定单身。如果 $S(x) \neq \varnothing$,令 x 的倾向度顺序下的第一位 $S(x)$ 中的成员为 y,则由 $S(x)$ 的定义可知,在 x 向 y 求婚之前,他一定一直遭到拒绝。从而,如果命题成立,在全过程结束时,x 一定娶的是 y。由此可知,在 M^* 的每条边 xy 中,y 不但属于 $S(x)$,且是 $S(x)$ 中(在 x 的倾向度顺序下)排行最高的。再注意到,对图 G 的每个稳定匹配 M,及 $\forall x \in X$,若 $xy' \in M$,必有 $y' \in S(x) \neq \varnothing$。由此可知,$M^*$ 确是 G 的 X-最优稳定匹配。

现在证明命题成立。反证法,假设不然。在算法第一次使命题不成立的迭代中,令 x 是其中一个遭到 $S(x)$ 中的成员,设为 y,所拒绝的。由算法知,这只能是当时 y 另有一位求婚者,设为 x',而且

$$y \text{ 对 } x' \text{ 的倾向度高过 } y \text{ 对 } x \text{ 的倾向度。} \tag{4-1}$$

注意到,对 x' 而言,至今他未曾被 $S(x')$ 中的任何成员所拒绝,且 y 又是至今未曾拒绝过 x' 的所有女孩中倾向度最高的,因此

$$x' \text{ 对 } y \text{ 的倾向度高过 } x' \text{ 对 } S(x') \text{ 中任何其他女孩的的倾向度。} \tag{4-2}$$

现在,由 $y \in S(x)$ 知,边 xy 在某一个稳定匹配 M 中。于是 $x'y \notin M$。由式(4-1)及稳定匹配定义知,一定存在 M 的另一边 $x'y'(y \neq y')$,使得 x' 对 y' 的倾向度高过 x' 对 y 的倾向度,且 $y' \in S(x')$,但这与式(4-2)矛盾。

证毕

从定理 4-9 的证明过程可以看出,Gale-Shapley 算法的结果与每次迭代中到底有多少人在同时活动(求婚或拒绝)无关。

下面的推论显然成立。

推论 4-5　完全偶图 $G = (X, Y; E)$,其中 $|X| = |Y|$,在任意一个倾向度分配下,图 G 都有 X-最优稳定完美匹配。

现在进一步研究偶图 G 的全体稳定匹配。将会惊奇地发现:它们所饱和的顶点子

集相同！即，对图 G 中每个顶点，它在每个稳定匹配中都被匹配，或者它在任意一个稳定匹配中都不被匹配。

称偶图 G 的一个圈 $C=abcd\cdots va$ 为**倾向度定向**（preference-oriented）圈，如果 C 满足以下条件：b 对 c 的倾向度高过 b 对 a 的倾向度；c 对 d 的倾向度高过 c 对 b 的倾向度，$\cdots$，a 对 b 的倾向度高过 a 对 v 的倾向度。

引理 4-3 设 $G=(X,Y;E)$ 为任意简单偶图，其中，$|X|=m$，$|Y|=n$，M 与 M' 为任一倾向度分配下图 G 中的任意两个稳定匹配；而 C 为子图 $H=G[M\cup M']$ 的任意一个分支。则当 C 的顶点数大于或等于 3 时，C 一定是一个倾向度定向圈。

又，若边 $aA\in M$，$bB\in M$ 而 $aB\in M'$，则必有：a 对 A 的倾向度高过 a 对 B 的倾向度，当且仅当 B 对 a 的倾向度高过 B 对 b 的倾向度。

证明： 首先，可以证明如下命题成立。对 C 上的任意一条长为 3 的路 $rstu$，如果 s 对 t 的倾向度高过 s 对 r 的倾向度，则一定有 t 对 u 的倾向度高过 t 对 s 的倾向度。这是因为边 $st\in M$ 或 $st\in M'$。例如，若边 $st\in M'$，则 rs 与 tu 都是 M 的边，从而由 M 为稳定匹配知，命题成立。

由图 H 的定义及偶图中无奇圈可知，C 只能是长度大于或等于 2 的路或长度大于或等于 4 的圈。

若 $C=abcd\cdots va$ 为一个圈，由于其长度大于或等于 4，不妨设 b 对 c 的倾向度高过 b 对 a 的倾向度。沿 C 顺序考虑长为 3 的路 $abcd$，$bcde$，$\cdots$ 及 $vabc$，并将命题分别用在其上，易见，C 是倾向度定向圈。

再证 C 不可能是顶点数大于或等于 3 的路。假设不然，设路 $C=abcd\cdots uvw$ 的长度大于或等于 3。从 C 的起点 a 来考虑：不妨假设例如，边 $ab\in M$，则边 $ab\notin M'$，且 $bc\in M'$。注意到 a 为 M'-不饱和的，由 M' 为稳定匹配可知，b 对 c 的倾向度高过 b 对 a 的倾向度。同理，再从 C 的终点 w 来考虑：可得 v 对 u 的倾向度高过 v 对 w 的倾向度。但这是不可能的，因为只要我们沿 C 顺次考虑为 3 的路，并将命题分别用在其上，就会导出矛盾。

对定理的第 2 个结论，由边 $aA\in M$，$bB\in M$，而 $aB\in M'$ 可知，$AaBb$ 是子图 H 中的一条长度大于或等于 3 的路，因此一定包含在一个倾向度定向圈中，从而得证。

证毕

定理 4-10 设 $G=(X,Y;E)$ 为任意简单偶图，其中，$|X|=m$，$|Y|=n$，则对任意一个给定的倾向度分配，图 G 中一定存在 $X'\subseteq X$，$Y'\subseteq Y$，使图 G 的每个稳定匹配都是从 X' 到 Y' 的完全匹配。特别地，图 G 的所有稳定匹配的边数都相等。

证明： 反证法。假设存在两个稳定匹配 M_1 和 M_2，及一个顶点 u，使得点 u 为 M_1-饱和的，但是点 u 为 M_2-不饱和的。设 $uU\in M_1$，由于 M_2 为极大匹配，必存在 $vU\in M_2$（否则，U 也是 M_2-不饱和的，与 M_2 为极大匹配矛盾），且 $u\neq v$。但这导致 G 的子图

$G[M_1 \bigcup M_2]$ 中包含 uUv 的分支不可能是一个圈,这与引理 4-3 矛盾。

证毕

注:由定理 4-10 并不能得出 $G[X'\bigcup Y']$ 的每个稳定匹配也是图 G 的稳定匹配。例如,图 4-16 中,$\{x_1 y_2, x_2 y_3, x_3 y_1\}$ 是 $G[\{x_1, x_2, x_3\}\bigcup\{y_1, y_2, y_3\}]$ 的稳定匹配,但 $\{x_1 y_2, x_2 y_3, x_3 y_1\}$ 不是图 G 的稳定匹配。

推论 4-6　任意简单偶图 $G=(X, Y; E)$,其中,$|X|=m$,$|Y|=n$。设在一个给定的倾向度分配下,M_1 和 M_2 为图 G 的两个稳定匹配,边 $uv\in M_1$,且 $uv\notin M_2$,则在 M_2 下,u 与 v 中的一个在 M_1 下比在 M_2 下好,而另一个恰好相反。

证明:由引理 4-3 及定理 4-10 可知显然成立。

证毕

由推论 4-6 可知,设 $G=(X, Y; E)$ 为任意简单偶图,在任意一个倾向度分配下,图 G 的 X-最优稳定匹配 M^* 对 X 中的点(男孩)是最优的,但对 Y 中的点(女孩)都是最糟的! 更精确地说,M^* 是图 G 的 **Y-最差 (Y-pessimal) 稳定匹配**,即每个女孩在 M^* 下不会比在其他稳定匹配下好些。

关于稳定匹配的这些结果,已有许许多多的变化形式和推广。也已应用于各种实际问题中,常见的应用如大学生招生(学校的各专业招生名额与考生填报志愿的相关问题,考虑最优稳定招生方案),企事业单位招聘及工作、任务分配等。在这些问题中可能都需要考虑(最优)稳定匹配(分配方案)等。

习题 4-5

1. 所谓 $n\times n$ 矩阵的一条对角线是指它的任意 n 个两两不同行、不同列元素的集合。对角线的权重是指它的 n 个元素的和。试找出下列矩阵(如题图 4-3 所示)的最小权重对角线。

$$\begin{bmatrix} 4 & 5 & 8 & 10 & 11 \\ 7 & 6 & 5 & 7 & 4 \\ 8 & 5 & 12 & 9 & 6 \\ 6 & 6 & 13 & 10 & 7 \\ 4 & 5 & 7 & 9 & 8 \end{bmatrix}$$

题图 4-3

2. 设 $G=(X,Y;E)$ 为任意简单偶图,其中 $|X|=|Y|=n$,证明:存在某一个倾向度分配,使图 G 中恰好只有一个稳定匹配。

3. 在 n 个男孩和 n 个女孩的婚配问题中,如果所有男孩的倾向度排序都相同,则在 Gale-Shapley 算法中总共进行多少次求婚可以得到一个 X-最优稳定完美匹配?

第 5 章　遍 历 问 题

图的遍历问题通常分为边（弧）的遍历问题和点的遍历问题，遍历问题是图论中的经典问题，在实际生活中有着广泛的应用。

本章所涉及的遍历问题都是只针对无向图，有向图中也有类似的遍历问题，只是更复杂一些，这里就不涉及，所以本章如无特别说明，提到的图都是无向图。

5.1　Euler 环游

七桥问题（The Königsberg Bridges）引起了著名数学家 Euler（欧拉）(1707—1783) 的关注，Euler 首先将问题转化为图，在图上对此问题进行考虑。1736 年，在他的论文中解决了几乎所有类似的问题。后人为了纪念 Euler，以他的名字命名了图的一些概念。

在一个无向图中：

通过图中每条边至少一次的闭途径，称作**环游**（tour）；

通过图中每条边恰一次的闭途径，称作 **Euler 环游**（Euler tour）；

通过图中每条边的迹（即：通过图中每条边恰一次的途径），称作 **Euler 迹**（Euler trail）。Euler 迹也称作"一笔画成"（即：笔不离开纸，而且各条线只画一次不准重复）。

一个图如果包含 Euler 环游，这个图称作 **Euler 图**（Euler graph）。（Euler 图也等价于包含 Euler 闭迹的图；或本身就是闭迹的图。）

定理 5-1（Euler）　设 G 为非空连通图，则图 G 为 Euler 图的充分必要条件是图 G 中所有点的度数为偶数。

证明：必要性。令 $C=u_0 e_1 u_1 e_2 u_2 \cdots e_\varepsilon u_\varepsilon (u_\varepsilon = u_0)$ 为图 G 的一个 Euler 环游，起点为

点 u_0。则对任意一个顶点 $v \neq u_0$，当点 v 每次作为内部顶点出现于 C 时，C 上有两条边与点 v 相关联。由于 C 上包含了图 G 的所有边，且不重复，因此点 v 的度数 $d(v)$ 为偶数。类似地，$d(u_0)$ 为偶数。

充分性。当 $\varepsilon(G)=1$ 时，图 G 显然是 Euler 图。反证法。假设存在非空连通图，它的每个顶点的度都是偶数，但却不是 Euler 图。在这种图中选取图 G 使其边数最少。由于 $\delta(G) \geqslant 2$，图 G 中包含圈。令 C 为图 G 中的最长闭迹，由假设，C 不会是图 G 的 Euler 环游。因此 $G-E(C)$ 中一定有一分支 G' 使 $\varepsilon(G')>0$。由定理的必要条件可知，C 本身为 Euler 图，因此 C 中每个顶点的度都是偶数，从而 G' 中所有点的度为偶数。但由于 $\varepsilon(G')<\varepsilon(G)$，由图 G 的选择可知，G' 中包含一个 Euler 环游 C'。且由于图 G 连通，C 与 C' 至少有一个公共顶点，设为点 v，不妨设点 v 同时为 C 与 C' 的起点。于是它们的衔接 CC' 是图 G 的一条闭迹，其长大于 C 的长，矛盾。

证毕

补充：定理 5-1 之另证法（参看：*Journal of Graph Theory*，Fall，1986）。

只需证明充分性。当 $v(G)=2$ 时，显然成立。只要再考虑 $v(G) \geqslant 3$ 的情形。当 $v(G) \geqslant 3$ 时，而且图 G 为非空连通图，所有点的度为偶数，则 $\varepsilon(G) \geqslant 3$。对 $\varepsilon(G)$ 进行归纳。

$\varepsilon(G)=3$ 时，图 G 为三角形，定理成立。假设对 $3 \leqslant \varepsilon < k$ 定理成立，而图 G 满足 $\varepsilon(G)=k$。选取顶点 v，使点 v 有两个不同顶点 u 及 w 与它相邻。考虑图：

$$H=(G-\{uv,vw\})+uw$$

其中，uw 为新加边，而不管图 G 中是否原有 uw 边。显然，

$$\omega(H) \leqslant 2,$$

$$\varepsilon(H)=k-1,$$

$$d_H(x) \text{ 为偶数，对任意的 } x \in V(H)。$$

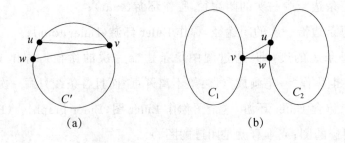

图 5-1

① 当 $\omega(H)=1$ 时〔参看图 5-1(a)〕，由归纳假设，H 中有 Euler 环游 C'，把 C' 中边 uw 代之以路 uvw，即得图 G 的 Euler 环游。

② 当 $\omega(H)=2$ 时〔参看图 5-1(b)〕,由归纳假设,H 的两个分支各有其 Euler 环游 C_1 及 C_2。不妨设 uw 在 C_2 中。将 C_2 中的边 uw 代之以迹 uvC_1vw,即得图 G 的 Euler 环游。

证毕

注: 欧拉并没有在其 1736 年所写的论文 *Solutio Problematis ad Geometriam Situs Pertinentis*(《一个位置几何问题的解》)中给出定理 5-1 充分性的详细证明,第一个可查的正式发表的定理 5-1 充分性的详细证明是 Hierholzer 于 1873 年给出的。

推论 5-1　若图 G 连通,则图 G 有一条 Euler 迹的充分必要条件是图 G 中至多有两个度为奇数的顶点。

证明:

必要性:类似定理 5-1 中必要性的证明。

充分性:若图 G 中无度为奇数顶点,则由定理 5-1,图 G 中有 Euler 迹。否则,图 G 中恰有两个度为奇数顶点,设为点 u,点 v。

考虑图 $G+e$,其中 e 为连接 u 与 v 的新边。

显然 $G+e$ 中所有点的度数为偶数,而且 $G+e$ 连通,从而 $G+e$ 包含一个 Euler 环游 $C=v_0e_1v_1e_2v_2\cdots e_{\varepsilon+1}v_{\varepsilon+1}$,其中,$v_{\varepsilon+1}=v_0=u$,$v_1=v$,$e_1=e$。易见 $v_1e_2v_2\cdots e_{\varepsilon+1}v_{\varepsilon+1}$ 就是图 G 的 Euler 迹。

证毕

如果一个图是 Euler 图,怎么找出 Euler 环游呢? 或者,如果一个图案能一笔画成,那么是否随便画,就能一笔画成? 当然,有的图是可以的,如图 5-2(a)(更多类似的这种图可以参考习题 5-1 第 4 题);但也有的图必须要有一定的技巧,如图 5-2(b),如果从 A 点出发(Euler 图的 Euler 环游可以从任意点出发),$Ae_1Be_3Ce_4Be_2A$ 就是 Euler 环游,但是如果 Ae_1B 之后走 e_2 这条边,则就不能找到 Euler 环游了(如果从 B 点出发,则任意找迹,都能找到 Euler 环游,参考习题 5-1 第 4 题)。所以对一个图,即使这个图是 Euler 图,也可能要遵守一定的规则,才可能找到这个图的 Euler 环游。那么有没有一个简便可行的这种规则呢?

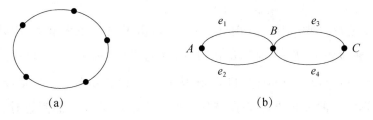

(a)　　　　　　　　　　　　　(b)

图 5-2

下面的 Fleury 算法就是一种简便可行的方法。

Fleury 算法("过河拆桥,尽量不走独木桥")。

(1) 任取一个顶点 v_0,令 $w_0 = v_0$,$i = 0$。

(2) 迹 $w_i = v_0 e_1 v_1 \cdots e_i v_i$ 已取定,选 $e_{i+1} \in E \setminus \{e_1, e_2, \cdots, e_i\}$ 使:

① e_{i+1} 与点 v_i 相关联;

② 除非无奈,选 e_{i+1} 使它不是 $G_i = G - \{e_1, e_2, \cdots, e_i\}$ 的割边。

(3) 如果选不出 e_{i+1},则结束。否则,得到 $w_{i+1} = v_0 e_1 v_1 \cdots e_i v_i e_{i+1} v_{i+1}$,其中 e_{i+1} 的两个端点分别为点 v_i 和点 v_{i+1},令 $i = i + 1$,转步骤(2)。

定理 5-2　若图 G 为 Euler 图,则由 Fleury 算法求得的图 G 中的迹,是图 G 的一个 Euler 环游。

证明: 令 $w_m = v_0 e_1 v_1 \cdots e_m v_m$ 是由 Fleury 算法求得的图 G 中的迹,显然 $d_{G_m}(v_m) = 0$,其中,$G_m = G - \{e_1, e_2, \cdots, e_m\}$。所以只能有 $v_m = v_0$。假设 w_m 不是 Euler 环游,令

$$S = \{v \mid d_{G_m}(v) > 0\}, \quad \overline{S} = V \setminus S,$$

易见:$S \neq \varnothing$,$v_m \in \overline{S}$。令点 v_l 为 w_m 在 S 中的最后一个顶点,则 $[S, \overline{S}]_{G_l} = \{e_{l+1}\}$,即 e_{l+1} 是 G_l 的割边。又,对任意的 $v \in V$,$d_{G_m}(v)$ 全为偶数,因此 G_m 中无割边〔如果 G_m 中有割边 $e = uv$,则 $G_m - e$ 中就会得到一个分支,此分支中只有一个点(点 u 或点 v)度为奇数,其他点的度数都为偶数,矛盾〕,特别地,G_m 中与 v_l 相关联的任意一条边 e 都不是 G_m 中的割边,因而也不是 G_l 中的割边($e = uv$ 不是 G_m 中的割边,所以在 $G_m - e$ 中点 u 与点 v 是连通的,而 $G_m - e$ 是 $G_l - e$ 的生成子图,或者说,$G_l - e$ 是在 $G_m - e$ 上再加入一些边,所以在 $G_l - e$ 中点 u 与点 v 也是连通的,所以 e 不是 G_l 中的割边)。但 $e_{l+1} \neq e$(因为 $e_{l+1} \notin G_m$),于是在 G_l 中,割边 e_{l+1} 与非割边 e 都和 v_l 相关联,而迹 w_m 却取的是割边 e_{l+1},这与 Fleury 算法中(2)的②相矛盾。

证毕

补充: 定理 5-2 之另证法。

只要证明下面结论即可:在算法进行过程中,每个 G_i 都是图 G 的生成子图,其中只有一个分支是非空的(其余分支每个都是孤立顶点),且点 v_i 与点 v_0 同在该非空分支中。

证明: 对 i 进行归纳。当 $i = 1$ 时,$G_1 = G - e_1$,由于图 G 中无割边,所以 G_1 连通,从而结论成立。假设当 $i \leqslant k - 1$ 时结论都成立,证明当 $i = k(k \leqslant \varepsilon)$ 时也成立。由归纳假设,$G_{k-1} = G - \{e_1, \cdots, e_{k-1}\}$ 中,v_{k-1} 和 v_0 在其唯一的非空分支中。于是,Fleury 算法之中(2)的①所选 v_{k-1} 的关联边 e_k 必在该分支中。当 e_k 不是 G_{k-1} 的割边时,v_k 与 v_0 同在该非空分支中。结论成立。当 e_k 是 G_{k-1} 的割边时,由 Fleury 算法可知,G_{k-1} 中与 v_{k-1}

相关联的边必都是 G_{k-1} 的割边。又由习题 5-1 第 7 题可知,与 v_{k-1} 相关联的边中至多有一条割边,从而 G_{k-1} 中与 v_{k-1} 相关联的边恰只有 e_k 这条边。因此,e_k 中原来 G_{k-1} 的非空分支变成一个孤立顶点 v_{k-1} 及一个含 v_k 与 v_0 的非空分支。结论仍成立。

证毕

Fleury 算法分析:在 Fleury 算法中,每次选择一条边,而选择边时主要是判断这条边是否是割边,而判断一条边是否是割边有多项式时间算法($O(v^2)$),所以,对一个 Euler 图 G,Fleury 的算法的复杂性至多为 $O(\varepsilon v^2)$〔最快可到 $O(\varepsilon v)$〕。

例 5-1 用 Fleury 算法对图 5-2(b)求从 A 点出发的 Euler 环游。

解:① 取顶点 $v_0 = A$,令 $w_0 = A$,$i = 0$。

② 选与 A 关联的边 e_1(或 e_2,此时所有的边都不是割边),得到 $w_1 = Ae_1B$。

③ 选与 B 关联的边 e_3(或边 e_4,但不能选边 e_2,因为边 e_2 是 $G-e_1$ 的割边),得到 $w_2 = Ae_1Be_3C$。

④ 选与 C 关联的边 e_4(虽然边 e_4 是 $G-\{e_1,e_3\}$ 的割边,但没有其他的选择了,所以是符合 Fleury 算法的),得到 $w_3 = Ae_1Be_3Ce_4B$。

⑤ 选与 B 关联的边 e_2(虽然边 e_2 是 $G-\{e_1,e_3,e_4\}$ 的割边,但没有其他的选择了,所以是符合 Fleury 算法的),得到 $w_4 = Ae_1Be_3Ce_4Be_2A$。

结束。w_4 就是从 A 点出发的 Euler 环游。

解毕

习题 5-1

1. 若可能,画出一个 v 为偶数,而 ε 为奇数的 Euler 图。否则说明理由。

2. 若图 G 无奇点,则存在边不重的圈 $C_1,C_2,\cdots,C_m$ 使得
$$E(G) = E(C_1) \bigcup E(C_2) \bigcup \cdots \bigcup E(C_m)。$$

3. 若连通图 G 有 $2k(k>0)$ 个奇点,则图 G 中存在 k 条边不重的迹 $Q_1,Q_2,\cdots,Q_k$,使得 $E(G) = E(Q_1) \bigcup E(Q_2) \bigcup \cdots \bigcup E(Q_k)$。

4. 设图 G 为非平凡 Euler 图,且 $v \in V$,如果图 G 中任意一条以 v 为起点的迹都能延伸成一个 Euler 环游(即:从点 v 出发,每次任意走未曾走过的边,一定可以走成一个 Euler 环游),则称图 G 为从点 v **可任意行遍的**(randomly Eulerian from v)。证明:

(1) 图 G 为从点 v 可任意行遍的的充分必要条件是 $G-v$ 为林。(O. Ore)

（2）图 G 为从点 v 可任意行遍的的充分必要条件是图 G 中每个圈含有 v。

（3）若图 G 为从点 v 可任意行遍的,则 $d(v) = \Delta(G)$。

5. 连通图 G 任意一个边割边数都是偶数的充分必要条件是图 G 是一个 Euler 图。

6. 题图 5-1 中能否引一条连续曲线（如题图 5-1 中虚线所示）,穿过每一条线段恰好一次? 若能,画出;若不能,请证明。

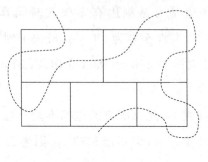

题图 5-1

7. 若连通图 G 中只有两个奇点,则与任意一个奇点相关联的边中至多有一条是图 G 的割边。

5.2　中国邮递员问题

1962 年,我国数学家管梅谷教授提出如下问题:假设一个小镇上有一个邮递员,每天需要从邮局出发,要走完他所管辖范围内的每一条街道至少一次,最后再返回邮局,问如何选择一条尽可能短的路线? 这个问题一经提出,立刻引起了国际上一些数学家的关注,这个问题称作**中国邮递员问题**（Chinese postman problem，CPP）。

如果用顶点表示交叉路口,用边表示街道,那么邮递员所管辖的范围可用一个无向赋权图表示,其中边的权重（正数）表示对应街道的长度。则中国邮递员问题可用图论语言叙述为:在一个具有正权重的赋权连通图 G 中,找出一条权重最小的环游,这种环游称为最优环游。

如果图 G 是 Euler 图,则图 G 的任意 Euler 环游都是最优环游,所以可以用 Fleury 算法求出图 G 的最优环游。但是如果图 G 不是 Euler 图（图 G 是赋权无向连通图）,怎么找到图 G 的最优环游?

如果图 G 不是 Euler 图,则图 G 的任意一个环游（包括最优环游）必定通过某些边不止一次。如果某条边 $e = uv$（显然 $u \neq v$）需要在最优环游中被通过多于一次。则可以

将边 e（及其权重）"复制"（duplicated）变成重复边（不管原来边 e 是否是重复边，边 e 在最优环游中被通过多少次就将边 e 变为多少个重复边）。这样，中国邮递员问题就与下面的问题等价。

图 G 是给定的正权重的赋权连通图。

① 用添加重复边的方法求图 G 的一个欧拉赋权母图 G^*，使得 $\sum\limits_{e\in E(G^*)\setminus E(G)} w(e)$ 最小。

② 求图 G^* 的 Euler 环游。

其中，问题②可以用 Fleury 算法来解决。下面我们来看①怎样解决。

首先管梅谷在 1960 年（中国邮递员问题在国际上公开之前，管梅谷当然就已经有一些研究结果了）就指出：如果原赋权连通图 G 中某条边 e 需要在最优环游中被通过多于一次，则一定是恰好将边 e 通过两次，也就是说图 G 中的边在 G^* 中最多出现两次（用定理 5-1 容易得到证明）。此结论收录在 *Selected Topics in Graph Theory*（Beineke L. W.，Wilson R. J.，London，Academic Press Ltd，第 35 页）中。这样一来，只需要考虑怎样选取图 G 中总权重最小的一些边，将这些边重复后得到图 G 的权重最小的 Euler 赋权母图 G^* 就可以了。

1973 年，J. Edmonds 及 E. L. Johnson 找到关于 ε 的多项式时间算法可以解决这个问题。下面先看最简单的情形，即原赋权连通图 G 中恰只有两个度为奇数顶点 u,v 时，如何求图 G 的权重最小的 Euler 赋权母图 G^*？

下面证明：图 G^* 可由图 G 加上（重复）图 G 中的最短 (u,v)-路 P 而得。

证明： 易见，$G_1=G^*[E^*\setminus E]$ 为一个简单图；且其中只有 u,v 为奇点。点 u,v 一定在 G_1 的同一个分支中（推论 1-1 或习题 1-4 第 5 题）。令 P^* 为其中的任意 (u,v)-路，则有

$$w(E^*\setminus E)\geqslant w(P^*)\geqslant w(P),$$

但 $G+P$ 也是图 G 的一个 Euler 生成母图，故 $G^*=G+P$。

证毕

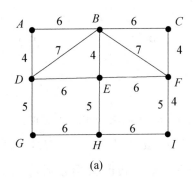

(a)

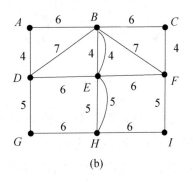

(b)

图 5-3

例如,图 5-3(a)为图 G,其中,顶点 B 与 H 的度数为奇数,其他顶点度数都为偶数。则在图 G 中先找到点 B 到点 H 的最短路 BEH,将此路上的边重复,这就得到了图 G 的权重最小的 Euler 赋权母图 G^*,如图 5-3(b)所示。

再看稍复杂一点的情况:如果赋权连通图 G 中恰有 4 个度数为奇数顶点时,如何求图 G 的权重最小的 Euler 赋权母图 G^*?

由前面的讨论可知,为得到图 G 的最优环游,要让非 Euler 图 G 变成图 G 的 Euler 赋权母图 G^*,一定要将 4 个奇度顶点 u,v,x,y 通过重复各自关联的一些边将各自的度数变为偶数,而且保持其他顶点的度数仍为偶数,还要使得所重复边的总权重最小。例如,要让顶点 u 的度数变为偶数,只能先重复与点 u 关联的一条棱 e,但如果 e 的另一个端点 z 不是 v,x,y,则点 z 的度数就会变成奇数(点 z 在图 G 中的度数为偶数),所以得继续重复与点 z 关联的一条边(不能是 e),这样一直下去,直到重复到一条与点 v(或点 x,y,这里不妨设为点 v)相关联的边,这样只能是用图 G 中的 (u,v)-路 P〔当然是最短 (u,v)-路〕将点 u,v 的度数变为偶数,点 x,y 的度数仍为奇数,其他点的度数仍为偶数,最后再重复图 G 中的(最短)(x,y)-路 Q 将点 x,y 的度数变为偶数。这样才可能得到图 G^*。但是,这样可能得到点 u,v,x,y 两两之间的共 6 条在图 G 中的最短路(如图 5-4 所示)。显然,并不需要全部的这 6 条最短路,只需要其中的 3 对最短路((u,v)(x,y))、((u,x)(v,y))和((u,y)(x,v))中权重和最小的一对即可〔利用距离的三角不等式(定理 1-7)容易证明〕。那么 3 对中,哪一对权重之和最小呢?将每一对最短路看作一条关联两个端点的边,图 5-4 可以用图 5-5 表示,其中图 5-5 中每条边的权重就是图 5-4 中对应的最短路的权重。只需要求出图 5-5 的最优匹配,此最优匹配对应的图 5-4 中的一对最短路,就是所求的 $G^*[E^* \backslash E]$。

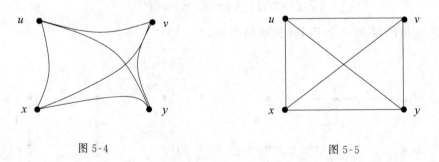

图 5-4   图 5-5

例如:图 5-6(a)为图 G,其中顶点 B,D,F 与 H 的度数为奇数,其他顶点度数都为偶数。则在图 G 中先找到 B,D,F 与 H 两两之间的最短路 BED,BEH,BEF,DEF,DEH,FEH;然后得到以 B,D,F 与 H 为顶点的 K_4(对应边的权重分别是上面 6 条最短路的权重);再找出 K_4 的最优匹配,这里取 BH,DF,继而找到图 G 中两条最短路

BEH,DEF;将此两条路上的边重复,这就得到了图 G 的权重最小的 Euler 赋权母图 G^*,如图 5-6(b)所示。

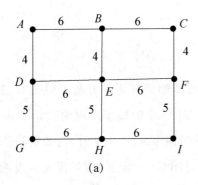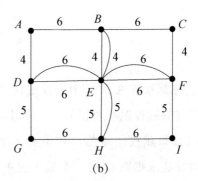

图 5-6

类似地,赋权连通图 G 都是有偶数 $2k$ 个奇度顶点,要求图 G 的权重最小的 Euler 赋权母图 G^*,同样需要将这 $2k$ 个奇度顶点通过两两之间重复一条图 G 的路,然后在所有可能的这些 $\binom{2k}{2}$ 条最短路中选出 k 条,恰好这 k 条路将 $2k$ 个奇度顶点都变为偶度顶点(一定是一条路对应两个奇度顶点作为路的两个端点,而且保持其他顶点的度数仍为偶数),而且要保证 k 条路的总权重最小。只需要将每条最短路看作一条关联两个端点的带有权重的边,则可以得到一个带权重的图 K_{2k},对此完全图 K_{2k} 求出其最优完美匹配,对应地找到 k 条最短路。将这 k 条最短路在图 G 中重复,就可以得到图 G^*。这样中国邮递员问题就可以完整地得到最优解了。(注:在将 $2k$ 个奇度顶点通过重复 k 条最短路变为偶度顶点的过程,如果对某条边的重复使用达到了 2 次或更多,则删除其中重复的两个拷贝仍将使得所有顶点的度为偶数。)由于在完全图 K_{2k} 求出其最优完美匹配有多项式时间算法,所以整个中国邮递员问题都有多项式时间算法。

如果邮递员所通过的街道都是单向道,则对应的图应为有向图。1973 年,J. Edmonds 和 E. L. Johnson 证明此时中国邮递员问题也有多项式时间算法。C. H. Papadimitrious 在 1976 年证明:如果既有双向道,又有单向道,则中国邮递员问题是 NPC 问题。(C. H. Papadimitrious,*The Complexity of Edge Traversing*。)

在实际生活中或许多研究领域中有许多问题都要用到中国邮递员问题,如警察巡逻,洒水车(除雪车、清扫车等)工作路线选择,快递配送,数据结构中数据搜索等。

中国邮递员问题还可以加入或改变一些条件变化为相关的问题或其他问题。

习题 5-2

1. 在赋权连通图 G 中寻找最优环游,需要通过添加重复边的方法求得图 G 的一个最小权重的欧拉赋权母图 G^*。证明:图 G 中的边在图 G^* 中最多出现两次。

2. 如果赋权连通图 G 中恰有 4 个度数为奇数的顶点 u,v,x,y 时,需要通过添加重复边的方法求得图 G 的一个最小权重的欧拉赋权母图 G^*。证明:恰好需要重复两条端点分别为 u,v,x,y 的图 G 的最短路,而且这两条最短路的权重之和是 3 对最短路 $((u,v)(x,y))$、$((u,x)(v,y))$ 和 $((u,y)(x,v))$ 中权重和最小的。

3. 某城市一个社区道路如题图 5-2 所示,线旁边的数字表示街道的长度(单位长度 100 米),社区警局位于图中黑点位置,警局每 6 小时需要派出一名警员从警局出发对社区所有街道巡逻至少一次,最后返回警局,问如何设计一个巡逻路线使得警员巡逻一次所走距离最短?

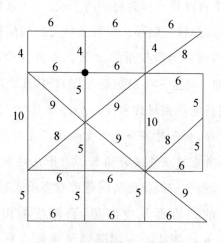

题图 5-2

5.3 Hamilton 圈

1859 年,英国著名数学家 Hamilton 发明了一种游戏:在一个实心十二面体上,要求游戏者找一条沿着边通过 20 个顶点刚好一次的闭回路。由于此问题有着广泛的应用,从而引起广泛地注意和研究,为了纪念 Hamilton,以他的名字命名了图的一些概念。

在一个无向图中,通过图中每个顶点的路称作 **Hamilton 路**(Hamilton path),所以 Hamilton 路也是生成路(spanning path);通过图中每个顶点的圈称作 **Hamilton 圈**(Hamilton cycle),所以 Hamilton 圈也是生成圈(spanning cycle);一个图如果包含 Hamilton 圈则称作 **Hamilton 图**(Hamilton graph)。显然:如果一个图有 Hamilton 圈(是 Hamilton 图),则当然有 Hamilton 路,但反之不然。

判断一个图是否是 Hamilton 图当然是一个很重要的问题,但是不像判断一个图是否是 Euler 图那么简单。已经证明,判断任意给定的一个图是否是 Hamilton 图是一个 NP-hard 问题,所以至今,怎样更容易地判断一个图是否是 Hamilton 图仍被认为是图论领域中的一个重大且未解决的问题。虽然如此,作为图论领域中的经典问题,Hamilton 相关问题仍然有很多著名、巧妙的结论和方法。

由于判断一个图是否是 Hamilton 图跟重边和环都没有关系,所以凡是涉及 Hamilton 相关问题,如无特殊说明,就只讨论简单图(如果不是简单图,就先简单化)。

首先关于 Hamilton 图,有一些最基本、最明显的结论:

① 一个图如果不连通,当然不可能是 Hamilton 图;

② 一个图如果没有圈,当然不可能是 Hamilton 图(所以,树不是 Hamilton 图,但没有圈的连通图可能会有 Hamilton 路);

③ K_n 一定是 Hamilton 图;

④ C_n(n 个顶点的圈)当然是 Hamilton 图;

……

以后再讨论一个图是否是 Hamilton 图时,虽然不用过多考虑这些明显不是或明显就是的,但是通常也有多种方法都包含这些基本的结论,更重要的是,也有许多方法最终归结到这些基本的结论上。

定理 5-3 图 G 为 Hamilton 图,则:对任意的 $S \subset V$,都有 $\omega(G-S) \leqslant |S|$。

证明:令 C 为图 G 的一个 Hamilton 圈,则对 V 的任意一个非空真子集 S 必有 $\omega(C-S) \leqslant |S|$,但 $C-S$ 是 $G-S$ 的生成子图,因此 $\omega(G-S) \leqslant \omega(C-S) \leqslant |S|$。

证毕

定理 5-3 是 Hamilton 图的一个性质,也称作 Hamilton 图的一个必要条件,但不是充分必要条件。定理 5-3 的逆否命题(等价于定理 5-3)"*存在 $S \subset V$,满足 $\omega(G-S) > |S|$,则图 G 为非 Hamilton 图*"给出了一个判断有些图不是 Hamilton 图的办法,就是找到满足 $\omega(G-S) > |S|$ 的顶点子集 S,就可以得到结论:图 G 为非 Hamilton 图。例

如,对图 5-7 所示的图 G,取 S 为"中圈"3 个度为 6 的顶点组成的集合,则 $\omega(G-S)=4>3=|S|$,所以图 5-7 所示的图 G 不是 Hamilton 图。再例如,对图 5-8 所示的图 G,取 S 为"两头"2 个度为 3 的顶点组成的集合,则 $\omega(G-S)=3>2=|S|$,所以图 5-8 所示的图 G 不是 Hamilton 图。

但是注意,定理 5-3 之逆命题不成立。例如,Petersen 图(如图 5-9 所示)满足定理条件〔任意的 $S\subset V$,都有 $\omega(G-S)\leqslant|S|$。可以用枚举法验证,较烦琐〕,但 Petersen 图不是 Hamilton 图(可以用枚举法验证,较烦琐)。也就是说用定理 5-3 的逆否命题来判断 Petersen 图不是 Hamilton 图,是行不通的。更麻烦的是,对 Petersen 图,要验证"任意的 $S\subset V$,都有 $\omega(G-S)\leqslant|S|$"需要验证 $2^{v-1}-1$(关于 v 的指数次方)多个 S(只考虑点数较少的 S,如果点数多于 $S/2$,显然不需要验证),结果所有可能的 S 都验证完了,也不能得到 Petersen 图是 Hamilton 图的结论。当然也不能得到 Petersen 图不是 Hamilton 图的结论,因为没有 $\omega(G-S)>|S|$ 的顶点子集 S。只能通过其他方法验证 Petersen 图不是 Hamilton 图(如用枚举法这种最"原始"的方法验证)。

所以上面这种方法判断一个图不是 Hamilton 图并不是一个好的方法,这个方法可能失效,只能是根据经验或图的一些特殊的性质(如图 5-7 和图 5-8 所示)判断一些特殊的图不是 Hamilton 图。

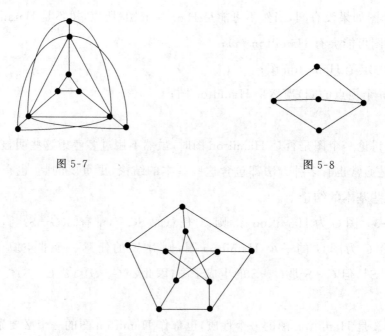

图 5-7   图 5-8

图 5-9

当然也可以考虑找其他方法判断一个图不是 Hamilton 图,但总的来说,不会有太好的方法,原因就是"判断一个任意给定的图是否是 Hamilton 图是一个 NP-hard 问题"。但是也可以考虑对一些特殊性质的图找到较好的办法。

是否有一些办法判断一个图是 Hamilton 图(Hamilton 图的充分条件)呢?

定理 5-4(Ore,1960)　对于 $v \geqslant 3$ 的简单图 G,若对任意两个不相邻顶点 u 和 v 满足

$$d(u)+d(v) \geqslant v, \tag{5-1}$$

则图 G 为 Hamilton 图。

证明:用反证法。假设存在 $v \geqslant 3$,满足条件式(5-1)的非 Hamilton 简单图,在保持其为非 Hamilton 简单图的前提下,尽量加边,直到不能再加为止,记所得图为 G。因 $v \geqslant 3$,图 G 不能是完全图(完全图就是 Hamilton 图了)。任取图 G 中两个不相邻顶点 u 和 v,则:$G+uv$ 为 Hamilton 图,且其中的每个 Hamilton 圈均含有边 uv。从而图 G 中有 Hamilton 路:$v_1,v_2,\cdots,v_v$,其中,$v_1=u,v_v=v$。

令

$$S=\{v_i \mid uv_{i+1} \in E(G)\},$$
$$T=\{v_j \mid v_j v \in E(G)\},$$

易见

$$v_v \notin S \cup T, \text{所以} |S \cup T| < v。$$

又

$$S \cap T = \varnothing。$$

(否则,假设存在 $v_k \in S \cap T$,则图 G 中有 Hamilton 圈 $v_1 v_2 \cdots v_k v_v v_{v-1} \cdots v_{k+1} v_1$,如图 5-10 所示,矛盾。)

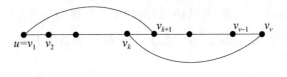

图 5-10

所以

$$d(u)+d(v) = |S|+|T| = |S \cup T| < v。$$

这与条件式(5-1)相矛盾。

证毕

定理 5-4 虽然是判断 Hamilton 图的充分条件,但并不太好用,因为要验证"任意两个不相邻顶点"的度数之和。虽然如此,但定理 5-4 仍有非常重要的理论价值。

推论 5-2（Dirac，1952）　对于 $v \geqslant 3$ 的简单图 G，若 $\delta \geqslant v/2$，则图 G 为 Hamilton 图。

证明：注意到，这时图 G 中每对顶点度数之和都大于或等于 v，即可由定理 5-4 得到结论。

证毕

可以用定理 5-4 或推论 5-2 验证：$K_{n,n}$，$K_{n,n,n}$，$K_{n,2n,3n}$ 都是 Hamilton 图，使用推论 5-2 验证时会比较容易。也可以用定理 5-3 验证任意二部图 $G=(X,Y;E)$（其中 $|X| \neq |Y|$），$K_{n,2n,3n+1}$ 不是 Hamilton 图。所以二部图中还剩下（后面的定理 5-8 继续介绍）$G=(X,Y;E)$（其中 $|X|=|Y|$）还不清楚是否为 Hamilton 图。

推论 5-3（Bondy 和 Chvatal，1974）　点 u 和点 v 为简单图 G 中两个不相邻顶点，且满足 $d(u)+d(v) \geqslant v$，则图 G 为 Hamilton 图的充分必要条件是图 $G+uv$ 为 Hamilton 图。

证明：必要性显然。

充分性。用反证法。假设图 G 为非 Hamilton 图，而由条件可知图 $G+uv$ 为 Hamilton 图，则与定理 5-4 的证明过程类似，同样可以得到 $d(u)+d(v)<v$，与条件 $d(u)+d(v) \geqslant v$ 矛盾。

证毕

推论 5-3 说明，如果图 G 不好判断是否是 Hamilton 图，就在图 G 中找一对不相邻顶点 u 和点 v 且满足 $d(u)+d(v) \geqslant v$（而不是像定理 5-4 中要求的所有不相邻顶点对），如果能找到，就在图 G 上加边 uv，再判断图 $G+uv$ 是否是 Hamilton 图。推论 5-3 能直接判断的图很少，但是给出了一个思路，就是如果加入一条边后还不好判断是否是 Hamilton 图，那就继续上面的过程，直到某一步，能判断是 Hamilton 图了，再根据推论 5-3 一步一步地返回，便可知图 G 是 Hamilton 图。一般来说，边越多，越容易是 Hamilton 图，边越少，越容易不是 Hamilton 图，所以通常用推论 5-3 判断一个图是 Hamilton 图，而不常用来判断一个图不是 Hamilton 图。推论 5-3 常用来当作 Hamilton 图的充分条件。

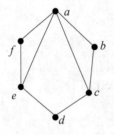

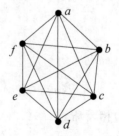

图 5-11　　　　　　　　　　　　　图 5-12

例如，图 5-11 所示的图 G 假如不好判断是否为 Hamilton 图。例如，对计算机来说,如果还没有较好的算法,计算机无法给出图 G 是 Hamilton 图的结论,但是计算机非常容易找到顶点 a,度数为 4,顶点 d,度数为 2,点 a 与点 d 不相邻,且满足 $d(a)+d(d)\geqslant6=v$,根据推论 5-3,图 G 是 Hamilton 图的充分必要条件是图 $G+ad$ 是 Hamilton 图,但是图 $G+ad$ 仍不好判断是 Hamilton 图,但顶点 e 与顶点 c 在图 $G+ad$ 中度数都是 3,且不相邻,满足 $d_{G+ad}(e)+d_{G+ad}(c)\geqslant6=v$,根据推论 5-3,图 $G+ad$ 是 Hamilton 图的充分必要条件是 $G+\{ad+ce\}$ 是 Hamilton 图,$G+\{ad+ce\}$ 仍不好判断是 Hamilton 图,继续,……,依次加入边 be,fc,fb,fd,bd(随着边的依次加入,点的度数逐渐变大),这个过程一直进行到所有可能的边都加入进来,图 G 变成了 K_6,计算机终于能够非常容易地识别出 K_6 是 Hamilton 图,再用推论 5-3,依次减少一条边也是 Hamilton 图,最终可以得到结论:原图 G 是 Hamilton 图。

定义:对简单图 G,通过反复将其中不相邻而度数之和大于或等于 v 的顶点对用新边连起来,直到不能再进行为止所得的图 G 的简单生成母图,被称作图 G 的**闭包**(closure),用 $c(G)$ 表示。

但是,上面的过程中依次加入满足条件的新边的时候,顺序可能是不一样的。例如,图 5-11 加入的第一条边可以是边 ad,但也可以是边 ce。这就产生一个疑问,是否会由于加入的边不同,最后得到的闭包不同? 如果最后得到的闭包不同,上面的方法就可能会有问题。但是,幸运的是,有下面的结论。

引理 5-1 $c(G)$ 是唯一确定的(well define)。

证明:假设 G' 及 G'' 为图 G 的两个闭包,而 $e_1,\cdots,e_m$ 及 $f_1,\cdots,f_n$ 为构成它们时加上去的新边(按先后顺序)序列。先证明 $\forall e_i\in E(G')$(即证明 $\forall e_i\in\{f_1,\cdots,f_n\}$)。用反证法,假设不然。令 $e_{k+1}=uv$ 为 $e_1,\cdots,e_m$ 中第一个不属于 $E(G')$ 的新边。记 $H=G+\{e_1,\cdots,e_k\}$,由 G' 的定义可知 $d_H(u)+d_H(v)\geqslant v$,但 $H\subseteq G''$,所以 $d_{G''}(u)+d_{G''}(v)\geqslant d_H(u)+d_H(v)\geqslant v$,而 $uv\notin E(G'')$,这与 G'' 的定义矛盾。所以 $\forall e_i\in E(G'')$(即 $\forall e_i\in\{f_1,\cdots,f_n\}$),同理可证 $\forall f_i\in E(G')$。所以 $\{e_1,\cdots,e_m\}=\{f_1,\cdots,f_n\}$,即 $G'=G''$。

证毕

定理 5-5   简单图 G 为 Hamilton 图的充分必要条件是 $c(G)$ 为 Hamilton 图。

推论 5-4   设图 G 为 $v\geqslant3$ 的简单图,若 $c(G)$ 为完全图,则图 G 为 Hamilton 图。

例 5-2   可以用推论 5-4 验证图 5-13 是 Hamilton 图。但是对于图 5-7 则无法用推论 5-4 判断,只能用定理 5-3 验证图 5-7 不是 Hamilton 图。

定理 5-6(Pósa,1962)   设 $v\geqslant3$ 的简单图 G 满足条件:

$$|\{v\in V(G)|d(v)\leqslant k\}|\leqslant k-1,\quad\forall 1\leqslant k<\frac{v}{2},\tag{5-2}$$

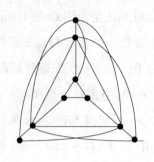

图 5-13

则图 G 为 Hamilton 图。

证明：反证法。假设存在满足定理条件的非 Hamilton 图 G，则图 G 不是完全图。注意到，用一条新边连接图 G 中两个互不相邻顶点并不破坏条件式(5-2)，因此不妨设图 G 就是满足条件式(5-2)的极大非 Hamilton 图。易知，此时图 G 仍然不是完全图。

令点 x 与点 y 为使 $d(x)+d(y)$ 最大的不相邻顶点。不妨设 $d(x)\leqslant d(y)$，于是由图 G 的定义可知，图 $G+xy$ 中包含 Hamilton 圈，且该圈包含边 xy。因此图 G 中包含 (x,y)-Hamilton 路

$$P=v_1,v_2,\cdots,v_v,$$

其中，$v_1=x,v_v=y$。

若点 x 与某点 $v_i(3\leqslant i\leqslant v-1)$ 相邻，则 v_{i-1} 就不会与点 y 相邻，不然图 G 中就包含 Hamilton 圈 $v_1v_2\cdots v_{i-1}v_vv_{v-1}\cdots v_iv_1$，矛盾。因此图 G 中存在 $d(x)$ 个顶点与点 y 不相邻。从而 $d(y)\leqslant v-1-d(x)$。再由 $d(x)\leqslant d(y)$，得 $d(x)\leqslant\dfrac{v-1}{2}<\dfrac{v}{2}$。但由点 x 与点 y 的选取可知，每个与点 y 不相邻的顶点的度数都小于或等于 $d(x)$。故图 G 中存在 $d(x)$ 个度数小于或等于 $d(x)$ 的顶点且 $d(x)<\dfrac{v}{2}$，这与定理的假设条件矛盾。

证毕

定理 5-7 设在简单、无权、连通图 G 中，$v>2\delta$，则图 G 中含有一条长度大于或等于 2δ 的路。

证明：任取图 G 中一条最长路 P，设其长度为 m，其起点为 u，终点为 v。

下面用反证法证明 $m\geqslant 2\delta$。假设 $m\leqslant 2\delta-1$，(用证明定理 5-4 类似的方法)设最长路 $P=v_1,v_2,\cdots,v_{m+1}$，其中，$v_1=u,v_{m+1}=v$。令

$$S=\{v_i\,|\,uv_{i+1}\in E(G)\},\quad T=\{v_j\,|\,v_jv\in E(G)\},$$

得 $v_{m+1}\notin S\cup T$，所以 $|S\cup T|<m+1$。如果 $S\cap T=\varnothing$，则

$$d(u)+d(v)=|S|+|T|=|S+T|=|S\cup T|<m+1. \tag{5-3}$$

但是，$d(u)+d(v)\geqslant 2\delta\geqslant m+1$ 与式(5-3)矛盾。所以只能 $S\cap T\neq\varnothing$，即存在 $v_k\in S\cap T$，得到如图 5-14 所示的一个圈 $C=v_1v_2\cdots v_kv_{m+1}v_m\cdots v_{k+1}v_1$。

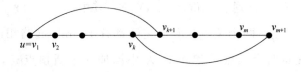

图 5-14

但圈 C 上的顶点数为 $m+1 \leqslant 2\delta < v$，因此 $\overline{V(C)}$ 非空。再由图 G 的连通性，得 $[V(C), \overline{V(C)}]$ 非空，从而图 G 中存在一条边 xy，其顶点 x 属于圈 C，而点 y 不属于圈 C。令 z 为点 x 在 C 中的相邻点，如图 5-15 所示，则 $C-xz$ 与边 xy 一起构成图 G 中长为 $m+1$ 的 (y,z)-路，这与图 G 中最长路 P 的长为 m 的假设矛盾。

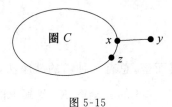

图 5-15

证毕

定理 5-8　将二部图 $G=(X,Y;E)$（其中 $|X|=|Y|$）中 X 的每对顶点都连接起来得到图 H，则图 G 是 Hamilton 图的充分必要条件为图 H 是 Hamilton 图。

证明： 必要性显然。下面用反证法证明充分性。假设图 H 是 Hamilton 图，但图 G 不是 Hamilton 图，则图 H 中任意的一个 Hamilton 圈 C 包含某条新边 $x_i x_j$，其中 $x_i, x_j \in X$，从图 H 中去掉该新边并合并其两个端点（即"压缩"边 $x_i x_j$），令所得图为 F，其中 $V(F)=X' \cup Y$，X' 为 X 合并 x_i, x_j 后的点集，$|X'|=|X|-1$，$E(F)$ 为 $E(H)$ 去掉边 $x_i x_j$ 及因合并 x_i, x_j 后出现的重边剩余的边集。参考图 5-16，由定理 5-3 可知图 F 不是 Hamilton 图〔因为 $\omega(F-X')=|Y|>|X'|$，$F-X'$ 只有 Y 中的孤立点了〕，但是将图 H 按照 Hamilton 圈 C 中的点的顺序重新几何表示为如图 5-17 所示，再"压缩"边 $x_i x_j$ 得到的图 F 是 Hamilton 图（注意：边 $x_i x_j$ 在图 H 的 Hamilton 圈 C 中，"压缩"边 $x_i x_j$ 后，圈 C 变成了圈 C'，C' 当然是图 F 的 Hamilton 圈）。矛盾。

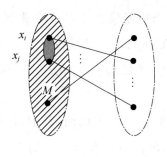

图 5-16

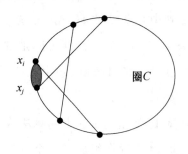

图 5-17

证毕

定理 5-9 若简单、2-连通、偶图 $G=(X,Y;E)$，其中，$|X|=|Y|-1=n$，且 $\forall x \in X$，都有 $d(x) \geq n$，则 Y 中任意两个顶点 u 和 v 之间都有 Hamilton 路相连。

证明： 对 Y 中任意两个顶点 u 和 v，往 X 中添加一个新顶点 w，并添加新边 wu 和 wv，记所得偶图为 G_1，只要证明图 G_1 有 Hamilton 圈即可。注意到，图 G_1 也是简单、2-连通、偶图。图 G_1 中 Y 的每个顶点的度都大于或等于 2。将 $X \cup \{w\}$ 中的每对顶点都连起来，并记所得图为 H。可以验证：图 H 的闭包 $c(H)$ 为完全图〔提示：$\forall x \in X$，有 $d_H(x) \geq 2n$，$d_H(w)=n+2$；$\forall y \in Y$，有 $d_H(y) \geq 2$〕。从而由推论 5-4 得图 H 中有 Hamilton 圈。再由定理 5-8 可知图 G_1 有 Hamilton 圈，因此图 G 中顶点 u 和 v 之间有 Hamilton 路相连。

证毕

例 5-3 $v(v \geq 5)$ 个人围桌而坐，总有一种新的就座法，使每人的邻座都不相同。

证明： 易见，问题等价于对 $v \geq 5$ 的完全图 K_v 及其中的任意一个 Hamilton 圈 C，子图 $K_v - E(C)$ 中是否存在另一个 Hamilton 圈。

当 $v=5$ 时，$K_v - E(C)$ 本身就是一个 Hamilton 圈，结论成立。

当 $v \geq 6$ 时，$K_v - E(C)$ 中任意点 v 的度 $d(v)=v-3 \geq \dfrac{v}{2}$。因此由推论 5-2 可知，$K_v - E(C)$ 中仍有一个 Hamilton 圈。

证毕

例 5-4 一只老鼠遇到一块 $3 \times 3 \times 3$ 立方体的奶酪，想边吃边走，吃遍每个 $1 \times 1 \times 1$ 子立方体（共 27 个，假设这只老鼠吃光一个子立方体后再吃相邻的某个子立方体）。若这只老鼠从某个角落开始，它能否最后到达立方体的中心？

证明： 将每个 $1 \times 1 \times 1$ 子立方体奶酪看作一个顶点，相邻（有公共面）的子立方体对应的顶点之间连一条边得到图 G，参考图 5-18 和图 5-19。若这只老鼠从某个角落开始，它能否最后到达立方体的中心？此问题转化为在图 G 上找一个从某个角落奶酪对应的点 A 到中心点 O 的 Hamilton 路。如果再用一条边连接点 A 与点 O 得到图 G'（注意：原来图 G 中，点 A 与点 O 之间是没有边的），则原问题可以继续转化为在图 G' 上找一个经过边 AO 的 Hamilton 圈（再去掉 AO 边后就是图 G 中的点 A 到点 O 的 Hamilton 路）。

可以验证（如用例 1-9 中的算法或定理 1-11），图 G' 是一个偶图，其中，包括所有角点在内的共 14 个顶点组成了一个点集 X（独立集），包括中心点 O 在内的 13 个顶点组成了一个点集 Y（独立集）（图 G 也是偶图）。根据定理 5-3，图 G' 不可能有 Hamilton 圈。所以这只老鼠不可能从某个角落开始，最后到达立方体的中心。

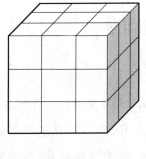

图 5-18

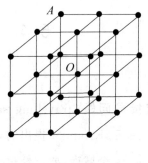

图 5-19

习题 5-3

1. (1) 证明:若简单图 G 不是 2-连通图,则图 G 为非 Hamilton 图。

 (2) 证明:若图 G 是二划分为 (X,Y) 的二部图,且 $|X| \neq |Y|$;则图 G 为非 Hamilton 图。

2. 证明:若图 G 有 Hamilton 路,则对于 $\forall S \subset V(G)$,都有 $\omega(G-S) \leqslant |S|+1$。

3. 证明:若在 $v \geqslant 3$ 的简单图 G 中,$\varepsilon > C_2^{v-1}+1$,则图 G 为 Hamilton 图。

4. 证明:若在二部图 $G=(X,Y;E)$ 中,$|X|=|Y|=n(n \geqslant 2)$,且 $\delta > \dfrac{n}{2}$,则图 G 为 Hamilton 图。

5. 对下列问题给出一个好算法:

 (1) 构造一个图的闭包。

 (2) 若某图的闭包为完全图,求该图的 Hamilton 圈。

6. 证明:对任意正整数 n,完全 3-部图 $K_{n,2n,3n}$ 为 Hamilton 图;而完全 3-部图 $K_{n,2n,3n+1}$ 为非 Hamilton 图。

7. 称图 G 为 Hamilton-连通的 $\Leftrightarrow$ 图 G 中任意两个不同顶点 u 与 v 之间都有一条 (u,v)-Hamilton 路。证明:若在 $v \geqslant 3$ 的简单图 G 中每对不相邻顶点 u 与 v 都有 $d(u)+d(v) \geqslant v+1$,则图 G 为 Hamilton-连通的。

5.4　旅行售货员问题

旅行售货员问题（travelling salesman problem，TSP）是在 19 世纪初由数学家 W. Hamilton和 T. Kirkman 提出的，通常被描述为有一个售货员，从他所在的城市出发去访问其他 $n-1$ 个城市，要求经过每个城市恰好一次，然后返回原地，问他的旅行路线怎样安排才最经济（即线路最短或旅费最省）？

将城市看作顶点，城市与城市之间的道路看作点与点之间的边，道路的距离（或旅费等）看作边上的权重（如果两个顶点之间没有边，也可以用权重为无穷大的边表示），所以 TSP 也可以叙述为"在无向加权图中，找一个权重最小的 Hamilton 圈"，其中权重最小的 Hamilton 圈也称为"最小 Hamilton 圈"或"最优 Hamilton 圈"（optimal Hamilton-cycle）。

对于一个 Hamilton 图，不同的 Hamilton 圈的权重可能会差别特别大，所以寻找最优的 Hamilton 圈是非常有必要的。例如，一个售货员要访问中美两个国家的各 5 个城市，假设中国和美国的 5 个城市之间的距离都较小（小到相对于中美之间的距离而言可以忽略不计），显然，最优的旅游路线如图 5-20 所示，而较差的旅游路线可能如图 5-21 所示，二者相差 5 倍，类似地，如果这里有中美国家各 k 个城市，则最优和最差的旅游路线可能相差 k 倍。

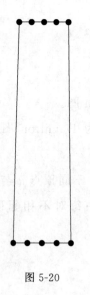

图 5-20

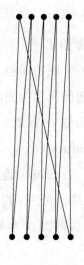

图 5-21

标准的 TSP 实际上包含两个问题：①任意给一个图 G，图 G 是否为 Hamilton 图？(NP-hard)问题。②如果图 G 是 Hamilton 图，怎样安排旅行路线才最经济？

即使把 TSP 简化为只考虑第二个问题(假设图 G 是赋权完全图)，TSP 仍然是一个非常困难的问题。例如，当城市数为 n 时，可能的路线数量为 $(n-1)!$，即使再简化为所谓的"对称 TSP"(即任意两座城市之间来回的距离是相等的)，可能的路线数量也为 $\frac{1}{2}(n-1)!$。为了比较每个路线权重的大小，需要对每个 Hamilton 圈作 n 次加法，故加法的总数为 $\frac{1}{2}n!$，再从 $\frac{1}{2}(n-1)!$ 个总权重中找出最小的，需要比较 $\frac{1}{2}(n-1)!$ 次。另外，如果把 TSP 简化为权重全为 1(即不考虑权重)，则问题就简化为①(即判断任意图是否为 Hamilton 图)，仍是 NP-hard 问题。理论上已经证明：除非 $P=NP$，否则不存在多项式时间近似算法，使相对误差小于或等于任意给定的 $\varepsilon>0$。

总之，TSP 是著名的 NP-hard 难题，也是组合优化、计算机科学界经典的问题之一。

但是，TSP 广泛地应用于运输、生产、国防、生物、计算机等领域。例如，一个工厂需要经过 n 道工序 $j_1,j_2,\cdots,j_n$ 周而复始地生产某种产品，而从工序 j_i 到 j_k 的调整时间为 $t_{i,k}$，问如何安排加工顺序，使总调整时间为最短？这个问题就可以转化为 TSP 来求解。

TSP 除了广泛的直接应用之外，还为离散优化中各类算法提供了思想方法平台，因而对 TSP 求解方法的研究具有重要的价值。

关于 TSP 的求解有很多的成果和方法，这些方法大概分为：①求 TSP 精确解的方法，如动态规划方法、分支定界方法等，这些方法都只能求解规模较小的问题，对于规模较大的问题都无能为力；②求 TSP 近似解的方法，如贪婪算法、模拟退火算法、遗传算法、粒子群算法、蚁群算法等，这些方法基本都属于所谓的启发式算法或智能算法，对规模较大的 TSP 问题可以获得较好的近似结果，但是各种近似求解算法还有着一些固有的缺陷，在不同情况下有着不同的性能表现，需要在使用时加以选择。除此之外，下面再介绍两种基本的近似算法。

(1) 剪刀差方法。先找一个尽可能好的(reasonably good solution) Hamilton 圈 $C=v_1v_2\cdots v_v v_1$，再对圈 C 加以改进：对任意的 i 与 $j(1<i+1<j<v)$，若有

$$w(v_iv_j)+w(v_{i+1}v_{j+1})<w(v_iv_{i+1})+w(v_jv_{j+1}),$$

则 Hamilton 圈 $C_{ij}=v_1v_2\cdots v_iv_jv_{j-1}\cdots v_{i+1}v_{j+1}v_{j+2}\cdots v_vv_1$ 是圈 C 的一个改进(如图 5-22 所示)。反复进行上述步骤，直到不能再改进为止。所得的 Hamilton 圈一般不会是最优圈，但可能是"比较好的"。上述步骤也可从不同的 Hamilton 圈作为开始，反复进

行之。

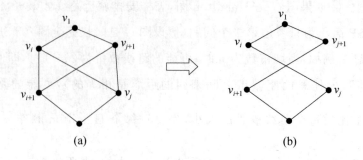

图 5-22

（2）用最小生成树求最优 Hamilton 圈的算法。设赋权完全图 G 的权重满足三角不等式，即：对任意的 $x,y,z \in V(G)$，$w(x,y)+w(y,z) \geqslant w(x,z)$。则用如下方法可以得到图 G 的 Hamilton 圈。

① 求图 G 中的一棵最小生成树 T。

② 将树 T 中各边均加一条与原边权值相同的平行边，设所得图为 G'，显然图 G' 是 Euler 图。

③ 求图 G' 中的一条 Euler 回路 E（例如用 Fleury 算法）。

④ 在 E 中按如下方法求从顶点 v 出发的一个 Hamilton 圈 H：从 v 出发，沿 E 访问图 G' 中各个结点，在没有访问完所有结点之前，一旦出现重复的结点，就跳过它走到下一个结点。（称这种走法为"抄近路走法"。）

方法（2）得到的 H 一定是一个图 G 的 Hamilton 圈，而且是一个多项式时间算法。步骤如图 5-23 所示（平面上 6 个顶点，顶点之间的距离设为顶点之间边的权重，假如这 6 个顶点之间的最小生成树如图 5-23（a）所示，图 5-23（b）表示得到的图 G' 和 Euler 回路 E，以后的图表示用"抄近路走法"逐步得到图 G 的 Hamilton 圈的过程）。

设赋权完全图 G 的最优 Hamilton 圈为 C^*，其权重为 $w(C^*)$，最小生成树为 T，其权重为 $w(T)$，设按照方法（2）得到的 $w(H)$ 作为 $w(C^*)$ 的近似值，则

$$w(T) \leqslant w(C^*) \leqslant w(H) \leqslant 2w(T) (\leqslant 2w(C^*))。$$

这说明，按照方法（2）得到的 $w(H)$ 作为 $w(C^*)$ 的近似值，其相对误差最多为 100%。而方法（1）（剪刀差方法）得到的近似解的相对误差则不容易估计。从某种程度上讲，方法（2）得到的近似解已经是一个很好的结果了。

此外，为了估计一个近似算法得到的近似解的近似程度，通常都需要估计出精确解的上界和下界，当然精确解的上界和下界越接近越好。

对于 TSP，可以有多种方法估计出精确解的上下界。比如方法（2）中得到的 $w(H)$

和 $w(T)$ 就可以作为精确值 $w(C^*)$ 的上下界，或方法（1）（剪刀差方法）得到的近似解也可以作为 $w(C^*)$ 的上界。再例如，也可以用下面的方法得到精确值 $w(C^*)$ 的下界。设点 v 为最优圈 C^* 上任意取的一个顶点，则 $C^* - v$ 为 $G - v$ 中的一棵生成树。令 T_v 为 $G - v$ 中的最优树，则有 $w(T_v) + w(e) + w(f) \leqslant w(C^*)$，其中，$e,f$ 为图 G 中与点 v 相关联的边中权重最小的两条边，所以 $w(T_v) + w(e) + w(f)$ 可作为 $w(C^*)$ 的下界。

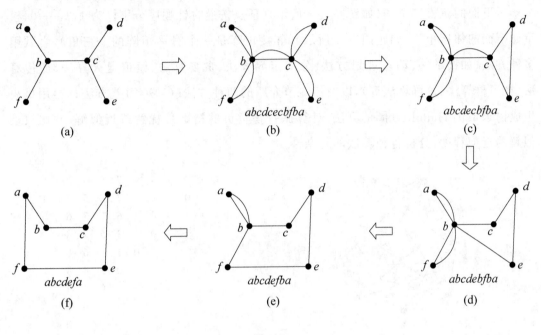

图 5-23

TSP 是算法与复杂性领域中著名的测试问题。

TSP 还可以扩展或变化为其他的问题，如非对称 TSP（两个城市之间来回的距离不同或两个城市之间的路线不一定都存在，非对称 TSP 可以用有向图中的最优有向 Hamilton 圈表示）、瓶颈旅行商问题（bottleneck TSP）、优先顺序旅行推销员问题、旅行购买者问题（涉及购买一系列产品的购买者，他们可以在若干个城市购买这些产品，但价格会有不同，也不是所有城市都有售相同的商品，目标是在这若干城市中找到一条路径，使得总成本（旅行成本＋购买成本）最小，并且能够买到所有需求的商品）等。这些问题都有各自的应用背景。

习题 5-4

对下面的赋权完全图（如题图 5-3 所示）〔顶点按逆时针顺序分别标为 $1,2,\cdots,9$，权重如下面的邻接矩阵（如题图 5-4 所示），邻接矩阵是一个对称矩阵的上三角〕，尝试用多种方法（如枚举法、动态规划方法、分支定界方法、贪婪算法、模拟退火算法、遗传算法、粒子群算法、蚁群算法等），以及 5.4 节介绍的两种方法〔(1)剪刀差方法；(2)用最小生成树求最优 Hamilton 圈的算法〕计算旅行售货员的精确最优解或近似解，并比较近似解的近似程度，分析各种算法的复杂性。

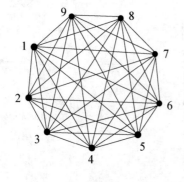

$$
\begin{matrix}
0 & 2 & 3 & 4 & 9 & 7 & 5 & 3 & 2 \\
  & 0 & 1 & 3 & 5 & 7 & 8 & 5 & 3 \\
  &   & 0 & 2 & 4 & 6 & 7 & 7 & 6 \\
  &   &   & 0 & 2 & 3 & 5 & 7 & 8 \\
  &   &   &   & 0 & 1 & 3 & 6 & 8 \\
  &   &   &   &   & 0 & 2 & 4 & 8 \\
  &   &   &   &   &   & 0 & 2 & 4 \\
  &   &   &   &   &   &   & 0 & 1 \\
  &   &   &   &   &   &   &   & 0 \\
\end{matrix}
$$

题图 5-3　　　　　　　　　　　　　　　　题图 5-4

第6章 网络流问题

当前的社会可以说是网络的社会，生活中各种各样的网络。宏观的网络有交通网（公路网、高速公路网、铁路网、高铁网、航空网、运输网等），输油网、天然气输送网、供水网等）、通信网、计算机互联网、物联网等；微观的网络有集成电路网、神经网络、分子网络、量子关联网络、纳米相干网络等；虚拟的网络有管理网络、安全网络、人际网络、社会网络等。人们总是生活在各种各样的网络中。这些生活中的网络虽然千差万别，但也都有相似点，都是由大量的个体组成。个体与个体之间有着种种的关联关系，关联关系又受到一定的制约和条件限制。所有个体、个体和个体之间的关系组成一个个的网络，共同支撑起网络的功能。网络中的每一个个体、个体和个体之间的关联关系都可能会影响整个网络的性能，所以，研究网络的各种性能、各种关系，对发挥网络的最大作用有着非常重要的意义。

6.1 网络与流

一个有限的有向图 $D=(V,A)$，如果满足下面的两个条件。

① V 中至少包含二特定的非空不相交顶点子集 X 和 Y，其余顶点集合为 I，即 $V=X\cup Y\cup I(X\neq\varnothing,Y\neq\varnothing,X\cap Y=\varnothing,I=V\backslash\{X\cup Y\})$。

② 弧集 A 上定义了一个非负整数值函数 $c(\cdot)$，即：$\forall a\in A,\exists c(a)\in Z$，且 $c(a)\geqslant0$。则称 D 为一个**网络**(network)，记作 $N=(X,Y,I,A,c)$。

其中，在网络 N 中，X 称为**发点集合**(source set)，也称作**源点集合**，X 中的顶点称为**发点**或**源点**(source)；Y 称为**收点集合**(sink set)，也称作**宿点集合**，Y 中的每个顶点称为**收点**或**宿点**(sink)；I 称作**中间点集合**(intermediate set)，I 中的顶点称为**中间顶点**

(intermediate vertex);$c(\cdot)$ 称为**容量函数**(capacity function),每条弧 a 上 $c(a)$ 的值称为 a 的**容量**(capacity)。另外,一个网络 N 也可以在弧集 A 上定义其他函数,如流量函数、费用函数等,所以网络 N 也可以记作 $N=(X,Y,I,A,c_1,c_2,\cdots)$。

如图 6-1 所示就是一个网络,其中,$N=(X,Y,I,A,c)$,$X=\{x_1,x_2\}$,$Y=\{y_1,y_2,y_3\}$,$I=\{v_1,v_2,v_3,v_4\}$,弧集 A 及容量 c 如图 6-1 所示(弧旁边的数字表示这条弧的容量)。网络 N 可以看作是一个运输网络,准备从 X(包括 x_1 和 x_2 两个城市)通过网络 N 中的弧(路线或管道)运输一些物资到 Y(包括 y_1,y_2 和 y_3 3 个城市),中间经过 v_1,v_2,v_3,v_4 4 个中间城市,弧 $a\in A$ 的容量表示单位时间内通过弧 a 运输的物资的最大数量。对于网络 N,首先会考虑:单位时间内,从 X 到 Y 最多能运输多少物资?

注:这里的物质假设不可分割、变形、拼接,也不考虑物资之间的引力、空气动力学、流体力学等,只考虑以某单位衡量的数量,并且物资没有个体差异。

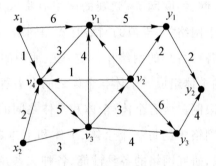

图 6-1

设 $f(\cdot)$ 为定义在弧集 A 上的任何实函数,有以下记号:对任意一个弧子集 K,记

$$f(K)=\sum_{a\in K}f(a);$$

当 $K=(S,\bar{S})$ 时,记

$$f^+(S)=f(S,\bar{S});$$

类似地,记

$$f^-(S)=f(\bar{S},S);$$

由此,特别地,记

$$f^+(v)=f(\{v\},V\backslash\{v\});$$
$$f^-(v)=f(V\backslash\{v\},\{v\})。$$

定义在一个网络 $N=(X,Y,I,A,c)$ 的弧集 A 上的整数值函数 $f(\cdot)$ 若满足以下条件,就称为网络 N 上的一个**流**(flow):

(1) $\forall a\in A$,都有 $0\leqslant f(a)\leqslant c(a)$;〔此条件称作**容量约束条件**(capacity

constraint)。〕

(2) $\forall v \in I$，都有 $f^+(v) = f^-(v)$。〔此条件称作**流量守恒条件**（conservation condition）。〕

对网络 N，$\forall a \in A$，称 $f(a)$ 为**弧 a 上的流量**。表示某个时间段内，单位时间内通过弧 a 运输的物资的实际数量。

任何一个网络 $N = (X, Y, I, A, c)$ 都可以定义流。如：令 $f(a) = 0$，$\forall a \in A$。容易验证，这样定义的 $f(\cdot)$ 为网络 N 上的一个流。这个流称作**零流**（zero flow），反之，对网络 $N = (X, Y, I, A, c)$ 的任何一个流 $f(\cdot)$，只要 $\exists a \in A$，使得 $f(a) \neq 0$，则称 $f(\cdot)$ 为非零流。

设 $f(\cdot)$ 是网络 N 上的流，而 S 是网络 N 的任意一个顶点子集。称：$f^+(S) - f^-(S)$ 为**流出 S 的合成流量**（或 S 的**合成流出流量**）（resultant flow out of S）；$f^-(S) - f^+(S)$ 为**流入 S 的合成流量**（或 S 的**合成流入流量**）（resultant flow into of S）。

定理 6-1　对任何一个网络 $N = (X, Y, I, A, c)$ 的任意流 $f(\cdot)$，及任何一个 $S \subseteq V(N)$，都有

$$f^+(S) - f^-(S) = \sum_{v \in S}(f^+(v) - f^-(v)),$$
$$f^+(X) - f^-(X) = f^-(Y) - f^+(Y)。$$

证明：由于 $\sum\limits_{v \in S} f^+(v) = \sum\limits_{v \in S, (v,x) \in A} f(v, x)$ 及 $\sum\limits_{v \in S} f^-(v) = \sum\limits_{v \in S, (y,v) \in A} f(y, v)$，因此在式 $\sum\limits_{v \in S}(f^+(v) - f^-(v))$ 中，两个端点全在 S 中的弧的流量，正好都被互相抵消，所余恰为所有一个端点在 S 中另一个端点在 $\overline{S}$ 中的弧的流量的代数和，即 $f^+(S) - f^-(S)$。因此

$$f^+(S) - f^-(S) = \sum_{v \in S}(f^+(v) - f^-(v))。$$

当取 $S = V(N)$ 时，由上面的推导过程可知 $\sum\limits_{v \in V(N)}(f^+(v) - f^-(v)) = 0$。其中，对任意的 $v \in I$，都有 $f^+(v) = f^-(v)$，即 $f^+(v) - f^-(v) = 0$，因此

$$\sum_{v \in V(N)}(f^+(v) - f^-(v))$$
$$= \sum_{v \in X}(f^+(v) - f^-(v)) + \sum_{v \in I}(f^+(v) - f^-(v)) + \sum_{v \in Y}(f^+(v) - f^-(v))$$
$$= \sum_{v \in X}(f^+(v) - f^-(v)) + \sum_{v \in Y}(f^+(v) - f^-(v))$$
$$= (f^+(X) - f^-(X)) + (f^+(Y) - f^-(Y)) = 0。$$

所以有 $f^+(X) - f^-(X) = f^-(Y) - f^+(Y)$。

证毕

对网络 $N=(X,Y,I,A,c)$ 及网络 N 上的任意流 $f(\cdot)$，称

$$f^+(X)-f^-(X)(=f^-(Y)-f^+(Y))$$

为流 $f(\cdot)$ 的**流值**，用 val f 表示。

例如，图 6-2 是图 6-1 所示的网络的基础上定义的一个流 $f(\cdot)$（其中，在每条弧旁边所标的两个数字中，第 1 个数字表示这条弧的流量，第 2 个数字表示这条弧的容量），val $f=6$。

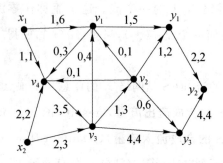

图 6-2

对于网络 N 上的流 $f(\cdot)$，若不存在网络 N 上的流 $f'(\cdot)$ 使 val $f'>$val f，则称 $f(\cdot)$ 为 N 的**最大流**（maximum flow）。对于图 6-2 所示的网络 $N=(X,Y,I,A,c)$ 及网络 N 上的流 $f(\cdot)$，$f(\cdot)$ 是否是网络 N 的最大流？怎么求出网络 N 的最大流？

习题 6-1

1. 对于下列各网络（如题图 6-1 与题图 6-2 所示），确定所有可能的流和最大流的值。

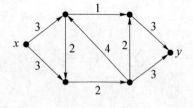

题图 6-1

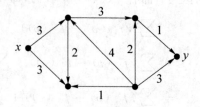

题图 6-2

6.2　网络最大流

任何一个网络都有流(如零流),也都可以求出网络的最大流。对网络 $N=(X,Y,$ $I,A,c)$,及 N 上的任意流 $f(\cdot)$,为了求 N 的最大流,可以先将流 $f(\cdot)$ 修改为满足以下条件。

① 不存在有向圈 C,其中圈 C 上每条弧 a,都有 $f(a)>0$。反之,如果有这种有向圈 C〔圈 C 上每条弧 a,都有 $f(a)>0$〕,则将圈 C 上每条弧的流量都减去圈 C 中所有弧中最小的流量,即可得到新的流 $f'(\cdot)$〔容易验证 $f'(\cdot)$ 仍是网络 N 的流,而且满足 val $f=$val f'〕。而对于 $f'(\cdot)$,有向圈 C 不再满足"圈 C 上每条弧 a,都有 $f(a)>0$"。将 $f'(\cdot)$ 代替 $f(\cdot)$。反复进行这种过程,即可。

② 不存在 (x_i,x_j)-有向路 P,其中 $x_i,x_j\in X$,路 P 上每条弧 a,都有 $f(a)>0$。反之,如果有这种有向路 P〔路 P 上每条弧 a,都有 $f(a)>0$〕,则将路 P 上每条弧的流量都减去 P 中所有弧中最小的流量,即可得到新的流 $f'(\cdot)$〔容易验证 $f'(\cdot)$ 仍是网络 N 的流,而且满足val $f=$val f'〕。而对于 $f'(\cdot)$,有向路 P 不再满足"路 P 上每条弧 a,都有 $f(a)>0$"。将 $f'(\cdot)$ 代替 $f(\cdot)$。反复进行这种过程,即可。

对网络 $N=(X,Y,I,A,c)$,及 N 上的任意流 $f(\cdot)$,只要满足①和②,则可以将流 $f(\cdot)$ 继续修改为还满足以下条件。

③ 不存在 $x\in X$,使得 $f^+(x)-f^-(x)<0$。否则,网络 N 中有弧 (v_1,x),满足 $f(v_1,x)>0$,由于网络 N 和 $f(\cdot)$ 满足①②,所以可得 $v_1\in I$ 或 $v_1\in Y$,由于 I 中的顶点满足流量守恒条件,无论是 $v_1\in I$,还是 $v_1\in Y$,都可以得到网络 N 中存在某 (y,x)-有向路 P,其中,$y\in Y$,路 P 上每条弧 a,都有 $f(a)>0$。将路 P 上每条弧的流量都减去路 P 中所有弧中最小的流量,即可得到新的流 $f'(\cdot)$〔容易验证 $f'(\cdot)$ 仍是网络 N 的流〕,而且满足 val $f'>$val f。将 $f'(\cdot)$ 代替 $f(\cdot)$。反复进行这种过程,即可。

类似地,可以将流 $f(\cdot)$ 继续修改为还满足以下条件。

④ 不存在 $y\in Y$,使得 $f^-(y)-f^+(y)<0$。

⑤ 不存在 (y,x)-有向路 P,其中,$y\in Y,x\in X$,对路 P 上每条弧 a,都有 $f(a)>0$。

为简单起见,以后如果不作特别说明,在求网络的最大流时,都假设网络 $N=(X,$ $Y,I,A,c)$ 的任意流 $f(\cdot)$ 都满足上面的条件①~⑤。

在求解网络的最大流问题时,为简化计,可以将具有多发点、多收点的网络 N 转化为具有单发点、单收点的网络 N'。只要对网络 N' 求出 N' 的最大流,就可以得到网络 N 的最大流。过程如下。

将多发点、多收点的网络 N 转化为单发点、单收点的网络 N'。

往网络 N 中加两个顶点 X_0 和 Y_0 分别作为网络 N' 的单发点和单收点,并用容量为 ∞ 的一条新弧将 X_0 连接到网络 N 中 X 的每个顶点,同样用容量为 ∞ 的一条新弧将网络 N 中 Y 的每个顶点连接到 Y_0。例如,图 6-1 所示的网络 N 转化为网络 N' 如图 6-3 所示。

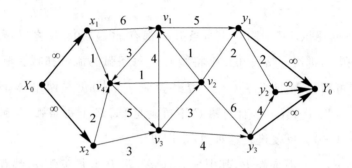

图 6-3

但是如果网络 N 中已有一个非零流 $f(\cdot)$〔不妨假设 $f(\cdot)$ 满足条件:$\forall x \in X$,$f^+(x) - f^-(x) \geqslant 0$;$\forall y \in Y$,$f^-(y) - f^+(y) \geqslant 0$。参考上面的条件③和④〕,则需要在网络 N' 中的新弧上也标上新弧的流量,并且让网络 N 中 X 和 Y 的每个顶点在网络 N' 中都满足守恒条件,而原网络 N 中的弧的流量在网络 N' 中不变,得到一个网络 N' 中的流 $f'(\cdot)$:

$$f'(a) = \begin{cases} f(a), & a \in A(N), \\ f^+(x_i) - f^-(x_i), & a = (x, x_i), \\ f^-(y_j) - f^+(y_j), & a = (y_j, y). \end{cases}$$

显然可证:$f'(\cdot)$ 确实是网络 N' 上的一个流,而且 val $f' =$ val f。反之,网络 N' 的任意一个流 $f'(\cdot)$ 在网络 N 的弧集上的**限制**(restriction)〔即:对网络 N' 和 $f'(\cdot)$ 只考虑网络 N 的弧及弧上的流量〕$f(\cdot)$ 也是网络 N 上的流,且 val $f =$ val f'。由此可知,网络 N 和网络 N' 有相同的最大流的值。

例如,图 6-2 所示的网络 N 和非零流 $f(\cdot)$ 转化为网络 N' 和流 $f'(\cdot)$ 如图 6-4 所示。

设网络 $N = (X, Y, I, A, c)$ 只有一个发点 x 及一个收点 y,记作 $N = (x, y, I, A, c)$。本章如果讨论单发点、单收点的网络,将以 $N = (x, y, I, A, c)$ 来表示,而如果讨论多发点、多收点的网络(包括单发点、单收点的网络),则以 $N = (X, Y, I, A, c)$ 来表示。为简

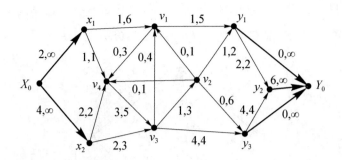

图 6-4

单起见,在求网络的最大流时,如果不作特别说明,只考虑网络 $N=(x,y,I,A,c)$。

对网络 $N=(x,y,I,A,c)$,和 $V(N)$ 的一个顶点子集 S,如果满足:$x\in S,y\in \overline{S}$,则称 $K=(S,\overline{S})$ 为网络 N 中的**割**(cut),并称 $\sum\limits_{a\in K}c(a)$ 为割的**容量**,记作 $\mathrm{cap}K$,即

$$\mathrm{cap}K = c(S,\overline{S}) = \sum_{a\in K}c(a)。$$

对网络 $N=(x,y,I,A,c)$ 中的一个割 $\widetilde{K}$,如果网络 N 中任意割 K 都有 $\mathrm{cap}K\geqslant \mathrm{cap}\widetilde{K}$,则称割 $\widetilde{K}$ 为网络 N 的**最小割**(minimum cut)。

定理 6-2　对网络 $N=(x,y,I,A,c)$,网络 N 上的任意流 $f(\cdot)$,以及网络 N 中任意一个割 $K=(S,\overline{S})$ 有

$$\mathrm{val}\,f=f^+(S)-f^-(S)。$$

证明:注意到

$$f^+(v)-f^-(v)=\begin{cases}\mathrm{val}\,f, & v=x,\\ 0, & v\in S\backslash\{x\},\end{cases}$$

因此由定理 6-1 可知

$$\mathrm{val}\,f = \sum_{v\in S}(f^+(v)-f^-(v)) = f^+(S)-f^-(S)。$$

证毕

例如,图 6-5 所示的网络 N 中,在每条弧旁所标的两个数字中,第 1 个数字表示这条弧的流量,第 2 个数字表示这条弧的容量。则容易验证:网络 N 中每条弧上的流量组成了网络 N 的一个流 $f(\cdot)$,$\mathrm{val}\,f=5$。网络 N 中共有 8 个不同的割(因为共 3 个中间顶点,$2^3=8$)。例如,当 $S=\{x\}$ 时,$K_1=(S,\overline{S})=\{xa,xb\}$,$\mathrm{cap}K_1=6$;当 $S=\{x,a\}$ 时,$K_2=(S,\overline{S})=\{xb,ay\}$,$\mathrm{cap}K_2=7$;当 $S=\{x,b\}$ 时,$K_3=(S,\overline{S})=\{xa,ba,bc\}$,$\mathrm{cap}K_3=7$;当 $S=\{x,c\}$ 时,$K_4=(S,\overline{S})=\{xa,xb,ca,cy\}$,$\mathrm{cap}K_4=12$;当 $S=\{x,a,b\}$ 时,$K_5=(S,\overline{S})=\{ay,bc\}$,$\mathrm{cap}K_5=5$;$\cdots$;当 $S=\{x,a,b,c\}$ 时,$K_8=(S,\overline{S})=\{ay,cy\}$,$\mathrm{cap}K_8=8$。

其中,网络 N 的最小割为 $K_5 = (S, \overline{S}) = \{ay, bc\}$,对应的 $S = \{x, a, b\}$,$\mathrm{cap}K_5 = 5$。但是对这 8 个割对应的 8 个 S,都有 $\mathrm{val}\, f = f^+(S) - f^-(S)$。

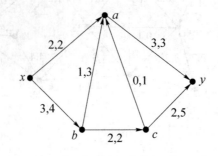

图 6-5

对网络 $N = (X, Y, I, A, c)$ 中任意一个流 $f(\cdot)$,如果弧 a 上的流量为 $f(a) = 0$,则称弧 a 为 f-**零的**。类似地,若弧 a 上的流量为 $f(a) > 0$,则称弧 a 为 f-**正的**;若弧 a 上的流量满足 $f(a) < c(a)$〔其中 $c(a)$ 为弧 a 的容量〕则称弧 a 为 f-**不饱和的**;若弧 a 上的流量满足 $f(a) = c(a)$,则称弧 a 为 f-**饱和的**;

定理 6-3 对网络 $N = (x, y, I, A, c)$,网络 N 中任意一个流 $f(\cdot)$ 及 N 中任意一个割 $K = (S, \overline{S})$,有 $\mathrm{val}\, f \leqslant \mathrm{cap}K$;式中等号成立的充分必要条件是 $(S, \overline{S})$ 中每条弧都为 f-饱和的,且 $(\overline{S}, S)$ 中每条弧为 f-零的。

证明:由流 $f(\cdot)$ 的容量约束条件可知 $f^+(S) \leqslant \mathrm{cap}K$ 与 $f^-(S) \geqslant 0$ 成立。再由定理 6-2 可知 $\mathrm{val}\, f = f^+(S) - f^-(S) \leqslant \mathrm{cap}K$ 显然成立。

又:$f^+(S) \leqslant \mathrm{cap}K$ 中等号成立的充分必要条件是 $(S, \overline{S})$ 中每条弧都为 f-饱和的;$f^-(S) \geqslant 0$ 中等号成立的充分必要条件是 $(\overline{S}, S)$ 中每条弧都为 f-零的。从而 $\mathrm{val}\, f = \mathrm{cap}K$ 成立的充分必要条件是 $(S, \overline{S})$ 中每条弧都为 f-饱和的,且 $(\overline{S}, S)$ 中每条弧为 f-零的。

证毕

显然,由定理 6-3,对网络 $N = (x, y, I, A, c)$,若 $f^*(\cdot)$ 为网络 N 的最大流,$\widetilde{K}$ 为网络 N 的最小割,仍然有 $\mathrm{val}\, f^* \leqslant \mathrm{cap}\widetilde{K}$ 成立。反之,如果网络 N 的流 $f(\cdot)$ 及网络 N 的割 K,满足 $\mathrm{val}\, f = \mathrm{cap}K$,则 $f(\cdot)$ 为网络 N 的最大流,K 为网络 N 的最小割。

推论 6-1 对网络 $N = (x, y, I, A, c)$,网络 N 中流 $f(\cdot)$ 及网络 N 中的一个割 $K = (S, \overline{S})$,满足 $\mathrm{val}\, f = \mathrm{cap}K$,则 $f(\cdot)$ 为网络 N 的最大流,K 为网络 N 的最小割。

证明:对网络 N 的任意流 $f'(\cdot)$,都有 $\mathrm{val}\, f' \leqslant \mathrm{cap}K = \mathrm{val}\, f$;对网络 N 的任意割 K',都有 $\mathrm{cap}K' \geqslant \mathrm{val}\, f = \mathrm{cap}K$。

所以,$f(\cdot)$ 为网络 N 的最大流,K 为网络 N 的最小割。

证毕

对网络 $N=(x,y,I,A,c)$,设 $f(\cdot)$ 为网络 N 上的一个流,P 为网络 N 中一条 (u,v)-路(不一定是有向路),设从点 u 到点 v 为路 P 的方向(这里"路的方向"和"有向路"是两个不同的概念),路 P 上的弧 a 的方向如果与路 P 的方向一致,就称弧 a 是路 P 的**顺向弧**,路 P 上的所有顺向弧记作 P^+,类似地,路 P 上的弧 a 的方向如果与路 P 的方向相反,就称弧 a 是路 P 的**反向弧**,路 P 上的所有反向弧记作 P^-,记

$$l(a)=\begin{cases} c(a)-f(a), & a\in P^+, \\ f(a), & a\in P^-, \end{cases}$$

$$l(P)=\min_{a\in A(P)} l(a)。$$

如果 $l(P)=0$,则称路 P 为 f-**饱和的**;如果 $l(P)>0$,称路 P 为 f-**不饱和的**;如果路 P 是以发点 x 为起点,以收点 y 为终点的 f-不饱和的路,则称 (x,y)-路 P 为 f-**可增路**(f-incrementing path)。

例如,图 6-5 中所示的网络 N 和流 $f(\cdot)$,xba 是一条 f-不饱和的路,其中 $l(xba)=1$。而 $xbac$ 则是一条 f-饱和的路。可以逐个验证,图 6-5 中的网络 N 没有 f-可增路。

图 6-6 中所示的网络 $N=(x,y,I,A,c)$ 和流 $f(\cdot)$(弧旁第 1 个数字表示容量,第 2 个数字表示弧的流量),$xacy$ 是一条 f-不饱和的路,也是一条 f-可增路,其中 $l(xacy)=1$。

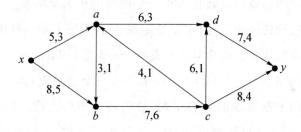

图 6-6

对一个网络 $N=(x,y,I,A,c)$ 和网络 N 上的流 $f(\cdot)$,如果网络 N 中有一个 f-可增路 P,则 $f(\cdot)$ 一定不是最大流,因为这时可沿路 P 将流 $f(\cdot)$ 修改成一个新的流 $f'(\cdot)$:

$$f'(a)=\begin{cases} f(a)+l(P), & a\in P^+, \\ f(a)-l(P), & a\in P^-, \\ f(a), & \text{其他}。 \end{cases}$$

显然有

$$\operatorname{val}f'=\operatorname{val}f+l(P),$$

称 $f'(\cdot)$ 为网络 N 的**基于 P 的修改流**（revised flow based on P）。

定理 6-4 网络 $N=(x,y,I,A,c)$ 中的流 $f(\cdot)$ 为最大流的充分必要条件为网络 N 中不含 f-可增路。

证明：必要性：反证，若 N 中含一条 f-可增路 P，则 $f(\cdot)$ 不是最大流，因为基于 P 的修改流 $f'(\cdot)$ 的值更大。

充分性：令 $S=\{v|$ 存在 (x,v)-不饱和路 $\}$，$\overline{S}=V(N)\backslash S$，则显然有 $x\in S$，$y\in\overline{S}$，所以 $K=(S,\overline{S})$ 为割。而且 $(S,\overline{S})$ 中的任意一条弧 $a=(u,v)$ 一定是 f-饱和的。否则，由于 $u\in S$，存在 f-不饱和 (x,u)-路 Q，因此 Q 可通过弧 a 延伸为 f-不饱和 (x,v)-路，从而可得 $v\in S$，矛盾。类似地，$(\overline{S},S)$ 中任意一条弧一定是 f-零的。因此，由定理 6-3 可知，$\mathrm{val}\, f=\mathrm{cap}\,K$。从而可知 $f(\cdot)$ 为网络 N 的最大流。同时，$K=(S,\overline{S})$ 为网络 N 的最小割。

证毕

由此可得著名的最大流最小割定理。

定理 6-5（**最大流最小割定理**，Ford & Fulkerson，1956） 在任意一个网络 $N=(X,Y,I,A,c)$ 中，最大流的值等于最小割的容量。

定理 6-5 不但在实际中有很广泛的应用，而且也是图论领域中的一个重要结果，有许多图论中的理论结果可以通过适当选取网络用最大流最小割定理推导出。例如，求一个偶图的最大匹配问题就可以转化为求一个网络的最大流问题。

最大流最小割定理的证明过程（主要是定理 6-4）实际上是一种构造性的证明，提供了一种求网络最大流的算法。这个算法也是由 Ford 和 Fulkerson 在 1957 年提出的，叫作"**标号算法**"。对网络 $N=(x,y,I,A,c)$，算法从一个已知流（如零流）$f(\cdot)$ 开始，递推地构造出一个流值不断增加的流的序列，最后终止于最大流。每一个流 $f(\cdot)$ 只要还不是最大流，由定理 6-4 可知网络 N 中一定存在 f-可增路 P（可以通过一个称为"标号程序"的子程序找到），再通过 P 得到基于 P 的修改流 $f'(\cdot)$，再将 $f'(\cdot)$ 替代 $f(\cdot)$，继续寻找 f-可增路 P，直到在网络 N 中对某个 $f(\cdot)$ 找不到 f-可增路，则算法结束。根据定理 6-4，$f(\cdot)$ 就是最大流。

系统搜索 f-可增路 P 的**标号程序**：

对网络 $N=(x,y,I,A,c)$ 及网络 N 上的任意流 $f(\cdot)$，对 x 标以 $l(x)=\infty$，令 $u=x$，令 $LV=\{x\}$〔LV 记作已经标号的顶点集合，$LV\subseteq V(N)$〕，令 $SV=\varnothing$。

① 检查点 $u(u\in LV)$ 的邻点 v，如果 $v\in V\backslash LV$，且存在点 u 与点 v 之间的弧为 (u,v)，且 $f(u,v)<c(u,v)$，则令 $l(v)=\min\{l(u),c(u,v)-f(u,v)\}$，$LV=LV\bigcup\{v\}$。

② 如果 $v\in V\backslash LV$，且存在点 u 与点 v 之间的弧为 (v,u)，且 $f(v,u)>0$，则

令 $l(v)=\min\{l(u),f(v,u)\}$，$LV=LV\bigcup\{v\}$。

③ 如果点 u 的所有邻点都被检查过（u 被称作被扫描过的顶点），则令 $SV=SV\bigcup$ $\{u\}$（SV 称作被扫描过的顶点集）。任取 $w\in LV\backslash SV$，令 $u=w$，转步骤①。

注：在标号程序中，通过检查已标号顶点 u，对 u 的一个邻点 v 标上号 $l(v)$ 的过程称作 v **是基于 u 被标号的**，v 基于 u 被标号有不同的策略，其中，每次都对点 u 的所有邻点 v 都检查完成（即点 u 被扫描完成），而且按照**先标号先扫描**（first labelled first scan）的顺序（对已经标号的顶点按顺序排列）进行标号程序的策略称作**广度优先**（breadth first）的策略；也可以不用按照广度优先的策略，其中对顶点 u 检查时也可以只检查一部分点 u 的邻点，而后随机选取一个已标号但未扫描的顶点替代点 u 继续检查。其中与广度优先策略相对的是**深度优先**（depth first）的策略：对已经标号但未扫描的顶点按顺序排列，每次选取最后标号（但未扫描）的顶点 u 检查其邻点 v（而且只随机选取一个邻点进行检查）。如果 v 基于点 u 被标号，则将点 v 排在已标号未扫描顶点的最后，并继续对点 v 检查；如果检查点 u 的邻点 v 时，点 v 不能被标号，则继续检查点 u 的其他邻点，当点 u 的所有邻点都被检查完时，将点 u 标为被扫描过的顶点，从已标号未扫描的顶点序列中删除，继续从已标号未扫描的顶点序列的最后一个顶点检查。

显然，这个标号程序每当通过检查顶点 u 对一个顶点 v 标上号 $l(v)$ 时，就找到了一条 f-不饱和 (x,v)-路（可以通过记录下顶点 v 是基于 u 被标号的用反溯法查到），而且 $l(x,v)=l(v)$。如果收点 y 被标上号 $l(y)$，则找到了一条 f-可增路。找到一条 f-可增路的过程实际上是在网络 N 中，通过标号从 x 不断"生长"成一棵树 T 的过程〔树 T 中的每个顶点 v 都是由网络 N 中唯一的一条 f-不饱和 (x,v)-路 P 从 x 点生长而成，都是在原有树的基础上再往树外生长一个顶点 v 和一条弧 (u,v) 或 (v,u)，因而树 T 连通无圈〕。其中树 T 称为 f-不饱和树，T 的顶点是由当前已标号的顶点集 LV 构成。

当标号程序进行到收点 y 被标上号 $l(y)$（即：找到一条 f-可增路 P）时，称标号程序得到了一个"**突破**"（breakthrough），就可以得到基于 f-可增路 P 的修改流 $f'(\cdot)$，再将 $f'(\cdot)$ 替代 $f(\cdot)$，继续用标号程序寻找新的 f-可增路；如果对流 $f(\cdot)$，标号程序已经检查过所有的已标号顶点（即 $SV=LV$），但是无法对新的顶点进行标号时，特别的，收点 y 无法被标上号，这时流 $f(\cdot)$ 就是网络 N 的最大流。因为此时网络 N 没有 f-可增路。容易验证：令 $S=LV(=SV)$，则 $K=(S,\overline{S})$ 是网络 N 的一个割，而且 $(S,\overline{S})$ 中每条弧都为 f-饱和的，$(\overline{S},S)$ 中每条弧为 f-零的。根据定理 6-3 或定理 6-4，流 $f(\cdot)$ 就是网络 N 的最大流。另外，显然，只要网络 N 有 f-可增路 P，标号程序就一定可以寻找到（例如，用深度优先策略按照 P 的方向依次标号即可）。

标号算法（labelling algorithm，Ford & Fulkerson，1957）：

对网络 $N=(x,y,I,A,c)$ 及网络 N 上的任意流 $f(\cdot)$（如零流），令 $LV=\varnothing$〔LV 记作已经标号的顶点集合，$LV\subseteq V(N)$〕；$SV=\varnothing$（SV 记作被扫描完成的顶点集合，$SV\subseteq LV$）；对 $\forall v\in V(N)$，令 $l(v)=v_{v+1}$，令 $\mathrm{Pr}(v)=v_{v+1}$〔$\mathrm{Pr}(v)$ 记作顶点 v 的标号来源，用 v_{v+1} 表示一个空符号〕，令 $U(v)$ 表示点 v 的邻集（可从网络 N 上得到），令 $UL(v)$ 表示点 v 的邻集 $U(v)$ 中既未标号也未被检查过的点集，开始时 $UL(v)=U(v)$。

① 令 $u=x,l(x)=\infty,LV=\{x\}$。

② 检查点 u 的邻点，$UL(u)=UL(u)\backslash LV$，如果 $UL(u)=\varnothing$（点 u 的所有邻点都被检查过，点 u 称作被扫描过的顶点），则令 $SV=SV\bigcup\{u\}$。

③ 如果 $UL(u)\neq\varnothing$，取 $v\in UL(u)$，如果存在 u 与 v 之间的弧为 (u,v)，且 $f(u,v)<c(u,v)$，则令 $l(v)=\min\{l(u),c(u,v)-f(u,v)\}$，$LV=LV\bigcup\{v\}$，$\mathrm{Pr}(v)=u$；否则，如果存在点 u 与点 v 之间的弧为 (v,u)，且 $f(v,u)>0$，则令 $l(v)=\min\{l(u),f(v,u)\}$，$LV=LV\bigcup\{v\}$，$\mathrm{Pr}(v)=u$；令 $UL(u)=UL(u)\backslash\{v\}$。

④ 如果收点 $y\in LV$（收点 y 被标号，称作一个"突破"），则转到步骤⑦。

⑤ 如果 $SV=LV$（已标号顶点都已扫描过），算法结束，$f(\cdot)$ 就是最大流。且由 $S=LV$，得最小割 $K=(S,\bar{S})$；

⑥ 如果 $SV\subset LV$，任取 $w\in LV\backslash SV$，令 $u=w$，转步骤②。

⑦ 用反溯法〔陆续查找 $\mathrm{Pr}(y),\mathrm{Pr}(\mathrm{Pr}(y)),\cdots$，直到对某 v，满足 $\mathrm{Pr}(v)=x$〕找到 f-可增路 P，令

$$
f'(a)=\begin{cases} f(a)+l(y), & a\in P^+, \\ f(a)-l(y), & a\in P^-, \\ f(a), & \text{其他}, \end{cases}
$$

〔得到基于 P 的修改流 $f'=\{f'(a)|a\in A(N)\}$，$\mathrm{val}\ f'=\mathrm{val}\ f+l(y)$〕，令 $f(\cdot)=f'(\cdot)$，去掉全部标号〔$LV=\varnothing$，$SV=\varnothing$；对 $\forall v\in V(N)$，令 $l(v)=v_{v+1}$，$\mathrm{Pr}(v)=v_{v+1}$，$UL(v)=U(v)$〕，并回到步骤①。

注 1：如果网络 $N=(x,y,I,A,c)$ 上的容量函数 $c(\cdot)$ 是整数值函数，则标号算法一定可以在有限步内终止（因为每次增广至少使得流值增加 1 个单位，而最大流是以最小割的容量作为上界的），而且最大流 $f(\cdot)$ 也是整数值函数。即使网络 N 上的容量函数 $c(\cdot)$ 是有理数值函数，由于网络 N 是有限网络，可以对所有弧上的容量值将有理数转化为不可约的分数，再对所有分数求出分母的最小公倍数 r，然后用 r 乘以所有弧上的容量，可得到 $rc(\cdot)$ 是网络 N 的整数值容量函数，对 $N=(x,y,I,A,rc)$ 用标号算法求

出最大流 $f(\cdot)$，则可以验证 $\dfrac{1}{r}f(\cdot)$ 就是 $N=(x,y,I,A,c)$ 的最大流。所以当网络 N 上的容量函数 $c(\cdot)$ 是有理数值函数时，同样可以用标号算法求得网络 N 的最大流。但由于方法也是用标号算法，所以在讨论标号算法时，通常只考虑容量函数 $c(\cdot)$ 是整数值函数，而不再考虑容量函数 $c(\cdot)$ 是有理数值函数。但是当容量函数 $c(\cdot)$ 是无理数值函数时，可以举出例子说明标号算法不一定在有限步内终止，并且，这个标号算法的极限过程得到的流的流值即使收敛，也不一定收敛到最大流（参考习题 6-2 第 10 题）。也就是说，对于容量函数 $c(\cdot)$ 是无理数值函数的网络 $N=(x,y,I,A,c)$，标号算法不能保证求得网络 N 的最大流。

注 2：当网络 $N=(x,y,I,A,c)$ 上的容量函数 $c(\cdot)$ 是整数值函数时，标号算法虽然可以在有限步内求得网络 N 的最大流，但标号算法还不能保证是"好"算法（多项式时间算法）。例如，图 6-7 中的网络，其最大流的流值为 $2m$。但若标号程序以零流开始，且反复地选取 $xuvy$ 及 $xvuy$ 为 f-可增路，则总共要进行 $2m+1$ 次标号程序，由于 m 是可以任意选择的，所以在这个例子中完成标号算法所需要的计算数量不能以网络的点数 v 或边数 ε 的函数来限定〔如果用算法输入的数据量 $l=O(\log_2 m)$ 来衡量，则计算量为 $O(2^l)$，是一个指数函数级别的计算量〕，因此，标号算法不是多项式时间算法。但是注意到，这个例子是使用的深度优先的策略（而且是特殊的深度优先策略）。Edmonds 和 Karp 于 1970 年证明，若在标号算法中采用广度优先策略，则标号算法是多项式时间算法，其复杂性为 $O(v\varepsilon^2)$。

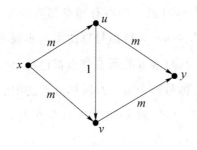

图 6-7

注 3：标号算法可以根据增广路的寻找过程衍生出很多不同的算法，如最大容量增广路算法、容量变尺度算法、最短增广路算法等，其他还有预留推进算法等也都可以求解任意网络的最大流问题。

例 6-1　求图 6-6 所示的网络的最大流。弧旁第 1 个数字表示弧的容量，第 2 个数字表示弧的流量。

解：设图 6-6 所示的网络为 $N=(x,y,I,A,c)$，容易验证网络 N 上已经定义了一个流,设为 $f(\cdot)$,其中 val $f=8$。本例题的求解过程用广度优先(first labelled first scan)的策略。令 $U(v)$ 表示点 v 的邻集(可从网络 N 上得到),令 $UL(v)$ 表示点 v 的邻集 $U(v)$ 中既未标号又未检查过的点集。开始时。

① 令 $LV=\varnothing$,$SV=\varnothing$,对 $\forall v\in V(N)$,令 $l(v)=v_{v+1}$,$\Pr(v)=v_{v+1}$,$UL(v)=U(v)$。

② 令 $u=x$,$l(x)=\infty$;$LV=\{x\}$。

③ $UL(x)=\{a,b\}$,取 $a\in UL(x)$,存在点 x 与点 a 之间的弧为 (x,a),且 $f(x,a)=3<5=c(x,a)$,所以令 $l(a)=\min\{l(x),c(x,a)-f(x,a)\}=\min\{\infty,5-3\}=2$,$\Pr(a)=x$,$LV=LV\bigcup\{a\}=\{x,a\}$,取 $x\in LV\backslash SV$,令 $u=x$,转标号算法中的步骤②。

④ $UL(x)=UL(x)\backslash LV=\{b\}$,取 $b\in UL(x)$,存在点 x 与点 b 之间的弧为 (x,b),且 $f(x,b)=5<8=c(x,b)$,所以令 $l(b)=\min\{l(x),c(x,b)-f(x,b)\}=\min\{\infty,8-5\}=3$,$\Pr(b)=x$,$LV=LV\bigcup\{b\}=\{x,a,b\}$,取 $x\in LV\backslash SV$,令 $u=x$,转标号算法中的步骤②。

⑤ $UL(x)=UL(x)\backslash LV=\varnothing$($x$ 的所有邻点都被检查过),$SV=SV\bigcup\{x\}=\{x\}$。取 $a\in LV\backslash SV$(点 a 比点 b 先标号),令 $u=a$,转标号算法中的步骤②。

⑥ $UL(a)=UL(a)\backslash LV=\{c,d\}$,取 $d\in UL(u)$,存在点 a 与点 d 之间的弧为 (a,d),且 $f(a,d)=3<6=c(a,d)$,所以令 $l(d)=\min\{l(a),c(a,d)-f(a,d)\}=\min\{2,6-3\}=2$,$\Pr(d)=a$,$LV=LV\bigcup\{d\}=\{x,a,b,d\}$,取 $a\in LV\backslash SV$,令 $u=a$,转标号算法中的步骤②。

⑦ $UL(a)=UL(a)\backslash LV=\{c\}$,取 $c\in UL(u)$,存在点 a 与点 c 之间的弧为 (c,a),且 $f(c,a)=1>0$,所以令 $l(c)=\min\{l(a),f(c,a)\}=\min\{2,1\}=1$,$\Pr(c)=a$,$LV=LV\bigcup\{c\}=\{x,a,b,d,c\}$,取 $a\in LV\backslash SV$,令 $u=a$,转标号算法中的步骤②。

⑧ $UL(a)=UL(a)\backslash LV=\varnothing$(点 a 的所有邻点都被检查过或都已标号),$SV=SV\bigcup\{a\}=\{x,a\}$。取 $b\in LV\backslash SV$,令 $u=b$,转标号算法中的步骤②。

⑨ $UL(b)=UL(b)\backslash LV=\varnothing$(点 b 的所有邻点都已标号),$SV=SV\bigcup\{b\}=\{x,a,b\}$。取 $d\in LV\backslash SV$(点 d 比点 c 先标号),令 $u=d$,转标号算法中的步骤②。

⑩ $UL(d)=UL(d)\backslash LV=\{y\}$,取 $y\in UL(u)$,存在点 d 与点 y 之间的弧为 (d,y),且 $f(d,y)=4<7=c(d,y)$,所以令 $l(y)=\min\{l(d),c(d,y)-f(d,y)\}=\min\{2,3\}=2$,$\Pr(y)=d$。收点 y 已标号,转标号算法中的步骤⑦。

⑪ 用反溯法找到了 f-可增路 $P=xady$,修改流 $f(\cdot)$,得到流 $f'(\cdot)$,如图 6-8 所示。令 $f(\cdot)=f'(\cdot)$,去掉全部标号,令 $LV=\varnothing$,$SV=\varnothing$;对 $\forall v\in V(N)$,令 $l(v)=v_{v+1}$,$\Pr(v)=v_{v+1}$,$UL(v)=U(v)$。并回到标号算法中的步骤①。

⑫ 令 $u=x$,$l(x)=\infty$;$LV=\{x\}$。

⑬ $UL(x)=UL(x)\backslash LV=\{a,b\}$,取 $a\in UL(u)$,存在点 x 与点 a 之间的弧为 (x,a),但 $f(x,a)=5=5=c(x,a)$,所以 a 不能基于 x 被标号,$UL(x)=UL(x)\backslash\{a\}=\{b\}$。取

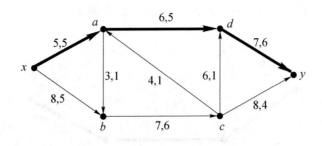

图 6-8

$x \in LV \setminus SV$，令 $u = x$，转标号算法中的步骤②。

⑭ $UL(x) = UL(x) \setminus LV = \{b\}$ 取 $b \in UL(u)$，存在点 x 与点 b 之间的弧为 (x, b)，且 $f(x, b) = 5 < 8 = c(x, b)$，所以令 $l(b) = \min\{l(x), c(x, b) - f(x, b)\} = \min\{\infty, 8-5\} = 3$，$LV = LV \cup \{b\} = \{x, b\}$，$\Pr(b) = x$，取 $x \in LV \setminus SV$，令 $u = x$，转标号算法中的步骤②。

⑮ $UL(x) = UL(x) \setminus LV = \varnothing$（点 x 的所有邻点都被检查过），$SV = SV \cup \{x\} = \{x\}$。取 $b \in LV \setminus SV$，令 $u = b$，转标号算法中的步骤②。

⑯ $UL(b) = UL(b) \setminus LV = \{a, c\}$，取 $a \in UL(u)$，存在点 b 与点 a 之间的弧为 (a, b)，且 $f(a, b) = 1 > 0$，所以令 $l(a) = \min\{l(b), f(a, b)\} = \min\{3, 1\} = 1$，$LV = LV \cup \{a\} = \{x, b, a\}$，$\Pr(a) = b$。取 $b \in LV \setminus SV$，令 $u = b$，转标号算法中的步骤②。

⑰ $UL(b) = UL(b) \setminus LV = \{c\}$，取 $c \in UL(u)$，存在点 b 与点 c 之间的弧为 (b, c)，且 $f(b, c) = 6 < 7 = c(b, c)$，所以令 $l(c) = \min\{l(b), c(b, c) - f(b, c)\} = \min\{3, 1\} = 1$，$LV = LV \cup \{c\} = \{x, b, a, c\}$，$\Pr(c) = b$。取 $b \in LV \setminus SV$，令 $u = b$，转标号算法中的步骤②。

⑱ $UL(b) = UL(b) \setminus LV = \varnothing$（点 b 的所有邻点都已标号），$SV = SV \cup \{b\} = \{x, b\}$。取 $a \in LV \setminus SV$（a 点比 c 点先标号），令 $u = a$，转标号算法中的步骤②。

⑲ $UL(a) = UL(a) \setminus LV = \{d\}$，取 $d \in UL(u)$，存在点 a 与点 d 之间的弧为 (a, d)，且 $f(a, d) = 5 < 6 = c(a, d)$，所以令 $l(d) = \min\{l(a), c(a, d) - f(a, d)\} = \min\{1, 1\} = 1$，$LV = LV \cup \{d\} = \{x, b, a, c, d\}$，$\Pr(d) = a$。取 $a \in LV \setminus SV$，令 $u = a$，转标号算法中的步骤②。

⑳ $UL(a) = UL(a) \setminus LV = \varnothing$（点 a 的所有邻点都被检查过或都已标号），$SV = SV \cup \{a\} = \{x, b, a\}$。取 $c \in LV \setminus SV$，令 $u = c$，转标号算法中的步骤②。

㉑ $UL(c) = UL(c) \setminus LV = \{y\}$，取 $y \in UL(u)$，存在 c 与 y 之间的弧为 (c, y)，且 $f(c, y) = 4 < 8 = c(c, y)$，所以令 $l(y) = \min\{l(c), c(c, y) - f(c, y)\} = \min\{1, 4\} = 1$，$\Pr(y) = c$。收点 y 已被标号，转到算法中的步骤⑦。

㉒ 用反溯法找到了 f-可增路 $P = xbcy$，修改流 $f(\cdot)$，得到流 $f'(\cdot)$，如图 6-9 所示。令 $f(\cdot) = f'(\cdot)$，去掉全部标号，令 $LV = \varnothing$，$SV = \varnothing$；对 $\forall v \in V(N)$，令 $l(v) = $

v_{v+1},$\Pr(v)=v_{v+1}$,$UL(v)=U(v)$。并回到算法中的步骤①。

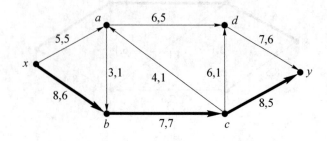

图 6-9

㉓ 令 $l(x)=\infty$；令 $u=x$,$LV=\{x\}$。

㉔ $UL(x)=UL(x)\backslash LV=\{a,b\}$,取 $a\in UL(u)$,存在 x 与 a 之间的弧为 (x,a),但 $f(x,a)=5=c(x,a)$,所以 a 不能基于 x 被标号,$UL(x)=UL(x)\backslash\{a\}=\{b\}$。取 $x\in LV\backslash SV$,令 $u=x$,转标号算法中的步骤②。

㉕ $UL(x)=UL(x)\backslash LV=\{b\}$,取 $b\in UL(u)$,存在点 x 与点 b 之间的弧为 (x,b),且 $f(x,b)=6<8=c(x,b)$,所以令 $l(b)=\min\{l(x),c(x,b)-f(x,b)\}=\min\{\infty,8-6\}=2$,$LV=LV\bigcup\{b\}=\{x,b\}$,$\Pr(b)=x$。取 $x\in LV\backslash SV$,令 $u=x$,转标号算法中的步骤②。

㉖ $UL(x)=UL(x)\backslash LV=\varnothing$（点 x 的所有邻点都被检查过）,$SV=SV\bigcup\{x\}=\{x\}$。取 $b\in LV\backslash SV$,令 $u=b$,转标号算法中的步骤②。

㉗ $UL(b)=UL(b)\backslash LV=\{a,c\}$,取 $a\in UL(u)$,存在点 b 与点 a 之间的弧为 (a,b),且 $f(a,b)=1>0$,所以令 $l(a)=\min\{l(b),f(a,b)\}=\min\{2,1\}=1$,$LV=LV\bigcup\{a\}=\{x,b,a\}$,$\Pr(a)=b$。取 $b\in LV\backslash SV$,令 $u=b$,转标号算法中的步骤②。

㉘ $UL(b)=UL(b)\backslash LV=\{c\}$,取 $c\in UL(u)$,存在点 b 与点 c 之间的弧为 (b,c),但 $f(b,c)=7=7=c(b,c)$,所以 c 不能基于 b 被标号,$UL(b)=UL(b)\backslash\{c\}=\varnothing$。取 $b\in LV\backslash SV$,令 $u=b$,转标号算法中的步骤②。

㉙ $UL(b)=UL(b)\backslash LV=\varnothing$（点 b 的所有邻点都被检查过或都已标号）,$SV=SV\bigcup\{b\}=\{x,b\}$。取 $a\in LV\backslash SV$,令 $u=a$,转标号算法中的步骤②。

㉚ $UL(a)=UL(a)\backslash LV=\{c,d\}$,取 $c\in UL(u)$,存在点 a 与点 c 之间的弧为 (c,a),且 $f(c,a)=1>0$,所以令 $l(c)=\min\{l(a),f(c,a)\}=\min\{1,1\}=1$,$LV=LV\bigcup\{c\}=\{x,b,a,c\}$,$\Pr(c)=a$。取 $a\in LV\backslash SV$,令 $u=a$,转标号算法中的步骤②。

㉛ $UL(a)=UL(a)\backslash LV=\{d\}$,取 $d\in UL(u)$,存在点 a 与点 d 之间的弧为 (a,d),且 $f(a,d)=5<6=c(a,d)$,所以令 $l(d)=\min\{l(a),c(a,d)-f(a,d)\}=\min\{1,6-5\}=1$,$LV=LV\bigcup\{d\}=\{x,b,a,c,d\}$,$\Pr(d)=a$。取 $a\in LV\backslash SV$,令 $u=a$,转标号算法中的步骤②。

㉜ $UL(a)=UL(a)\backslash LV=\varnothing$（点 a 的所有邻点都被检查过或都已标号）,$SV=SV\bigcup$

$\{a\}=\{x,a,b\}$。取 $c\in LV\backslash SV$，令 $u=c$，转标号算法中的步骤②。

㉝ $UL(c)=UL(c)\backslash LV=\{y\}$，取 $y\in UL(u)$，存在 c 与 y 之间的弧为 (c,y)，且 $f(c,y)=5<8=c(c,y)$，所以令 $l(y)=\min\{l(c),c(c,y)-f(c,y)\}=\min\{1,8-5\}=1$，$\Pr(y)=c$。收点 y 已标号，转到标号算法中的步骤⑦。

㉞ 用反溯法找到了 f-可增路 $P=xbacy$，修改流 $f(\cdot)$，得到流 $f'(\cdot)$，如图 6-10 所示。令 $f(\cdot)=f'(\cdot)$，去掉全部标号，令 $LV=\varnothing$，$SV=\varnothing$；对 $\forall v\in V(N)$，令 $l(v)=v_{\nu+1}$，$\Pr(v)=v_{\nu+1}$，$UL(v)=U(v)$。并回到标号算法中的步骤①。

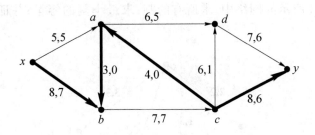

图 6-10

㉟ 令 $l(x)=\infty$；令 $u=x$，$LV=\{x\}$。

㊱ $UL(x)=UL(x)\backslash LV=\{a,b\}$，取 $a\in UL(u)$，存在点 x 与点 a 之间的弧为 (x,a)，但 $f(x,a)=5=5=c(x,a)$，所以 a 不能基于 x 被标号，$UL(x)=UL(x)\backslash\{a\}=\{b\}$。取 $x\in LV\backslash SV$，令 $u=x$，转标号算法中的步骤②。

㊲ $UL(x)=UL(x)\backslash LV=\{b\}$，取 $b\in UL(u)$，存在点 x 与点 b 之间的弧为 (x,b)，且 $f(x,b)=7<8=c(x,b)$，所以令 $l(b)=\min\{l(x),c(x,b)-f(x,b)\}=\min\{\infty,8-7\}=1$，$LV=LV\bigcup\{b\}=\{x,b\}$，$\Pr(b)=x$，取 $x\in LV\backslash SV$，令 $u=x$，转标号算法中的步骤②。

㊳ $UL(x)=UL(x)\backslash LV=\varnothing$（点 x 的所有邻点都被检查过），$SV=SV\bigcup\{x\}=\{x\}$。取 $b\in LV\backslash SV$，令 $u=b$，转标号算法中的步骤②。

㊴ $UL(b)=UL(b)\backslash LV=\{a,c\}$，取 $a\in UL(u)$，存在点 b 与点 a 之间的弧为 (a,b)，但 $f(a,b)=0$，所以 a 不能基于 b 被标号，$UL(b)=UL(b)\backslash\{a\}=\{c\}$。取 $b\in LV\backslash SV$，令 $u=b$，转标号算法中的步骤②。

㊵ $UL(b)=UL(b)\backslash LV=\{c\}$，取 $c\in UL(u)$，存在点 b 与点 c 之间的弧为 (b,c)，但 $f(b,c)=7=c(b,c)$，所以 c 不能基于 b 被标号，$UL(b)=UL(b)\backslash\{c\}=\varnothing$。取 $b\in LV\backslash SV$，令 $u=b$，转标号算法中的步骤②。

㊶ $UL(b)=UL(b)\backslash LV=\varnothing$（点 b 的所有邻点都被检查过），$SV=SV\bigcup\{b\}=\{x,b\}$。$LV=SV$。算法结束。

如图 6-10 所示的流 $f(\cdot)$ 就是最大流，$\mathrm{val}\,f=12$。且由 $S=LV=\{x,b\}$，得最小割

$K=(S,\overline{S})=\{xa,bc\},\text{cap}K=12。$

解毕

习题 6-2

1. 在题图 6-3 所示的网络中，求所有的割；求最小割的容量；并证明由粗体字所指出的流是最大流。

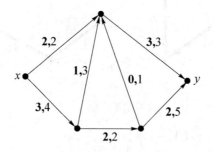

题图 6-3

2. 将多发点、多收点的网络 N 转化为单发点、单收点的网络 N' 后，设 $f'(\cdot)$ 是 N' 的最大流。证明：$f'(\cdot)$ 在网络 N 的弧集上的限制 $f(\cdot)$ 也是网络 N 上的最大流，且 val $f=$ val f'。

3. 证明：若网络 $N=(x,y,I,A,c)$ 中不存在有向 (x,y)-路，则其最大流的值及最小割的容量都是零。

4. 若 $(S,\overline{S})$ 和 $(T,\overline{T})$ 都是网络 N 中的最小割，证明：$(S\cup T,\overline{S\cup T})$ 和 $(S\cap T,\overline{S\cap T})$ 也都是网络 N 中的最小割。

5. 证明：对任意网络 $N=(X,Y,I,A,c)$ 都至少有一个流，且都至少有一个最大流。

6. 有 3 种设备共 12 台（每种设备各 4 台），要用 4 辆车运到同一地点。已知此 4 辆车各可装运 5,3,3,2 台设备，而且每辆车上可装运同一种设备至多一台。问此 4 辆车可否装运这 12 台设备？请用网络与流的理论加以证明。

7. 设网络 $N=(x,y,I,A,c)$ 的每条弧上额外有一个非负整数值函数 $b(\cdot)$，对任意 $a\in A$，都有 $0\leqslant b(a)\leqslant c(a)$，这种网络也可以记为 $N=(x,y,I,A,b,c)$。假设对网络 $N=(x,y,I,A,b,c)$，已有流 $f(\cdot)$，满足：对任意 $a\in A,b(a)\leqslant f(a)\leqslant c(a)$。试修改标号算法，求网络 $N=(x,y,I,A,b,c)$ 的最大流 $f'(\cdot)$ 而且满足：对任意 $a\in A,b(a)\leqslant$

$f'(a) \leqslant c(a)$。

8. 试用最大流最小割定理验证 Hall 定理。

9. 设网络 $N=(x,y,I,A,c)$ 的每个中间顶点上额外有一个非负整数值函数 $d(\cdot)$，对任意 $v \in I$，称 $d(v)$ 为点 v 的容量。试修改网络，并用标号算法对修改了的网络求出最大流，并满足：对任意 $v \in I$，$f^-(v) \leqslant d(v)$。

10. 试用如下网络（如题图 6-4 所示）说明：对于弧上有无理数的网络，Ford-Fulkerson 标号算法不一定在有限步内终止；并且，通过一个无限增广的过程得的流的流值即使收敛，也不一定收敛到最大流。（其中，题图 6-4 的网络中的弧除了所画出的，还包括两个阴影部分中 4 个顶点之间的所有双向弧；所有弧的容量除了弧旁边标的 1 和 $\sqrt{2}$ 之外，其他的都是 100。）

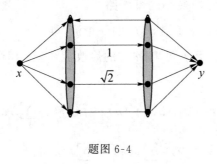

题图 6-4

6.3　最小费用流问题

在一个关于流的网络中，人们不仅关心流值达到一定的数量（不一定是最大流，是流值小于或等于最大流值的流），还关心费用问题（每一个流都有一定的费用，单位费用不一样，同样数量的流值，可能走的路线不一样，总的费用也不一样），即满足流值到达一定要求还要使总费用最小，这就是最小费用流问题。

设 $N=(X,Y,I,A,c,b)$ 为一个给定网络，其中，X,Y,I 分别为 $V(N)$ 的 3 个不相交的子集，分别表示发点集合、收点集合和中间点集合，A 为网络 N 的弧集，$c(\cdot)$ 为容量函数；除此之外，对任意的弧 $a=(u,v) \in A(N)$，除了给出容量 $c(a)$ 外，还给出了这条弧的单位流量的费用 $b(a)$，即 $b(\cdot)$ 为弧集 $A(N)$ 上的单位流量费用函数。对网络 N 上的任意一个流 $f(\cdot)$，称 $b(f)=\sum\limits_{a \in A(N)} b(a)f(a)$ 为流 $f(\cdot)$ 的总费用。所谓**最小费用流问题**就是当流不唯一时，在流值相同的流中求一个流，使该流的总费用最小。特别地，求流值最大的最小费用流的问题称作**最小费用最大流问题**。

最短路问题、最优分配问题、网络最大流问题等都可以看作最小费用流问题的特殊情况,所以最小费用流问题是一类非常广泛的图论问题,而且最小费用流问题还可以推广到多个广义的优化模型。

与求解最大流问题类似,可以将多发点、多收点的最小费用流问题转化为单发点、单收点的最小费用流问题(只需多考虑新引入的弧上的单位费用为 0 即可,其他与网络最大流问题相同)。本节只考虑单发点(设点 x 为唯一的发点)、单收点(设点 y 为唯一的收点)网络 $N=(x,y,I,A,c,b)$,寻找从点 x 到点 y 的给定流量 ω($0 \leqslant \omega \leqslant \omega_{max}$,其中 ω_{max} 为网络 N 的最大流的流值,ω,ω_{max} 都为整数)的最小费用流问题。

求解最小费用流问题有多种方法,下面介绍的方法,其基本思想是在寻求网络最大流的标号算法过程中考虑费用最小的可增路。

设 $f(\cdot)$ 为网络 $N=(x,y,I,A,c,b)$ 的一个流($\mathrm{val}\, f<\omega$),当沿着一条 f-可增路 P,以 $l(P)$ 调整 $f(\cdot)$,得到基于 f-可增路 P 的修改流 $f'(\cdot)$ 时,$b(f')$ 比 $b(f)$ 增加多少?显然,

$$b(f')-b(f)=\sum_{P^+}b(a)(f'(a)-f(a))-\sum_{P^-}b(a)(f(a)-f'(a))$$

$$=l(P)\Big[\sum_{P^+}b(a)-\sum_{P^-}b(a)\Big],$$

其中,P^+ 表示网络 N 中路 P 的所有顺向弧,P^- 表示网络 N 中路 P 的所有反向弧。称 $l(P)\Big[\sum_{P^+}b(a)-\sum_{P^-}b(a)\Big]$ 为 f-可增路 P 的费用。

如果 $f(\cdot)$ 是流量为 $\mathrm{val}\, f$ 的所有流中费用最小的流,而路 P 是所有 f-可增路中费用最小的一条 f-可增路,则:基于 f-可增路 P 的修改流 $f'(\cdot)$ 显然就是流量为 $\mathrm{val}\, f'$ 的所有流中费用最小的流(证明略)。

以上分析为求最小费用流找到了方法,即:先取一个最小费用流,再找出费用最小的 f-可增路 P,然后得到基于 P 的修改流 $f'(\cdot)$,一直这样调整下去,就能找到流量为 ω 的最小费用流。那如何寻找费用最小的 f-可增路呢?

为了寻找费用最小的 f-可增路,可以构造一个有向赋权图 $w(f)$。图 $w(f)$ 的顶点为原网络 N 的顶点,把网络 N 中的每条弧 $(u,v)\in A(N)$ 变为两条相反方向的弧 (u,v) 和 (v,u);规定图 $w(f)$ 中弧 (u,v) 的权重 $w(uv)$ 为

$$w(uv)=\begin{cases} b(uv), & \text{如果 } f(uv)<c(uv), \\ +\infty, & \text{如果 } f(uv)=c(uv), \end{cases}$$

$$w(vu)=\begin{cases} -b(uv), & \text{如果 } f(uv)>0, \\ +\infty, & \text{如果 } f(uv)=0, \end{cases}$$

长度为 $+\infty$ 的弧可以略去。于是求费用最小的 f-可增路等价于在 $w(f)$ 中求从点 x 到点 y 的最小费用路（也称作从点 x 到点 y 的最短路）。

由以上讨论可得出求最小费用流问题的算法（**最小费用路算法**）。

对网络 $N=(x,y,I,A,c,b)$，设 $\omega_{\max}$ 为网络 N 的最大流的流值，ω（其中，$0\leqslant\omega\leqslant\omega_{\max}$，$\omega$，$\omega_{\max}$ 都为整数）为要求的最小费用流问题的流值，用下面的步骤求解网络 N 的最小费用 ω 流。

① 取网络 N 上的零流为初始最小费用流，记为 $f^0(\cdot)$，令 $k=0$。

② 第 k 步得到最小费用流 $f^k(\cdot)$，如果 $\mathrm{val}\ f^k=\omega$，则 $f^k(\cdot)$ 就是所求的最小费用 ω 流，结束；否则，转步骤③。

③ 对 $f^k(\cdot)$（此时 $\mathrm{val}\ f^k<\omega$），构造一个有向赋权图 $w(f^k(\cdot))$，在 $w(f^k(\cdot))$ 中寻求从 x 到点 y 的最短路。则在原网络 N 中得到了相应的最小的 f-可增路 P，其中 l

(P) 即为 $l(y)$，如果 $\mathrm{val}\ f+l(P)\leqslant\omega$，则令 $f^{k+1}(a)=\begin{cases} f^k(a)+l(P), & a\in P^+, \\ f^k(a)-l(P), & a\in P^-, \\ f^k(a), & \text{其他}; \end{cases}$ 否则，令

$\theta=\mathrm{val}\ f+l(P)-\omega$，令 $f^{k+1}(a)=\begin{cases} f^k(a)+\theta, & a\in P^+, \\ f^k(a)-\theta, & a\in P^-, \\ f^k(a), & \text{其他}。 \end{cases}$ 得到基于 P 的修改流 $f^{k+1}(\cdot)$

$=\{f(a)^{k+1}\mid a\in A(N)\}$，令 $k=k+1$，返回步骤②。

特别地，将上面的算法稍加修改，可以得到求网络 $N=(x,y,I,A,c,b)$ 的**最小费用最大流问题的最小费用路算法**。

① 取网络 N 上的零流为初始最小费用流，记为 $f^0(\cdot)$，令 $k=0$。

② 第 k 步得到最小费用流 $f^k(\cdot)$，构造一个有向赋权图 $w(f^k(\cdot))$，在 $w(f^k(\cdot))$ 中寻求从点 x 到点 y 的最短路。如果不存在从点 x 到点 y 的路，则 $f^k(\cdot)$ 就是所求的网络 N 的最小费用最大流，算法结束；否则，找到从 x 到 y 的最短路，转步骤③。

③ 对 $w(f^k(\cdot))$ 中从 x 到 y 的最短路，在原网络 N 中得到与之相应的费用最小的

f-可增路 P，令 $f^{k+1}(a)=\begin{cases} f^k(a)+l(P), & a\in P^+, \\ f^k(a)-l(P), & a\in P^-, \\ f^k(a), & \text{其他}, \end{cases}$ 得到新的流 $f^{k+1}(\cdot)=$

$\{f(a)^{k+1}\mid a\in A(N)\}$，令 $k=k+1$，返回步骤②。

例 6-2　求图 6-11 所示网络的最小费用最大流。弧旁边第 1 个数字为单位费用，

第 2 个数字为弧的容量。

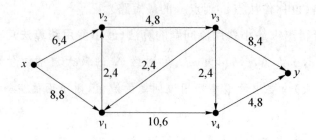

图 6-11

解: 设图 6-11 所示的网络为 $N=(x,y,I,A,c,b)$，取 $f^0(\cdot)$ 为零流（所有弧上的流量为 0）。

① 构造 $w(f^0(\cdot))$，并求出 $w(f^0(\cdot))$ 中的 (x,y)-最短路为 $U=xv_2v_3v_4y$，如图 6-12 所示。

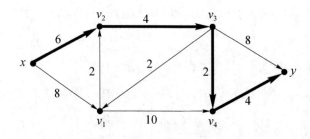

图 6-12

② 在网络 N 中得到与 U 相应的费用最小的 f-可增路 $P=xv_2v_3v_4y$，其中 $l(P)=4$；得到网络 N 中基于 P 的修改流 $f^1(\cdot)$，如图 6-13 所示。

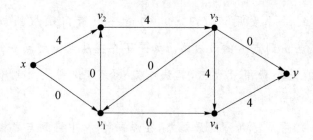

图 6-13

③ 构造 $w(f^1(\cdot))$，并求出 $w(f^1(\cdot))$ 中的 (x,y)-最短路为 $U=xv_1v_2v_3y$，如图 6-14 所示。

④ 在网络 N 中得到与 U 相应的费用最小的 f-可增路 $P=xv_1v_2v_3y$，其中 $l(P)=4$；得到网络 N 中基于 P 的修改流 $f^2(\cdot)$，如图 6-15 所示。

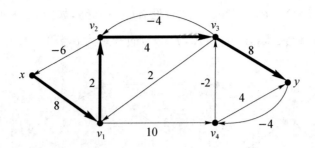

图 6-14

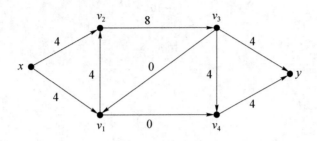

图 6-15

⑤ 构造 $w(f^2(\cdot))$，并求出 $w(f^2(\cdot))$ 中的 (x,y)-最短路为 $U = xv_1v_4y$，如图 6-16 所示。

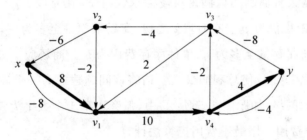

图 6-16

⑥ 在网络 N 中得到与 U 相应的费用最小的 f-可增路 $P = xv_1v_4y$，其中 $l(P)=4$；得到网络 N 中基于 P 的修改流 $f^3(\cdot)$，如图 6-17 所示。

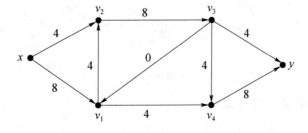

图 6-17

⑦ 构造 $w(f^3(\cdot))$,在 $w(f^3(\cdot))$ 中,没有 (x,y)-路,如图 6-18 所示。所以 $f^3(\cdot)$ 即为 N 的最小费用最大流,val $f^3=12$,$f^3(\cdot)$ 的费用为 $b(f^3)=240$。

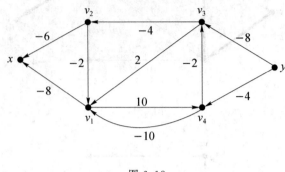

图 6-18

解毕

习题 6-3

1. 某商场采购某种商品用以满足市场需求,且已知在时段 $t(t=1,2,\cdots,T)$ 中的市场需求为 d_t,单件销售价为 p_t。在时段 t 之初,商场采购量至多为 u_t,单件采购价为 w_t;在时段 t 之末,商场库存量至多为 s_t,单件库存费用为 h_t。商场应该如何安排采购计划,可以保证按时满足需求,且使总利润最大?请将该问题建模为一个最小费用流问题。

2. 下图所示的网络(如题图 6-5 所示)中,弧旁边第 1 个数字为弧的容量,第 2 个数字为弧上流的单位费用。用最小费用流算法计算:

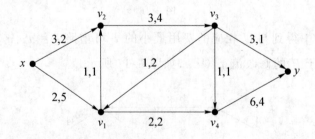

题图 6-5

(1)流值为 2 的最小费用流;

(2)最小费用最大流;

(3)费用不超过 29 的最大流。

6.4　可 行 流

对网络 $N=(X,Y,I,A,c)$，设在网络 N 的每个发点 x_i 上指定一个非负整数 $\sigma(x_i)$，称为**供给**（supply）；在每个收点 y_j 上指定一非负整数 $\partial(y_j)$，称为**需求**（demand）。如果网络 N 中的流 $f(\cdot)$ 满足下面的条件：

$$f^+(x_i)-f^-(x_i)\leqslant\sigma(x_i),\quad\forall\, x_i\in X,$$

$$f^-(y_j)-f^+(y_j)\geqslant\partial(y_j),\quad\forall\, y_j\in Y,$$

则称 $f(\cdot)$ 为**可行流**（feasible flow）。即：流出每个发点的合成流量都不超过该顶点的供给，流入每个收点的合成流量都不少于该顶点的需求，这样的流 $f(\cdot)$ 是可行流。记 $\sigma(X)=\sum\limits_{x_i\in X}\sigma(x_i)$，表示网络 N 中的总供给量，$\partial(Y)=\sum\limits_{y_j\in Y}\partial(y_j)$，表示网络 N 中的**总需求量**，显然对一个可行流 $f(\cdot)$：

$$\partial(Y)\leqslant f^-(Y)-f^+(Y)=\mathrm{val}\, f=f^+(X)-f^-(X)\leqslant\sigma(X),$$

特别地，当 $\partial(Y)=\sigma(X)$ 时，有

$$f^+(x_i)-f^-(x_i)=\sigma(x_i),\quad\forall\, x_i\in X,$$

$$f^-(y_j)-f^+(y_j)=\partial(y_j),\quad\forall\, y_j\in Y。$$

此时称 $f(\cdot)$ 为最大可行流。

那么，一个网络 $N=(X,Y,I,A,c)$ 满足什么条件时会有可行流呢？1975 年，Gale 提出了一个网络存在可行流的充分必要条件，对 $\forall\, S\subseteq V(N)$，记：

$$\sigma(S)=\sum_{v\in S}\sigma(v)=\sum_{v\in S}(f^+(v)-f^-(v)),\partial(S)=\sum_{v\in S}\partial(v)=\sum_{v\in S}(f^-(v)-f^+(v))。$$

定理 6-6（Gale，1957）　网络 $N=(X,Y,I,A,c)$ 中存在可行流的充分必要条件是

$$c(S,\overline{S})\geqslant\partial(Y\cap\overline{S})-\sigma(X\cap\overline{S}),\forall\, S\subseteq V(N)。$$

证明：由网络 $N=(X,Y,I,A,c)$ 按照如下方法构造新的网络 N'。

① 往网络 N 里添加两个新顶点 x 和 y，分别作为网络 N' 的单发点和单收点；

② 从点 x 到每个点 $x_i\in X$ 连以容量为 $\sigma(x_i)$ 的弧；

③ 从每个点 $y_j\in Y$ 到点 y 连以容量为 $\partial(y_j)$ 的弧。

图 6-19 对网络 N' 的构造作了直观的说明。

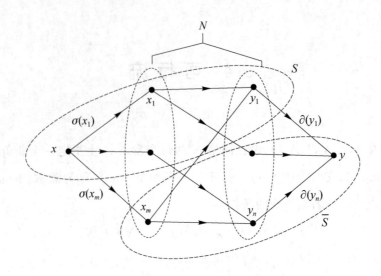

图 6-19

首先证明:网络 N 中有可行流的充分必要条件是网络 N' 有一个流使网络 N' 的割 $(S_0, \overline{S_0})$(其中$\overline{S_0} = Y \cup \{y\}$)中的每一条弧都饱和。

充分性。设网络 N' 中有使割 $(S_0, \overline{S_0})$(其中$\overline{S_0} = Y \cup \{y\}$)中的每一条弧都饱和的任意一个流 $f'(\cdot)$,容易验证,$f'(\cdot)$ 在网络 N 的弧集上的限制 $f(\cdot)$ 也是网络 N 上的流,且在每个收点 y_j 上有 $f^-(y_j) - f^+(y_j) = \partial(y_j)$,在每个发点 x_i 上有 $f^+(x_i) - f^-(x_i) \leqslant \sigma(x_i)$,因此 $f(\cdot)$ 是 N 上的一个可行流。

必要性。设 $f(\cdot)$ 是网络 N 上的可行流中流值最小的一个。不妨设网络 N 中不存在有向圈 C,其中圈 C 上每条弧 a,都有 $f(a) > 0$。〔反之,如果有这种有向圈 C,圈 C 上每条弧 a,都有 $f(a) > 0$。则将圈 C 上每条弧的流量都减去圈 C 中所有弧中最小的流量,即可得到新的流 $f'(\cdot)$,容易验证 $f'(\cdot)$ 仍是网络 N 的流,而且满足 $\mathrm{val}\, f = \mathrm{val}\, f'$。而对于 $f'(\cdot)$,有向圈 C 不再满足"圈 C 上每条弧 a,都有 $f(a) > 0$"。将 $f'(\cdot)$ 代替 $f(\cdot)$。反复进行这种过程,即可。〕完全类似地,也可以不妨设网络 N 中不存在以两个收点为起点和终点的有向路 P,其中路 P 上每条弧的流量都大于 0。〔反之,如果有这种有向路 P,其中路 P 上每条弧 a,都有 $f(a) > 0$。则将路 P 上每条弧的流量都减去路 P 中所有弧中最小的流量,即可得到新的流 $f'(\cdot)$,容易验证 $f'(\cdot)$ 仍是网络 N 的流,而且满足 $\mathrm{val}\, f = \mathrm{val}\, f'$。而对于 $f'(\cdot)$,有向路 P 不再满足"路 P 上每条弧 a,都有 $f(a) > 0$"。将 $f'(\cdot)$ 代替 $f(\cdot)$。反复进行这种过程,即可。〕这时,在每个收点 y_j 上必有 $f^-(y_j) - f^+(y_j) = \partial(y_j)$。〔否则,由可行流定义可知,必有某个收点 y_{j_0} 上 $f^-(y_{j_0}) - f^+(y_{j_0}) > \partial(y_{j_0})$,当然满足 $f^-(y_{j_0}) > 0$。于是由上述条件和守恒条件可知必存在一个以某发点为起点,以 y_{j_0} 为收点的有向路 P,其中路 P 上每条弧 a,都有 $f(a) > 0$。从而

可将路 P 的每条弧的流量都减去同一个适当小的正数，一定可以得到另一个可行流 $f'(\cdot)$，使得 val $f' <$ val f。这与"$f(\cdot)$ 是网络 N 上的可行流中流值最小的一个"矛盾。根据 $f(\cdot)$，可以构造网络 N' 上的流 $f'(\cdot)$：

$$\begin{cases} f'(a) = f(a), & \forall\, a \in A(N), \\ f'(x, x_i) = f^+(x_i) - f^-(x_i), & \forall\, x_i \in X, \\ f'(y_j, y) = f^-(y_j) - f^+(y_j) = \partial(y_j), & \forall\, y_j \in Y。 \end{cases}$$

容易验证 $f'(\cdot)$ 是满足容量约束条件和守恒条件，而且使网络 N' 的割 $(S_0, \overline{S_0})$（其中 $\overline{S_0} = Y \cup \{y\}$）中的每一条弧都饱和的网络 N' 上的流。

接下来继续证明定理 6-6：设网络 N' 有一个流 $f'(\cdot)$ 使网络 N' 的割 $(S_0, \overline{S_0})$（其中 $\overline{S_0} = Y \cup \{y\}$）中的每一条弧都饱和。则 $\mathrm{cap}(S_0, \overline{S_0}) = \partial(Y) = \mathrm{val}\, f'$（其中 $\overline{S_0} = Y \cup \{y\}$），根据推论 6-1，$f'(\cdot)$ 是网络 N' 的最大流，割 $(S_0, \overline{S_0})$（其中 $\overline{S_0} = Y \cup \{y\}$）是网络 N' 的最小割。由此可知，网络 N 中有可行流的充分必要条件是网络 N' 有一个流使网络 N' 的任意割 $(S', \overline{S'})$（其中 $x \in S', y \in \overline{S'}$）都有 $\mathrm{cap}(S', \overline{S'}) \geqslant \partial(Y)$〔其中 $\partial(Y)$ 是网络 N 中的总需求量，$\partial(Y) = \sum\limits_{y_i \in Y} \partial(y_j)$〕。但是，如果将网络 N' 中的容量函数记为 $c'(\cdot)$，令 $S' = S \cup \{x\}, \overline{S'} = \overline{S} \cup \{y\}$（其中，网络 N' 中的任意的 S' 对应一个网络 N 中的任意的 S），则任意割 $(S', \overline{S'})$ 的容量可以表示为

$$\mathrm{cap}(S', \overline{S'}) = c'(S, \overline{S}) + c'(S, \{y\}) + c'(\{x\}, \overline{S}) = c(S, \overline{S}) + \partial(Y \cap S) + \sigma(X \cap \overline{S}),$$

而 $\partial(Y) = \partial(Y \cap S) + \partial(Y \cap \overline{S})$。因此，$c(S, \overline{S}) \geqslant \partial(Y \cap \overline{S}) - \sigma(X \cap \overline{S})$，对 $\forall\, S \subseteq V(N)$ 都成立。

证毕

定理 6-6 在图论中有很多应用，以下是其中之一。

设 $p = (p_1, p_2, \cdots, p_m)$ 和 $q = (q_1, q_2, \cdots, q_n)$ 为两个非负整数序列，如果存在一个简单偶图 $G = (X, Y; E)$，其中，$X = (x_1, x_2, \cdots, x_m)$，$Y = (y_1, y_2, \cdots, y_n)$，使得 $d(x_i) = p_i, i = 1, 2, \cdots, m$；$d(y_j) = q_j, j = 1, 2, \cdots, n$，则称 (p, q) 可用简单偶图来**实现**（realization）。

例如，$p = (3, 2, 2, 2, 1)$ 及 $q = (3, 3, 2, 1, 1)$ 时 (p, q) 可用简单偶图来实现（如图 6-20 所示的偶图）。

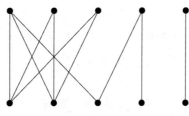

图 6-20

例 6-3 游览问题(excursion problem)设有 m 个家庭要乘 n 辆车郊游。已知第 i 个家庭的人数为 $p_i, i=1,2,\cdots,m$;第 j 辆车上座位共有 $q_j, j=1,2,\cdots,n$。问能否安排座位,使同一个家庭的成员不会同乘一辆车?

令 $p=(p_1,p_2,\cdots,p_m), q=(q_1,q_2,\cdots,q_n)$,显然,这个问题等价于 (p,q) 是否可用简单偶图来实现。

对 $p=(p_1,p_2,\cdots,p_m), q=(q_1,q_2,\cdots,q_n)$,$(p,q)$ 可用简单偶图来实现的必要条件显然是

$$\sum_{i=1}^{m} p_i = \sum_{j=1}^{n} q_j。 \tag{6-1}$$

但它不是充分条件。例如,当 $p=(3,3,1), q=(3,3,1)$ 时,(p,q) 显然不能用任何简单偶图来实现。由于可实现性与 p 及 q 中对应项的排列顺序无关,不妨设

$$q_1 \geqslant q_2 \geqslant \cdots \geqslant q_n。 \tag{6-2}$$

定理 6-7 设 $p=(p_1,p_2,\cdots,p_m)$ 及 $q=(q_1,q_2,\cdots,q_n)$ 为两个非负整数序列,它们满足条件式(6-1)及式(6-2),则 (p,q) 是否可用简单偶图来实现的充分必要条件是

$$\sum_{i=1}^{m} \min\{p_i,k\} \geqslant \sum_{j=1}^{k} q_j, \quad k=1,2,\cdots,n。 \tag{6-3}$$

证明:作一个完全偶图 $K_{m,n}$,仍以 $G=K_{m,n}=(X,Y;E)$ 表示,其中 $X=(x_1,x_2,\cdots,x_m), Y=(y_1,y_2,\cdots,y_n)$。令 D 为图 G 的一个定向,其中每边定向为从 X 到 Y。在 D 上定义网络 N 如下:以 X 及 Y 中每个顶点分别作为发点及收点;每弧的容量为 1;发点 x_i 的供为 $p_i, i=1,2,\cdots,m$;收点 y_j 的需求为 $q_j, j=1,2,\cdots,n$。

显然,对应于 D 的每个生成子图,网络 N 中都对应地存在一个恰好饱和该子图的各条弧的一个流,并且这个对应是一一对应。前者恰只饱和该生成子图的每条弧。因此,由式(6-1)可知,(p,q) 可用简单偶图来实现的充分必要条件是网络 N 中存在一个可行流。

现在利用定理 6-6,证明网络 N 中存在一个可行流的充分必要条件是式(6-3)。

对任意 $S\subseteq V(N)=X\bigcup Y$,记

$$I(S)=\{i\,|\,x_i\in S\}, \quad J(S)=\{j\,|\,y_j\in S\},$$

根据定义,

$$\begin{cases} c(S,\overline{S}) = |I(S)| \cdot |J(\overline{S})|, \\ \sigma(X\bigcap \overline{S}) = \sum_{i\in I(\overline{S})} p_i, \\ \partial(Y\bigcap \overline{S}) = \sum_{j\in J(\overline{S})} q_j。 \end{cases} \tag{6-4}$$

必要性。如果网络 N 中存在一个可行流,由定理 6-6 及式(6-4)可知:

$$|I(S)| \cdot |J(\overline{S})| \geqslant \sum_{j \in J(\overline{S})} q_j - \sum_{i \in I(S)} p_i$$

对任意 $S \subseteq V(N) = X \cup Y$ 成立。

今取 $S = \{x_i \mid p_i > k\} \cup \{y_j \mid j > k\}$,则由上式得

$$\sum_{i \in I(S)} \min\{p_i, k\} \geqslant \sum_{j=1}^{k} q_j - \sum_{i \in I(S)} \min\{p_i, k\}。$$

$[\overline{S} = \{x_i \mid p_i \leqslant k\} \cup \{y_j \mid j \leqslant k\}, I(S) = \{i \mid p_i > k\}, I(\overline{S}) = \{i \mid p_i \leqslant k\}, J(\overline{S}) = \{1,$
$2, \cdots, k\}$。因此,$|I(S)| \cdot |J(\overline{S})| = |I(S)| \cdot k = \sum\limits_{i \in I(S)} \min\{p_i, k\}。]$

再由 k 的任意性,式(6-3)成立。

充分性。如果式(6-3)成立,对任意 $S \subseteq V(N) = X \cup Y$,令 $k = |J(\overline{S})|$。由式(6-3)
及式(6-4)得

$$c(S, \overline{S}) \geqslant \sum_{i \in I(S)} \min\{p_i, k\}(因为左式 = |I(S)| \cdot k)$$

$$\geqslant \sum_{j=1}^{k} q_j - \sum_{i \in I(\overline{S})} \min\{p_i, k\}[由式(6-3)]$$

$$\geqslant \sigma(Y \cap \overline{S}) - \partial(X \cap \overline{S})$$

$[$由 q_j 的排法及 $k = |J(\overline{S})|$ 可知:$\sum\limits_{j=1}^{k} q_j \geqslant \sum\limits_{j \in J(\overline{S})} q_j = \partial(Y \cap \overline{S})$,又,

$$\sum_{i \in J(\overline{S})} \min\{p_i, k\} \leqslant \sum_{i \in I(\overline{S})} p_i = \sigma(X \cap \overline{S})]。$$

因此,由定理 6-6 可知,网络 N 中存在一个可行流。

证毕

用矩阵可使定理 6-7 更便于使用:每个具有 2-划分$((x_1, x_2, \cdots, x_m), (y_1, y_2, \cdots, y_n))$的简单偶图都一一对应于一个 $m \times n$ 的$(0,1)$-矩阵 B。因此定理 6-7 给出了存在行之和为 $p_1, p_2, \cdots, p_m$,列之和为 $q_1, q_2, \cdots, q_n$ 的 $m \times n$ 的$(0,1)$-矩阵的充分必要条件。

令 B^* 为一个 $m \times n$ 的$(0,1)$-矩阵,其中,第 i 行的前 p_i 个元素都是 1,其余为 0。令 $p^*_1, p^*_2, \cdots, p^*_n$ 为 B^* 的列之和。称序列 $p^* = (p^*_1, p^*_2, \cdots, p^*_n)$ 为 p 的**共轭**(conjugate)。例如,$p = (5, 4, 4, 2, 1)$,$p^* = (5, 4, 3, 3, 1)$。如图 6-21 所示。

考虑 $\sum\limits_{j=1}^{k} p^*_j$。矩阵 B^* 的第 i 行对这个和的贡献为 $\min\{p_i, k\}$,因此 $\sum\limits_{j=1}^{k} p^*_j = \sum\limits_{i=1}^{m} \min\{p_i, k\}$,从而定理 6-7 等价于如下的定理 6-8:

定理 6-8　设 $p = (p_1, p_2, \cdots, p_m)$ 及 $q = (q_1, q_2, \cdots, q_n)$ 为两个非负整数序列,它们

满足条件式（6-1）及式（6-2），则：(p,q) 是否可用简单偶图实现的充分必要条件是

$$\sum_{j=1}^{k} p_j^* \geqslant \sum_{j=1}^{k} q_j, k = 1, 2, \cdots, n_{\circ}$$

例 6-4 当 $p=q=(5,4,4,2,1)$ 时 $p^*=(5,4,3,3,1)$。这时对 $k=3$ 有 $\displaystyle\sum_{j=1}^{3} p_j^* = 12 < \sum_{j=1}^{3} q_j = 13$，因此 (p,q) 不能用简单偶图实现。

$$\begin{array}{c}
\begin{array}{c} 5 \\ 4 \\ 4 \\ 2 \\ 1 \end{array}
\left[\begin{array}{ccccc}
1 & 1 & 1 & 1 & 1 \\
1 & 1 & 1 & 1 & 0 \\
1 & 1 & 1 & 1 & 0 \\
1 & 1 & 0 & 0 & 0 \\
1 & 0 & 0 & 0 & 0
\end{array}\right] \\
\quad 5 \quad 4 \quad 3 \quad 3 \quad 1
\end{array}$$

图 6-21

注： 流在信息传输中的应用。

在本章前面的流的问题中，要求网络中运输的是物质，而且这些物质在中间运输的过程中不可分割、变形、拼接，也不考虑物资之间的引力，以及空气动力学、流体力学等，只考虑以某单位衡量的数量，并且物资没有个体差别。但有时，网络还可以做一些别的事情。例如，可以利用通信网络传输信息。而信息可以复制，甚至可以通过编码来改变信息，被传输之后再通过解码来恢复信息。信息和前面的物资在利用网络传输的时候，有不一样的性质，那么网络与流的理论对于信息传输是否还适用呢？

香农（Claude Elwood Shannon，1916-2001，信息论创始人）认识到，如果一个单源和单汇（可以看作前面的单发点单收点）的网络上传输的是信息，而且信息可以复制，但不可以改变信息的内容，则任一时刻（假设信息的传输是无时延的）从源点到汇点传输的最大的信息量也是等于这个网络的最大流的流值（即最小割的容量）。但是如果一个网络中有一个信源 s，多个汇点 $t_1, t_2, \cdots, t_n$，设 s 到 $t_i (i=1,2,\cdots,n)$ 的最大流的流值为 val $f_i (i=1,2,\cdots,n)$，这里 val $f_i > 0 (i=1,2,\cdots,n)$。设 val $f = \min\{\text{val } f_1, \text{val } f_2, \cdots, \text{val } f_n\}$，则从 s 往 $t_1, t_2, \cdots, t_n$ 发送信息，$t_1, t_2, \cdots, t_n$ 同时接收到的消息数量可能达不到 val f，如图 6-22 所示（蝴蝶图）。这是信息领域中的一个普遍的问题。

然而，2000 年前后，Rudolf Ahlswede，Ning Cai，Shuo-Yen Robert Li，et al. 在 *Network Information Flow*（IEEE Trans. Inform. Theory，2000 年）一文中证明了：设任意一个网络中有一个信源 s，多个汇点 $t_1, t_2, \cdots, t_n$，设 s 到 $t_i (i=1,2,\cdots,n)$ 的最大流的流值为

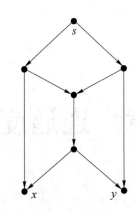

图 6-22

val $f_i(i=1,2,\cdots,n)$，这里 val $f_i>0(i=1,2,\cdots,n)$，设 val $f=\min\{\text{val } f_1,\text{val } f_2,\cdots,$ val $f_n\}$，则从 s 往 $t_1,t_2,\cdots,t_n$ 发送信息，如果允许在网络的节点上进行编码（这就是**网络编码**的概念），则一定会存在某种编码方式，使得 $t_1,t_2,\cdots,t_n$ 同时接收到的消息数量达到 val f。

习题 6-4

1. 给定两个非负整数序列 $p=(p_1,p_2,\cdots,p_n)$ 及 $q=(q_1,q_2,\cdots,q_n)$，求在顶点集 $(v_1,v_2,\cdots,v_n)$ 上存在满足以下两个条件的有向图 D 的充分必要条件：

(1) $d^-(v_i)=p_i$ 及 $d^+(v_i)=q_i, i=1,2,\cdots,n$；

(2) 图 D 有 $(0,1)$-邻接矩阵。

2. 设 $p=(p_1,p_2,\cdots,p_m)$ 及 $q=(q_1,q_2,\cdots,q_n)$ 是两个非增的非负整数序列，令 $p'=(p_2,p_3,\cdots,p_m)$ 及 $q'=(q_1-1,q_2-1,\cdots,q_{p_1}-1,q_{p_1+1},\cdots,q_n)$。

(1) 证明：(p,q) 可用简单偶图实现的充分必要条件是 (p',q') 可用简单偶图实现。

(2) 利用(1)叙述一个构造实现 (p,q) 的简单偶图的算法，若该实现存在的话。

3. 对 $(m+n)$-正则图 G，如果存在图 G 的定向，使每个顶点的入度不是 m 就是 n，则称 $(m+n)$-正则图 G 为 (m,n)-**可定向的**。证明：

(1) $(m+n)$-正则图 G 为 (m,n)-可定向的充分必要条件是存在 $V(G)$ 的一个 2-划分 (V_1,V_2)，使得对 $\forall S\subseteq V(G)$，都有 $|(m-n)(|V_1\cap S|-|V_2\cap S|)|\leqslant |[S,\overline{S}]|$。

(2) 若 $(m+n)$-正则图 G 为 (m,n)-可定向的，且 $m>n$，则图 G 也是 $(m-1,n+1)$-可定向的。

第 7 章　连通度问题

连通是图的一个重要条件,很多时候需要在连通的情况下才考虑图和网络的一些性质,但是一个图仅仅是连通的还不够,还需要衡量连通的程度,也就是连通度的概念。例如,网络拓扑的**健壮性**(robustness)就是网络拓扑的连通度问题,是指当网络中的一些链路或端点遭到破坏后,能否保持网络连通性的问题。

7.1　连　通　度

图 G 的一个边集 $B\subseteq E(G)$,如果边集 B 为图 G 的边割,$|B|=k$,则称边集 B 为图 G 的 k-**边割**(k-edge cut)。

图 G 的**边连通度**(edge connectivity)的定义为

$$\kappa'(G)=\begin{cases}\min\{k\,|\,\text{图 }G\text{ 有 }k\text{-边割}\}, & \text{当图 }G\text{ 为非平凡图,}\\ 0, & \text{当图 }G\text{ 为平凡图。}\end{cases}$$

所以,图 G 的边连通度是使图 G 变成不连通或平凡图所需去掉的最少边数(如果图 G 本来就不连通,则空集就是图 G 的边割,也是 0-边割)。当图 G 为非平凡连通图时,图 G 的边连通度就是图 G 的最小键的边数。

显然:

① $\kappa'(G)=0$ 的充分必要条件是图 G 为平凡图或不连通图。

② $\kappa'(G)=1$ 的充分必要条件是图 G 为连通图,且图 G 有割边。

③ 当 $n\geqslant 1$ 时,$\kappa'(K_n)=n-1$;如果图 G 为简单图,$\kappa'(G)=n-1$ 的充分必要条件是 $G=K_n$。

图 G 的一个顶点子集 $V'\subseteq V(G)$,如果 $G-V'$ 不连通,则称 V' 为图 G 的**顶点割**(vertex cut),或简称点割(其中 V' 可以是空集);如果 V' 为图 G 的点割,而且 $|V'|=k$,

则称 V' 为图 G 的 k-**点割**（k-vertex cut）。

讨论点割时，只需要考虑简单图即可，如果一个图 G 有重边或环，则将重边与环去掉（重边只保留一条边，多出的重边去掉），记所得简单图为 G'，则图 G 与图 G' 的点割是完全一样的。但是对于边割，图 G 与图 G' 的边割可能是不一样的，对于边连通度，$\kappa'(G) \geqslant \kappa'(G')$ 总是成立。

显然：

① 当图 G 为无环连通图时，$v \in V(G)$，则 v 点是图 G 的割点的充分必要条件是 v 点是 G 的 1-点割。

② 完全图无点割。

图 G 的**点连通度**（vertex connectivity）的定义为

$$\kappa(G) = \begin{cases} \min\{k \mid 图 G 有 k\text{-点割}\}, & 当图 G 为有两个不相邻接顶点时, \\ v-1, & 当图 G 任意两个顶点都相邻时. \end{cases}$$

所以，图 G 的点连通度是使图 G 变成不连通或平凡图所需去掉的最少点数。点连通度通常简称作**连通度**（connectivity）。讨论（点）连通度时，只需要考虑简单图。

显然：

① $\kappa(G) = 0$ 的充分必要条件是图 G 为平凡图或不连通图。

② $\kappa(G) = 1$ 的充分必要条件是图 G 为连通图，且图 G 有 1-点割（或割点）。

③ 当 $n \geqslant 1$ 时，$\kappa(G) = n-1$ 的充分必要条件是 $G = K_n$。

观察下面图 7-1 中 6 个图的（点）连通度和边连通度，可知判断一个连通图 G 的（点）连通度 $\kappa(G)$〔或边连通度 $\kappa'(G)$〕是 k 是一个比较困难的问题，需要找到一个 k-点割（或 k-边割），还要保证是最小的 k，即：任意去掉 $k-1$ 个点（或边），图 G 还是连通的。

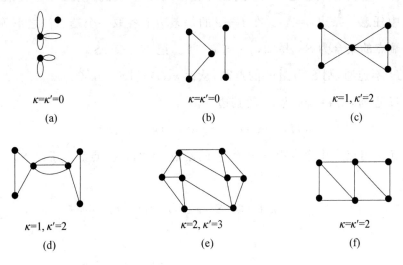

图 7-1

有时,不一定需要精确知道图 G 的(点)连通度(或边连通度)到底是多少,只需要知道至少是多少,从而就可以了解图 G 的一些特性。所以有下面两个定义:

如果图 G 的边连通度大于或等于 k,则称图 G 为 k-**边连通的**(k-edge connected)。显然,图 G 为 k-边连通的充分必要条件是:至少需要去掉 k 条边才能使图 G 变成不连通或平凡图。

① 图 G 为 1-边连通的充分必要条件是图 G 为非平凡连通图。

② 图 G 为 2-边连通的充分必要条件是图 G 为不含割边的非平凡连通图。

如果图 G 的(点)连通度大于或等于 k,则称图 G 为 k-**(点)连通的**(k-vertex connected 或 k-connected)。显然,图 G 为 k-(点)连通的充分必要条件是:至少需要去掉 k 个顶点才能使图 G 变成不连通或平凡图。

① 图 G 为 1-连通的充分必要条件是图 G 为非平凡连通图。

② 图 G 为 2-连通的充分必要条件是图 G 为不含割点的非平凡连通图。

定理 7-1 对任意图 G,$\kappa(G) \leqslant \kappa'(G) \leqslant \delta(G)$。

证明:先证 $\kappa'(G) \leqslant \delta(G)$。当图 G 为平凡图或不连通图时,$\kappa'(G) = 0 \leqslant \delta(G)$,结论成立;当图 G 为非平凡连通图时,选取点 $v \in V(G)$,使得 $d(v) = \delta$,则 $E' = [\{v\}, \overline{\{v\}}]$ 是图 G 的一个边割,因此

$$\kappa'(G) \leqslant |E'| = \delta(G),$$

结论成立。

再证 $\kappa(G) \leqslant \kappa'(G)$。

不妨设图 G 为简单、连通、非完全图,于是 $\kappa'(G) \leqslant v - 2$。在图 G 中任取一个 κ'-边割 B,及 B 中任意一条边 $e = xy$。在 $B - e$ 的每条边上各取一个端点使之不等于点 x 及 y。令这些端点的集合为 S。易知,$|S| \leqslant \kappa' - 1$。记 $H = G - S$。

① 若 H 不连通,则 S 为图 G 的点割,从而 $\kappa(G) \leqslant |S| \leqslant \kappa'(G) - 1$。

② 若 H 连通,则 $e = xy$ 为 H 的割边。但

$$v(H) = v(G) - |S| \geqslant v - (\kappa' - 1) \geqslant 3,$$

因此,点 x 与点 y 中至少有一个为 H 的割点,不妨设为点 x。于是 $S \cup \{x\}$ 为图 G 的点割,故

$$\kappa(G) \leqslant |S| + 1 \leqslant \kappa'(G)。$$

证毕

习题 7-1

1. (1) 证明:若图 G 是 k-边连通的,且 $k>0$,又 E' 为图 G 的任意 k 条边的集合,则 $\omega(G-E')\leqslant 2$。

(2) 对整数 $k>0$,找出一个 k 连通图 G 以及图 G 的 k 个顶点的集合 S,使 $\omega(G-S)\geqslant 2$。

2. 证明:若图 G 是 k-边连通的,则 $\varepsilon(G)\geqslant\dfrac{kv(G)}{2}$。

3. (1) 证明:若图 G 是简单图且 $\delta(G)\geqslant v(G)-2$,则 $\kappa(G)=\delta(G)$。

(2) 找出一个简单图 G,使得 $\delta(G)=v(G)-3$ 且 $\kappa(G)<\delta(G)$。

4. (1) 证明:若图 G 是简单图且 $\delta(G)\geqslant\dfrac{v(G)}{2}$,则 $\kappa'(G)=\delta(G)$。

(2) 找出一个简单图 G,使得 $\delta(G)=\dfrac{v(G)}{2}-1$ 且 $\kappa'(G)<\delta(G)$。

5. 证明:若图 G 是简单图且 $\delta(G)\geqslant\dfrac{v(G)+k-2}{2}$ $(k<v(G))$,则图 G 是 k-连通的。

6. 证明:若图 G 是 3-正则简单图,则 $\kappa(G)=\kappa'(G)$。

7. 证明:若 l,m 和 n 是适合 $0<l\leqslant m\leqslant n$ 的整数,则存在一个简单图 G,使得 $\kappa(G)=l,\kappa'(G)=m$ 和 $\delta(G)=n$。

7.2　块

称无割点的连通图为**块**(block)。块是一个图的基本构成。显然,当 $v(G)\geqslant 3$ 时,图 G 是块的充分必要条件是图 G 为无环 2-连通的。根据定理 7-1,当 $v(G)\geqslant 3$ 时,若图 G 是块,则图 G 中无割边。

如果图 G 的两条路 P 与 Q 无公共内部顶点,则称路 P 与 Q **内部不相交**(internally disjoint)。

定理 7-2(Whitney,1932)　当 $v(G)\geqslant 3$ 时,图 G 为 2-连通的充分必要条件是图 G

中任意两个顶点之间至少被两条内部不相交的路所连接。

证明:充分性:显然,图 G 连通,且无 1-点割,因此图 G 为 2-连通的。

必要性:对图 G 中任意两个顶点 u 与 v 之间的距离 $d(u,v)$ 进行归纳。当 $d(u,v)=1$ 时(即 uv 为图 G 的边),因为图 G 为 2-连通的,边 uv 是图 G 的非割边(因为 $\kappa'\geqslant\kappa\geqslant2$)。因此,根据定理 3-2 可知,边 uv 在图 G 的某一个圈内,所以点 u 与点 v 之间至少被两条内部不相交的路所连接。

假设定理对距离小于 k 的任意两个顶点都成立,现设点 u 与点 v 是图 G 中任意两个顶点,而且 $d(u,v)=k(k\geqslant2)$。令 w 为长为 k 的一条 (u,v)-路中点 v 的前一个顶点。显然,$d(u,w)=k-1$。因此,由归纳假设,存在两个内部不相交的 (u,w)-路 P 与 Q。又因为图 G 是 2-连通图,$G-w$ 中一定存在一条 (u,v)-路 P'。令 x 为 P' 在 $P\bigcup Q$ 中的最后一个顶点(点 x 有可能就是点 u)。不失一般性,不妨设点 x 在路 P 上。这时图 G 中有两个内部不相交的 (u,v)-路:(路 P 的 (u,x)-节)(路 P' 的 (x,v)-节)及 Qwv。如图 7-2 所示。

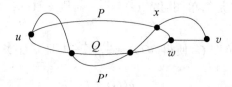

图 7-2

证毕

推论 7-1 当 $v(G)\geqslant3$ 时,图 G 为 2-连通的充分必要条件是图 G 的任意两个顶点共圈。

证明:由定理 7-2,显然。

证毕

从一个图中取出一条边 e,将 e 用长度为 2 的一条路替换,该路的内部顶点是一个新顶点。这样的运算称作边 e 被**剖分**(subdivided)。

容易验证,当 $v(G)\geqslant3$,图 G 为块,则图 G 的一些边被剖分后得到的图 G' 仍然保持是块。

(用块的定义验证图 G' 连通,而且没有割点,所以图 G' 是块。)

推论 7-2 图 G 为块的充分必要条件是图 G 的任意两条边共圈。

证明:当 $v(G)\leqslant2$ 时,显然成立。所以不妨设 $v(G)\geqslant3$。

必要性。设图 G 的任意两边为 a 和 b,将 a 和 b 分别用两个新顶点 x 和 y 加以剖分,得新图 G'。图 G' 仍是块,因此是 2-连通的,由推论 7-1 可知,点 x 和 y 在图 G' 中共圈。从而边 a 和 b 在图 G 中共圈。

充分性。由于图 G 的任意两条边共圈,所以可知图 G 是无环连通图,只要再证明图 G 中无割点即可。反证法。假设图 G 中有割点 u,$G-u$ 至少有两个分支,且点 u 到各分支在图 G 中至少有一条关联边相连。取点 u 的两条关联边 $a=ux$ 和 $b=uy$,使点 x 和 y 在 $G-u$ 的两个分支中,易知点 x 和 y 在图 G 中不共圈。矛盾。

证毕

一个图 G 的块是指图 G 的一个子图 G',图 G' 本身是块,而且是图 G 的极大块。对任意图 G,可以沿图 G 的割点将图 G 逐步划分为一些图 G 的块。因此一个图是它的块的边不重的并图。例如,图 7-3 中 (a) 表示图 G,(b) 表示图 G 的 8 个块。

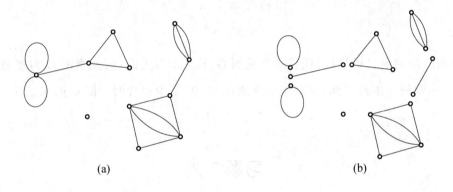

图 7-3

图 G 的块的性质:

① 图 G 的每个环、每条割边都是图 G 的块。

② 图 G 的每个块都是图 G 的一个导出子图〔即:$\forall e=uv \in E(G)$,如果点 u 和 v 在图 G 的同一个块中,则 e 也在该块中〕。

③ 图 G 的两个块之间至多有一个公共顶点,它一定是图 G 的割点。

④ 图 G 的任意一个割点至少是图 G 的两个块的公共顶点。

⑤ 含割点的连通图 G 中,至少有两个图 G 的块每个恰含图 G 的一个割点,称之为**末梢块**(endblock)。

⑥ 图 G 是它的块的边不重并。

⑦ 任意一个图 G 中,易证,边之间的共圈关系是边集合上的一个等价关系。它将 $E(G)$ 划分为一些等价类 $(E_1, E_2, \cdots, E_q)$,而每个 $G[E_i]$($i=1, 2, \cdots, q$)都是图 G 的块(其中,q 为图 G 的块数)。

任意非平凡图 G,都可以定义图 G 的**块割点图**(block-cut-vertex graph)〔记作

bc(G)〕：bc(G) 的顶点集是由图 G 的所有块和割点组成，bc(G) 的两个顶点相邻的充分必要条件是这两顶点中一个是图 G 的块，另一个是图 G 的割点，且在图 G 中割点在块中。例如，图 7-4 就是一个图 G〔如图 7-4(a) 所示〕和其 bc(G)〔如图 7-4(b) 所示〕，其中，bc(G) 中对应于图 G 的块的顶点用较大的顶点表示。

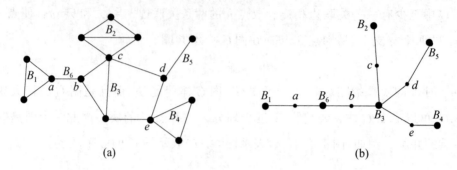

(a)   (b)

图 7-4

由图的块的定义可知，对任意非平凡图 G，其 bc(G) 无圈，因此当图 G 为连通图时，bc(G) 是一颗树。由此可知，含割点的连通图 G 中，至少包含两个图 G 的末梢块。

习题 7-2

1. 证明：一个图是 2-边连通的当且仅当任意两个顶点至少被两条边不重的路所连接。

2. 举例说明：若 P 为 2-连通图 G 中一条给定的 (u, v)-路，则图 G 中不一定有一条与 P 内部不相交的 (u, v)-路。

3. 证明：若图 G 没有偶圈及孤立点，则图 G 的每个块为 K_2 或奇圈。

4. 证明：不是块的连通图 G 中，至少有两个图 G 的块每个恰含图 G 的一个割点。

5. 证明：图 G 的块的数目为 $\omega + \sum_{v \in V} (b(v) - 1)$，其中 $b(v)$ 是图 G 中含顶点 v 的块的个数。

6. 设图 G 为 2-连通图，而 X 和 Y 是 $V(G)$ 的不相交子集，它们各至少包含两个顶点。证明：图 G 包含两条不相交的路 P 和 Q 使得

(1) 路 P 和 Q 的起点在 X 中；

(2) 路 P 和 Q 的终点在 Y 中；

（3）路 P 和 Q 的内部顶点都不在 $X \cup Y$ 中。

7. 叙述求图的块的好算法。

8. 证明：若边 a 与边 b 共圈，边 b 与边 c 共圈，则边 a 与边 c 共圈。

9. 连通图 G 中，若顶点 u 不在任何一个奇圈上，而 C 为图 G 的一个奇圈，则点 u 与 C 一定不在图 G 的同一个块中。

10. 证明：设图 G 为 $v \geqslant 3$ 的块，则对图 G 中任意两个顶点 u 与 v，及任意一条边 e，图 G 中必有一条 (u,v)-路包含 e。（提示：连点 u 与 v。）

11. 证明：设图 G 为 $v \geqslant 3$ 的块，x,y,z 为其任意 3 个顶点，则图 G 中必有一条 (x,y)-路通过 z。

7.3　Menger 定理

对有向图 $D = (V,A)$〔或无向图 $G = (V,E)$〕，$S \subset V$，$x,y \in V \backslash S$，如果图 D（或图 G）中每一条有向 (x,y)-路〔或 (x,y)-路〕都至少包含 S 中的一个顶点，则称点集 S 为图 D（或图 G）的 xy-**顶点分割集**（xy-separating set of vertices）。注意到此定义中蕴含着点 x 与点 y 在图 D（或图 G）中不相邻。易知，S 为图 D（或图 G）的 xy 顶点分割集的充分必要条件是 S 为去掉后就会破坏图 D（或图 G）中所有有向 (x,y)-路〔或 (x,y)-路〕的顶点集合，且 $x,y \notin S$。类似地，对有向图 $D = (V,A)$〔或无向图 $G = (V,E)$〕，$S \subseteq A(D)$〔或 $S \subseteq E(G)$〕，$x,y \in V$，如果图 D（或图 G）中每一条有向 (x,y)-路〔或 (x,y)-路〕都至少包含 S 中的一条弧（或边），则称弧集 S 为图 D（或图 G）的 xy-**弧分割集**（xy-separating set of arcs）〔或 xy-**边分割集**（xy-separating set of edges）〕。易知，S 为图 D（或图 G）的 xy-弧（边）分割集的充分必要条件是 S 为去掉后就会破坏图 D（或图 G）中所有有向 (x,y)-路（或路）的弧（或边）的集合。

引理 7-1　设网络 N 的发点为 x，收点为 y，且每条弧的容量都为 1，则：

（1）网络 N 中最大流的值等于网络 N 中弧不重的有向 (x,y)-路的最大数目。

（2）网络 N 中最小割的容量等于最小的网络 N 中 xy-弧分割集的弧数。

证明：（1）设 m 为网络 N 中弧不重的有向 (x,y)-路的最大数目；$f^*(\cdot)$ 为网络 N 的最大流（每条弧上的流值要么为 0 要么为 1）；N^* 为由网络 N 中去掉所有 f^*-零弧而得到的有向（生成子）图。因此，有

① $d_{N^*}^+(x) - d_{N^*}^-(x) = \operatorname{val} f^* = d_{N^*}^-(y) - d_{N^*}^+(y)$;

② $d_N^+·(v)=d_N^-·(v),v\in V(N^*)\backslash\{x,y\}$。

于是,在图 N^* 中,因而在网络 N 中,有 val f^* 条弧不重的有向 (x,y)-路。因此 $m\geqslant$ val f^*。

另外,设 $P_1,\cdots,P_m$ 为网络 N 中任意一组 m 条弧不重的有向 (x,y)-路,定义函数:

$$f(a)=\begin{cases} 1, & a\in A(\bigcup_{i=1}^{m}P_i), \\ 0, & 其他, \end{cases}$$

显然,$f(\cdot)$ 为网络 N 中值为 m 的流。由于 $f^*(\cdot)$ 为最大流,所以 val $f^*\geqslant m$。

从而 val $f^*=m$。

(2) 设 n 为网络 N 中最小的 xy-弧分割集的弧数;令 $\widetilde{K}=(S,\bar{S})$ 为网络 N 中的最小割,则易知 $N-\widetilde{K}$ 中从 x 不可达 y。即 $\widetilde{K}$ 就是去掉它就破坏所有有向 (x,y)-路的弧集,因此 $n\leqslant|\widetilde{K}|=\text{cap}\widetilde{K}$。

另外,设 Z 为 n 条弧的 xy-弧分割集,则去掉 Z 后就破坏所有有向 (x,y)-路。令 S 为 $N-Z$ 中 x 可达的顶点集。显然,$x\in S,y\in\bar{S}$,从而 $K=(S,\bar{S})$ 为网络 N 中的一个割。又,由 S 的定义可知,$N-Z$ 中不含 $(S,\bar{S})$ 的弧,因此 $K\subseteq Z$,从而 $\text{cap}\widetilde{K}\leqslant\text{cap}K=|K|\leqslant|Z|=n$。

所以 $n=\text{cap}\widetilde{K}$。

证毕

定理 7-3(弧形式的 Menger 定理) 设 x 和 y 为有向图 D 中任意两个顶点,则图 D 中弧不重的有向 (x,y)-路的最大数目等于图 D 中最小的 xy-弧分割集的弧数。

证明:由图 D 作网络 N,其发点为 x,收点为 y,每弧容量 1。再用引理 7-1 及定理 6-5 即得。

证毕

定理 7-4(边形式的 Menger 定理) 设 x 和 y 为图 G 中任意两个顶点,则图 G 中边不重的 (x,y)-路的最大数目等于图 G 中最小的 xy-边分割集的边数。

证明:作图 G 的**伴随有向图**(associated digraph)(将每条边用方向相反的两条弧代替),再用定理 7-3 即得。

证毕

推论 7-3(Menger 定理) 图 G 为 k-边连通的充分必要条件是图 G 中任意两个顶点都至少被 k 条边不重的路所连接。

证明:由 k-边连通的定义即得。

证毕

定理 **7-5**(有向图顶点形式的 Menger 定理)　设 x 和 y 为有向图 D 中任意两个顶点,且图 D 中没有从点 x 连到点 y 的有向弧,则图 D 中内部不相交的有向(x,y)-路的最大数目等于图 D 中最小的 xy-顶点分割集的顶点数。

证明: 由图 D 作有向图 D' 如下。

① 将每个 $v \in V(D) \setminus \{x,y\}$ 分成两个新顶点 v' 及 v'',并连以新弧 (v',v'');

② 将图 D 中以点 $v \in V(D) \setminus \{x,y\}$ 为头的弧代之以以点 v' 为头的弧;图 D 中以点 v 为尾的弧代之以以点 v'' 为尾的弧。

于是易知,图 D' 中一条有向(x,y)-路与图 D 中一条有向(x,y)-路之间存在一一对应关系〔通过将图 D' 中一条有向(x,y)-路上的每一条(v',v'')弧收缩成点 v;或将图 D 中一条有向(x,y)-路的每一顶点 v 分裂成弧(v',v'')〕。

又,易知,图 D' 中两条有向(x,y)-路为弧不重的充分必要条件是对应的图 D 中的两条有向(x,y)-路为内部不相交的。

因此,图 D' 中弧不重的有向(x,y)-路的最大数目等于图 D 中内部不相交的有向(x,y)-路的最大数目。

类似地,图 D' 中最小的 xy-边分割集的边数等于图 D 中最小的 xy-顶点分割集的顶点数。

再由定理 7-3 可知,定理 7-5 成立。

证毕

定理 **7-6**(无向图顶点形式的 Menger 定理)　设点 x 和点 y 为图 G 中任意两个不相邻顶点,则图 G 中内部不相交的(x,y)-路的最大数目等于图 G 中最小的 xy-顶点分割集的顶点数。

证明: 将定理 7-5 用于图 G 的伴随有向图上即得。

证毕

推论 7-4(Menger 定理)　设 $v(G) \geqslant k+1$,则图 G 为 k-连通的充分必要条件是图 G 中任意两个顶点都至少被 k 条内部不相交的路所连接。

证明: 必要性。反证法。假设图 G 为 k-连通的,但图 G 中存在两个顶点 u,v 使图 G 中内部不相交(u,v)-路的最大数目为 $m < k$。如果点 u 和点 v 不相邻,则由定理 7-6 可知,图 G 中最小的 uv-顶点分割集的顶点数为 m,从而 $\kappa(G) \leqslant m < k$,这与图 G 为 k-连通的矛盾。如果点 u 和点 v 相邻,则从图 G 中去掉所有连接点 u 与点 v 的边后,所得图中有小于或等于 $m-1$ 条内部不相交的(u,v)-路,从而由定理 7-6 可知,该图中存在 uv 顶点分割集 U,使得 $|U|=m-1 (\leqslant k-2 \leqslant v(G)-3)$。于是 $G-U-\{u\}$ 或 $G-U-\{v\}$ 不连通。这导致 $\kappa(G) \leqslant m < k$,矛盾。

充分性。反证法。假设非平凡图 G 不是 k-连通的,即 $\kappa(G)<k$,但图 G 中任意两个不相同顶点至少被 k 条内部不相交的路所连接。首先图 G 不会是完全图。于是图 G 中存在顶点集 W,$|W|=\kappa(G)$,使得 $G-W$ 不连通。任取 $G-W$ 的两个分支,并在其中各取一个顶点 u 及 v。显然点 u 与点 v 不相邻,而 W 为图 G 中 uv-顶点分割集。但由定理假设可知,图 G 中有 k 条内部不相交的 (u,v)-路,因此由定理 7-6 可知,图 G 中最小的 uv-顶点分割集的顶点数大于或等于 k,所以 $k>\kappa(G)$,矛盾。

证毕

习题 7-3

1. 证明在定理 7-5 的证明中提到的命题:破坏图 D' 中所有有向 (x,y)-路所需去掉的最少弧数等于图 D 中最小的 xy-顶点分割集的顶点数。

2. 从定理 7-6 导出定理 4-6。

3. 设 S 和 T 是图 G 中两个不相交顶点子集。证明:起点在 S,终点在 T 的顶点不相交的路的最大数目等于把 S 和 T 分离开所需去掉的最少顶点数。(即,去掉后没有一个分支同时包含 S 和 T 中的顶点。)

4. 证明:若 G 为 $k(\geqslant 2)$-连通图,则图 G 的任何 k 个顶点共圈。(提示:利用对 k 的归纳法及习题 7-3 第 3 题。)

7.4节   可靠通信网的建设问题

一个通信网络,如果将通信站看作顶点,通信线路看作边,则一个通信网也可以看作一个图。一个通信网络的可靠性(或健壮性)就是对应图的连通性,让剩余的通信网络保持连通,损坏掉的最少的通信站(或通信线路)的数目就是通信网络的点连通度(或边连通度)。所以,要使得通信网络越可靠,就需要让通信网络对应的图的连通度(点连通度或边连通度)越高。

根据定理 7-1,对任意图 G,$\kappa(G)\leqslant\kappa'(G)\leqslant\delta(G)$,要使通信网络的可靠性越高,就需要越多的通信线路,但通信线路越多,整个通信网络的造价(通信线路的建设费用或租赁费用)就越贵。所以,一个可靠通信网的建设问题如下所述。

一个可靠通信网的建设问题: 设通信站 $v_1,v_2,\cdots,v_v$,任意两个通信站之间都建设有通信线路,某公司希望通过租用其中一些通信线路的方式在这些城市之间建立一个连接这 v 个城市的通信网,如果租用城市 v_i 与 v_j 之间的通信线路的费用为 $c_{ij}(c_{ij}\geqslant 0$,也可以为 ∞,如为 ∞,可以理解为实际上这条线路就不存在),问这个公司应该租用哪些线路,从而建立起一个连接这 v 个城市,连通度至少为 k 的通讯网络,但是要求总租用费用最小?

这个问题显然等价于在一个赋权图(如果允许权重为 ∞,则为赋权完全图)G 中求图 G 的最小权 k-连通(k-边连通)生成子图。

这个可靠通信网的建设问题,当 $k=1$ 时,显然就是最优生成树的问题,求最优生成树有好算法,但是连通度太小,任意一条通信线路或通信站的损坏可能都会破坏整个通信网络的连通性。

对于 $k\geqslant 2$,即:求赋权图 G 的最小权 k-连通(k-边连通)生成子图($k\geqslant 2$)是一个 NP-hard 问题。即使将问题简化为图 G 中每条边的权重都是 1,即问题简化为:对任意图 G,求图 G 的边数最少的 k-连通(k-边连通)生成子图($k\geqslant 2$)。此问题仍然是一个 NP-hard 问题。

但是,如果图 G 中每条边的权重都是 1,而且 G 是完全图,则:对完全图 K_v,求图 K_v 的边数最少的 k-连通(k-边连通)生成子图($\forall k$)。关于这个问题,Harary 于 1962 年找到了一个简单的解决办法。

令 $f(k,v)$ 表示有 v 个顶点的 k-连通的(当然也是 k-边连通的)图的最少边数(当然 $k<v$)。根据定理 7-1 和定理 1-1,显然有 $f(k,v)\geqslant\left\lceil\dfrac{kv}{2}\right\rceil$(其中 $\lceil\cdot\rceil$ 为上取整)。下面构造一个 v 个顶点的恰有 $\left\lceil\dfrac{kv}{2}\right\rceil$ 条边的 k-连通图 $H_{k,v}$,从而得到 $f(k,v)=\left\lceil\dfrac{kv}{2}\right\rceil$。图 $H_{k,v}$ 的结构依赖于 k 和 v 的奇偶性,有 3 种情形。

情形 1　k 是偶数。设 $k=2r$,则图 $H_{2r,v}$ 构作如下:其顶点集为 $\{0,1,\cdots,v-1\}$,顶点 i 和顶点 j 相邻的充分必要条件是 $i-r\leqslant j\leqslant i+r$(加法是模 v 加)。例,图 $H_{4,8}$ 如图 7-5(a)所示。

情形 2　k 是奇数,v 是偶数。设 $k=2r+1$,则图 $H_{2r+1,v}$ 构作如下:先作出 $H_{2r,v}$,再添加一些边,这些边把顶点 i 与顶点 $i+\dfrac{v}{2}$ 相连($1\leqslant i\leqslant\dfrac{v}{2}$)。例如,图 $H_{5,8}$ 如图 7-5(b)所示。

情形 3　k 是奇数,v 是奇数。设 $k=2r+1$,则图 $H_{2r+1,v}$ 构作如下:先作出图 $H_{2r,v}$,

再添加一些边,这些边把顶点 0 连到顶点 $\dfrac{v-1}{2}$ 和 $\dfrac{v+1}{2}$,并且把 i 与顶点 $i+\dfrac{v+1}{2}$ 相连($1\leqslant i\leqslant\dfrac{v-1}{2}$)。例如,图 $H_{5,9}$ 如图 7-5(c)所示。

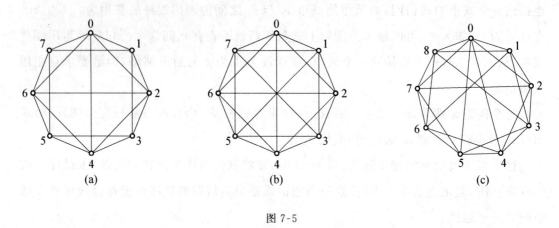

图 7-5

定理 7-7(Harary,1962) 图 $H_{k,v}$ 是 k-连通的。

证明:考虑 $k=2r$ 的情形,下面将证明图 $H_{2r,v}$ 中没有少于 $2r$ 个顶点的顶点割。反证法。假设 V' 是图 $H_{2r,v}$ 的顶点割,且 $|V'|<2r$。设 i 和 j 是属于 $H_{2r,v}-V'$ 中的不同分支的两个顶点。考虑顶点集 $S=\{i,i+1,\cdots,j-1,j\}$ 和 $T=\{j,j+1,\cdots,i-1,i\}$(加法是模 v 加)。由于 $|V'|<2r$,不妨设 $|V'\cap S|<r$。这样,显然在 $S\backslash V'$ 中有一个由不同顶点构成的序列,它开始于点 i 而终止于点 j,并且任意两个相继项之间的差最多是 r。但是这样的序列就是 $H_{2r,v}-V'$ 中的一条 (i,j)-路,矛盾。因此图 $H_{2r,v}$ 是 $2r$ 连通的。

类似地可以证明 $k=2r+1$ 时,图 $H_{2r+1,v}$ 是 $(2r+1)$-连通的。

证毕

所以图 $H_{k,v}$ 是具有 v 个顶点的 k-连通的图中边数最少的图。由于对任意的图 G,都有 $\kappa(G)\leqslant\kappa'(G)$,所以图 $H_{k,v}$ 当然也是 k-边连通的。令 $g(k,v)$ 表示有 v 个顶点的 k-边连通图的最少边数($1<k<v$),也能证明:$g(k,v)=\left\lceil\dfrac{kv}{2}\right\rceil$。

习题 7-4

1. 证明:图 $H_{2r+1,v}$ 是 $(2r+1)$-连通的。

2. 证明:$\kappa(H_{k,v})=\kappa'(H_{k,v})=k$。

3. 做出一个有 9 个顶点和 23 条边的 5-连通图,但不同构于图 $H_{5,9}$。

4. 证明:$g(k,v)=\left\lceil\dfrac{kv}{2}\right\rceil$ 对任意的 $1<k<v$ 都成立。

5. 对所有 $v\geqslant 5$,找一个直径为 2 的 5-连通图 G,使得 $\varepsilon(G)=2v(G)-5$。

第8章 着色问题

着色问题是图论中的重要内容，其应用范围很广，多见于离散规划问题。通常着色问题考虑的有：对一个图的边集进行划分的问题，称作边着色问题；或对一个图的点集进行划分的问题，称作点着色问题，也简称作着色问题；对一个图的面进行划分的问题，称作面着色问题等。本章只简要介绍边着色问题和点着色问题。着色问题也称作染色问题。**本章只讨论无向无环图。**

8.1 边色数

一个无环图 $G=(V,E)$，用 k 种颜色 $1,2,\cdots,k$ 对图 G 中的边着色，每条边都要用而且只用这 k 种颜色中的某一种颜色着色，称 $C(\cdot)$ 为图 G 的一个 k-**边着色**（k-edge coloring）。如果用 E_i 表示着有颜色 i 的边集，图 G 的一个 k-边着色 $C(\cdot)$ 就是对 $E(G)$ 的一个 k 划分 $C=(E_1,E_2,\cdots,E_k)$〔任意的 $1\leqslant i\neq j\leqslant k$，$E_i\bigcap E_j=\varnothing$，且 $\bigcup\limits_{i=1,\cdots,k}E_i=E(G)$，但其中某些 E_i 可以是空集〕。

图 G 的一个边着色 $C(\cdot)$ 如果满足：任意相邻的两条边着不同的颜色，则称 $C(\cdot)$ 是**正常的**（proper）。显然，如果一个 k-边着色 $C(\cdot)$ 是正常的，则 $E_i(i=1,2,\cdots,k)$ 都是匹配。如果图 G 有一个正常的 k-边着色，则称图 G 为 k-**边可着色的**（k-edge colorable）。显然，如果图 G 为 k-边可着色的，则图 G 为 p-边可着色的（$\forall p>k$），每个图都是 ε-边可着色的。

图 G 的**边色数**（edge chromatic number）是指使图 G 为 k-边可着色的那些 k 中的最小值，记作 $\chi'(G)$。如果 $\chi'(G)=k$，称图 G 为 k-**边着色的**（k-edge chromatic）。显然，对

任意无环图 $G,\chi'(G)\geqslant\Delta(G)$。

例 8-1 容易验证:图 8-1 和图 8-2 的边色数分别为 3 和 4。图 8-3、图 8-4 给出了两个 3-正则图的正常的 3-边着色(图中边旁边的数字表示边所染的颜色)。图 8-5(Peterson 图)也是 3-正则图,但其边色数为 4(图 8-5 的边旁边所染的颜色表示 3 种颜色是不能正常着色的)。

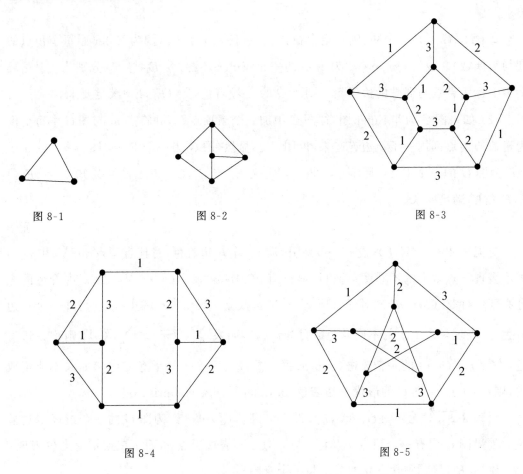

图 8-1   图 8-2   图 8-3

图 8-4   图 8-5

例 8-2 n 个人举行一些两两会谈,每次会谈用一个单元时间。问最少要多少单元时间,才能安排完所有会谈?

解:作一个 n 个顶点的图 G,每个人对应一个顶点,两个顶点之间连一条边的充分必要条件是对应的两人之间要安排一次会谈。易知,安排在同一单元时间的会谈对应图 G 的一个匹配,所以所需最少的时间单元数就是图 G 的边色数 $\chi'(G)$。

解毕

对无环图 $G=(V,E)$,设与顶点 v 相关联的某一条边染上了颜色 i,称颜色 i **表现**(represented)于顶点 v。

引理 8-1 设连通图 G 不是奇圈,则图 G 有一个 2-边着色,使该两种颜色表现于图 G 的每个度数至少为 2 的顶点。

证明: 不妨设图 G 为非平凡的。

(1) 如果图 G 为 Euler 图,

① 若图 G 为一个圈:则图 G 为偶圈,从而图 G 的任意一个正常 2-边着色满足要求。

② 若图 G 不是一个圈:则一定存在顶点 v_0,使 $d(v_0) \geqslant 4$(因为 Euler 图每个顶点的度均为偶数)。设 $v_0 e_1 v_1 \cdots e_\varepsilon v_0$ 为图 G 的一个 Euler 环游,令 E_1 与 E_2 分别为 Euler 环游中下标为奇数与偶数的边子集。则图 G 的 2-边着色 $C = (E_1, E_2)$ 满足要求。

(2) 如果图 G 为非 Euler 图,往图 G 中加一个新顶点 v_0,并将点 v_0 与图 G 中每个度为奇数的顶点都用一条新边连起来,得图 G'。显然,图 G' 为一个 Euler 图。令 $v_0 e_1 v_1 \cdots e_\varepsilon v_0$ 为图 G' 的一个 Euler 环游。与②一样定义 E_1 与 E_2,$C = (E_1, E_2)$,易知 $C' = (E_1 \bigcap E, E_2 \bigcap E)$ 满足要求。

证毕

对无环图 $G = (V, E)$,设 $C(\cdot)$ 是图 G 的一个 k-边着色,对任意顶点 $v \in V$,用 $c(v)$ 表示表现于点 v 上的不同颜色数目,显然有 $c(v) \leqslant d(v)$。$C(\cdot)$ 是正常 k-边着色的充分必要条件是 $c(v) = d(v)$ 对任意顶点 $v \in V$ 都成立。设 $C'(\cdot)$ 是图 G 的另外一个 k-边着色,它表现于点 v 上的不同颜色数目为 $c'(v)$,如果 $\sum_{v \in V} c'(v) > \sum_{v \in V} c(v)$,则称 k-边着色 $C'(\cdot)$ 是 $C(\cdot)$ 的一个**改进**(improve)。图 G 的一个 k-边着色 $C(\cdot)$ 如果不能再改进,则称 $C(\cdot)$ 为图 G 的**最优 k-边着色**(optimal k-edge colouring)。

引理 8-2 对无环图 $G = (V, E)$,设 $C = (E_1, E_2, \cdots, E_k)$ 为图 G 的一个最优 k-边着色。如果图 G 中有一个顶点 u 及色 i 与 j,使 i 不表现于点 u,而 j 在点 u 上至少表现 2 次。则 $G[E_i \bigcup E_j]$ 中含点 u 的分支是一个奇圈。

证明: 令 H 为 $G[E_i \bigcup E_j]$ 中含点 u 的分支。假设 H 不是奇圈,由引理 8-1,H 有一个 2-边着色,使该两色表现于 H 的每个度数至少为 2 的顶点上。以这种方式,用色 i 与 j 对 H 重新边着色,得图 G 的一个新的 k-边着色 $C'(\cdot)$。对任意顶点 $v \in V$,用 $c(v)$ 表示 $C(\cdot)$ 表现于点 v 上的不同颜色数目,$c'(v)$ 表示 $C'(\cdot)$ 表现于点 v 上的不同颜色数目。显然

$$c'(u) = c(u) + 1.$$

因为在 $C'(\cdot)$ 中,色 i 与 j 都表现于 u 点,并且

$$c'(v) \geqslant c(v) (\forall v \in V, v \neq u),$$

所以 $\sum\limits_{v \in V} c'(v) > \sum\limits_{v \in V} c(v)$。这与 $C(\cdot)$ 为最优 k-边着色矛盾。

证毕

定理 8-1 设 $G=(V,E)$ 为无环偶图,则 $\chi'(G)=\Delta(G)$。

证明 1:反证法。假设 $G=(V,E)$ 为满足 $\chi'(G)>\Delta(G)$ 的无环偶图。令 $C(\cdot)$ 为图 G 的一个最优 Δ-边着色,对任意顶点 $v \in V$,用 $c(v)$ 表示 $C(\cdot)$ 表现于点 v 上的不同颜色数目。则存在顶点 $u \in V$,使得 $c(u)<d(u)$。于是对点 u 及 $C(\cdot)$,存在两种颜色 i 与 j,使 i 不表现于点 u,而 j 在点 u 上至少表现 2 次。即点 u 满足引理 8-2 的条件,从而图 G 中包含奇圈。这与图 G 为偶图矛盾。

证毕

证明 2:另一证法(Wilson)。对 ε 进行归纳。当 $\varepsilon=1$ 时显然成立。假设对 $\varepsilon<k(k \geqslant 2)$ 都成立,而 $G=(V,E)$ 为无环偶图,且 $\varepsilon(G)=k$。任取图 G 的一条边 $e=uv$,考虑 $G'=G-e$。由归纳假设,图 G' 有一个 $\Delta(G')$-正常边着色 $C'=(E_1',E_2',\cdots,E_{\Delta(G')}')$。

注意到 $\Delta(G') \leqslant \Delta(G)$。如果 $\Delta(G')<\Delta(G)$,则图 G 显然有 $\Delta(G)$-正常边着色,所以 $\chi'(G)=\Delta(G)$;否则,$\Delta(G')=\Delta(G)$。由于图 G' 中的顶点 u 和 v 的度小于或等于 $\Delta(G)$,颜色 $\{1,2,\cdots,\Delta(G)\}$ 中至少有一种没有表现于点 u 或点 v 上,设 i 与 j 分别为没有表现于点 u 与点 v 的颜色($i,j \in \{1,2,\cdots,\Delta(G)\}$)。

如果 $i=j$,则将颜色 i 染在图 G 的边 $e=uv$ 上。图 G 的其他边的颜色按照 $C'=(E_1',E_2',\cdots,E_{\Delta(G')}')$ 即可得到图 G 的 $\Delta(G)$-正常边着色,从而 $\chi'(G)=\Delta(G)$。

如果 $i \neq j$,并且不妨设 j 与 i 一定分别表现于点 u 与点 v 上(否则,存在 j 或 i 中的某一种颜色同时没有表现于点 u 和点 v 上,同上面 $i=j$ 的情况),令 H 为 $G'[E_i \cup E_j]$ 中含点 u 的分支。易知,H 是一条路,由染有色 i 与色 j 的边交替组成。因此,点 v 一定不在 H 上(否则,由于 H 的第一条边有色 j,最后一边有色 i,其长为偶数。这导致图 G 中含一个奇圈 $H+e$,矛盾),对换 H 上的色 i 与 j,得图 G' 的另一正常 $\Delta(G')$-边着色,其中颜色 j 在点 u 与点 v 上都不表现。再将色 j 染在边 e 上,即得图 G 的正常 $\Delta(G)$-边着色。

证毕

如果图 G 不是偶图,则由图 8-1、图 8-2、图 8-5 可知,$\chi'(G)$ 不一定等于 $\Delta(G)$。Vizing(1964 年)和 Gupta(1966 年)各自独立地得出了一个重要的定理,他们证明了:对任意简单无环图 G 有 $\chi'(G)=\Delta(G)$ 或 $\chi'(G)=\Delta(G)+1$。下面的证明是由 Fournier 于 1973 年给出的。

定理 8-2(Vizing,1964) 对任意简单无环图 G 有 $\chi'(G)=\Delta(G)$ 或 $\chi'(G)=\Delta(G)+1$。

证明:(Fournier,1973 年)只需要证明 $\chi'(G)\leqslant\Delta(G)+1$。反证法。假设 $\chi'(G)>\Delta(G)+1$。设 $C=(E_1,E_2,\cdots,E_{\Delta+1})$ 是图 G 的一个最优 $(\Delta+1)$-边着色,对任意顶点 $v\in V$,用 $c(v)$ 表示 $C(\cdot)$ 表现于点 v 上的不同颜色数目。并设点 u 是满足 $c(u)<d(u)$ 的顶点。则存在颜色 i_0 和 i_1,$i_0,i_1\in\{1,2,\cdots,\Delta+1\}$,$i_0$ 不在点 u 上表现,而 i_1 至少在点 u 上表现两次。设边 uv 和 uv_1 染颜色 i_1。

由于 $d(v_1)<\Delta+1$,因此某一种颜色 i_2 不在点 v_1 上表现。这样 i_2 必然在点 u 上表现(否则用 i_2 给边 uv 重新染色,可得到 $C(\cdot)$ 的一个改进,与 $C(\cdot)$ 是 G 的一个最优 $(\Delta+1)$-边着色矛盾)。因此存在一条边 uv_2 染颜色 i_2。再一次地,由于 $d(v_2)<\Delta+1$,因此某一种颜色 i_3 不在点 v_2 上表现,i_3 必然在点 u 上表现(否则用 i_3 给边 uv 重新染色,可得到 $C(\cdot)$ 的一个改进,与 $C(\cdot)$ 是 G 的一个最优 $(\Delta+1)$-边着色矛盾)。因此存在一条边 uv_3 染颜色 i_3。继续这个过程,得到一个顶点序列 $v_1,v_2,\cdots$ 和一个颜色序列 $i_1,i_2,\cdots$,使得:①边 uv_j 有颜色 i_j,且②i_{j+1} 不在点 v_j 上表现。由于点 u 的度数有限,故存在一个最小整数 l,使得对某个 $k<l$,有③$i_{l+1}=i_k$。给图 G 着色的过程如图 8-6 所示。

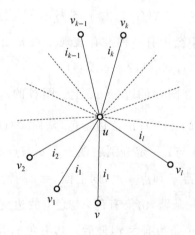

图 8-6

现在以如下方式给图 G 重新着色。对于 $1\leqslant j\leqslant k-1$,用颜色 i_{j+1} 给边 uv_j 重新染色,产生一个新的 $(\Delta+1)$-边着色 $C'=(E_1',E_2',\cdots,E_{\Delta+1}')$。对任意顶点 $v\in V$,用 $c'(v)$ 表示 $C'(\cdot)$ 表现于点 v 上的不同颜色数目。显然,对任意顶点 $v\in V$,$c'(v)\geqslant c(v)$。所以 $C'(\cdot)$ 也是图 G 的一个最优 $(\Delta+1)$-边着色。根据引理 8-2,$G[E_{i_0}'\bigcup E_{i_k}']$ 中含点 u 的分支 H' 是一个奇圈。给图 G 重新着色的过程如图 8-7 所示。

现在对 $k\leqslant j\leqslant l-1$ 用颜色 i_{j+1} 给边 uv_j 重新染色,用颜色 i_k 给边 uv_l 重新染色,得到一个新的 $(\Delta+1)$-边着色 $C''=(E_1'',E_2'',\cdots,E_{\Delta+1}'')$,如图 8-8 所示。对任意顶点

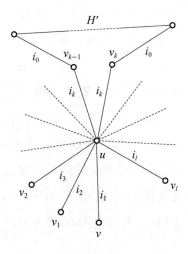

图 8-7

$v \in V$，用 $c''(v)$ 表示 $C''(\cdot)$ 表现于点 v 上的不同颜色数目。如前所述，对任意顶点 $v \in V$，$c''(v) \geqslant c(v)$，$C''(\cdot)$ 也是图 G 的一个最优 $(\Delta+1)$-边着色，$G[E_{i_0}'' \cup E_{i_k}'']$ 中含点 u 的分支 H'' 是一个奇圈。但是，由于点 v_k 在 H' 中度数为 2，显然点 v_k 在 H'' 中度数为 1，这与 H'' 是奇圈矛盾。

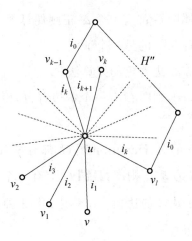

图 8-8

证毕

虽然任意简单图的边色数要么为 Δ，要么为 $\Delta+1$，但是要判定任意一个简单图是否有 $\chi'=\Delta$ 却是一个 NP-complete 问题（参考 *Algorithmic Graph Theory*，Gibbons）。著名的四色猜想也可以等价地转化为"任意 2-边连通、3-正则、简单、平面图都有 $\chi'=3$"的结论（其中平面图参考第 9 章）。

称 $\chi'=\Delta$ 的简单图为**一类图**（class one），$\chi'=\Delta+1$ 的简单图为**二类图**（class two）。

Erdös 和 Wilson 于 1977 年证明了：当 $\upsilon \to +\infty$ 时，υ 个顶点的简单图为一类图的概率趋于 1。简单来说，就是一类图远远多于二类图。所以寻找出某些二类图也是有意义的一个工作。

事实上，Vizing 证明了比定理 8-2 更一般的定理，对于有重边的无环图，Vizing 于 1964 年证明了定理 8-3。

定理 8-3（Vizing，1964） 对任意无环图 G 有 $\Delta(G) \leqslant \chi'(G) \leqslant \Delta(G) + \mu(G)$，其中 $\mu(G)$ 是图 G 的重数（即图 G 中连接每对顶点的最大边数）。

定理 8-3 在以下意义下是最优的结论：存在无环图 G 使 $\chi'(G) = \Delta(G) + \mu(G)$ 成立。例如，3 个顶点，每对顶点间有 3 条边的图 G，则 $\chi'(G) = 9 = 6 + 3 = \Delta(G) + \mu(G)$。

习题 8-1

1. 找出一个适当的边着色以证明 $\chi'(K_{m,n}) = \Delta(K_{m,n})$。

2.（1）证明：任意一个偶图 G 都有一个 Δ-正则偶母图。（不一定为生成母图。）

  （2）利用（1）给出定理 8.1 的另一个证明。

3. 叙述求偶图 G 的正常 Δ-边着色的好算法。

4. 证明：若偶图 G 有 $\delta > 0$，则图 G 有一个 δ-边着色，使所有 δ 种色在每一个顶点上都表现。

5. 证明：每一个简单、3-正则、Hamilton 图 G，都有 $\chi'(G) = 3$。

6.（Issacs 引理）设图 G 为 3-正则图，且图 G 上有一个正常 3-边着色 $C = (E_1, E_2, E_3)$，证明：对 $\forall S \subset V(G)$，在图 G 的边割 $[S, \overline{S}]$ 中，染 3 种颜色的边数的奇偶性相同。〔提示：考虑 $G[E_i \cup E_j]$（$i \neq j$）。〕

7. 找出适当的边着色以证明 $\chi'(K_{2n-1}) = \chi'(K_{2n}) = 2n - 1$。

8. 证明：υ 为奇数的非空正则简单图 G 有 $\chi'(G) = \Delta + 1$。

9.（1）设简单图 G 中 $\upsilon = 2n + 1$ 且 $\varepsilon > n\Delta$，证明：$\chi'(G) = \Delta + 1$。

  （2）利用（1）证明下面的图都有 $\chi' = \Delta + 1$：

    ① 若图 G 是从有偶数个顶点的简单图中剖分一条边所得的图；

    ② 若图 G 是从有奇数个顶点的简单 k-正则图中删去少于 $\dfrac{k}{2}$ 条边所得的图。

10.（1）证明：任意一个无环图 G 都有 Δ-正则无环母图。（注：不一定为生成母图。）

（2）利用（1）及习题 4-3 第 2 题证明：若 G 是无环图且 Δ 是偶数，则 $\chi'(G) \leqslant \dfrac{3\Delta}{2}$。

11. 如果图 G 的任意两个 k-边着色都导致 E 有相同的划分，则称图 G 为唯一 k-边可着色的。证明：每个唯一 3-边可着色的 3-正则图都是 Hamilton 图。

12. 简单图 G 与 H 的积图 $G \times H$ 是指顶点集为 $V(G) \times V(H)$ 的简单图，其中，顶点 (u,v) 与 (u',v') 相邻的充分必要条件是"$u=u'$ 且 $vv' \in E(H)$"或"$v=v'$ 且 $uu' \in E(G)$"。

（1）利用 Vizing 定理证明：$\chi'(G \times K_2) = \Delta(G \times K_2)$。

（2）试证：若图 H 是非平凡的，且 $\chi'(H) = \Delta(H)$，则 $\chi'(G \times H) = \Delta(G \times H)$。

13. 叙述求简单图 G 的正常 $(\Delta+1)$-边着色的好算法。

14. 证明：$\delta \geqslant 2$ 的简单图 G 有一个 $(\delta-1)$-边着色，使得所有 $(\delta-1)$ 种颜色在每个顶点上都表现。

15. 设简单图 G 有割点，证明：$\chi'(G) = \Delta+1$。

8.2 排课表问题

在一所学校里，有 m 位教师 $X_1, X_2, \cdots, X_m$ 和 n 个班级 $Y_1, Y_2, \cdots, Y_n$，其中教师 X_i 需要给班级 Y_j 上 p_{ij} 节课。要求制订一张课时尽可能少的完善的课程表。

这个问题名为排课表问题，利用边着色的理论能够将此问题圆满解决。构造一个偶图 $G=(X,Y;E)$，其中顶点集 $X=\{x_1, x_2, \cdots x_m\}$ 与 m 位教师一一对应，顶点集 $Y=\{y_1, y_2, \cdots y_n\}$ 与 n 个班级一一对应，边集 E 由所有 $x_i(i=1,2,\cdots,m)$ 和 $y_j(j=1,2,\cdots,n)$ 之间的 p_{ij} 条边组成。对于排课表问题，不妨假设在任意一个课时里，一位教师最多能教一个班级，并且每个班级也最多只能由一位教师讲课。所以，一个课时内的教学安排表（具体每位老师为哪个班级上课的安排表）就对应于图 G 的一个匹配。因此，排课表问题就是把图 G 的边划分成匹配，并且要求匹配的个数尽可能少，或等价地，把图 G 的边用尽可能少的颜色正常着色。由于图 G 是偶图，由定理 8-1 可知 $\chi'(G)=\Delta(G)$，而且由习题 8-1 第 3 题可知，求出图 G 的正常 $\Delta(G)$-边着色（即找到具体的排课表）有多项式时间算法。所以，排课表问题就有了圆满的解决，即：令 $p_0 = \max\limits_{1 \leqslant i \leqslant m, 1 \leqslant j \leqslant n}\left(\sum\limits_{j=1}^{n} p_{ij}, \sum\limits_{i=1}^{m} p_{ij}\right)(=\Delta(G))$，则这所学校可以在多项式时间内排一个 p_0 课时的排课表，使得同一课时内每位教师最多教一个班级，并且每个班级也最多由一位教师讲课。而且,对于 $p \geqslant p_0$,这个学校可以在多项式时间内排出一个 p 课时的排课表。

但是问题并不总是那么简单,可能还会有很多附加条件。例如,如果这个学校的教室是有限的,在同一课时内,最多可使用的教室是 L 个,那么制定一张课时尽可能完善的课程表与前面的排课表问题有何不同?

由于学校的总上课节数是 $T = \sum_{i=1}^{m} \sum_{j=1}^{n} p_{ij}$,每个课时最多能安排 L 节课。假设排课表问题排出的是 $p(p \geqslant p_0 = \Delta(G))$ 课时的排课表,则每个课时平均需要上 $\frac{T}{p}$ 节课,所以,如果 $L < \frac{T}{p}$(即教室数量太少),则当然就无法安排正常的上课。所以学校的教室数至少应该有 $\left\lceil \frac{T}{p} \right\rceil$。那么如果学校的教室数量 L 满足 $L \geqslant \left\lceil \frac{T}{p} \right\rceil$,是否一定能排出适当的 p 课时的排课表,使得全部 T 节课在 $p(p \geqslant p_0 = \Delta(G))$ 课时内排完呢?(当然仍然要求同一课时内每位教师最多教一个班级,并且每个班级也最多由一位教师讲课。)

这个问题是对上面的偶图 $G = (X, Y; E)$,既要求出一个图 G 的正常 p-边着色 $C = (E_1, E_2, \cdots, E_p)$(其中 $p \geqslant p_0 = \Delta(G)$),还要满足:对任意的 $i = 1, 2, \cdots, p$ 都有 $|E_i| \leqslant L$。

引理 8-3 设 M, N 为图 G 的两个不相交匹配,且 $|M| > |N|$,则存在图 G 的两不相交匹配 M', N' 使 $|M'| = |M| - 1, |N'| = |N| + 1$,且 $M \cup N = M' \cup N'$。

证明: 令 $H = G[M \cup N]$,则 H 的每个分支为一条路或一个圈,由 M 及 N 的边交错组成。且由于 $|M| > |N|$,存在 H 的一个分支,它是路 P,起、止于 M 边。因此: $M' = M \Delta E(P)$ 及 $N' = N \Delta E(P)$ 即为所求。

证毕

定理 8-4 设图 G 为偶图,$p \geqslant \Delta$,则存在图 G 的 p 个互不相交的匹配使 $E(G) = M_1 \cup M_2 \cup \cdots \cup M_p$。且 $\left\lfloor \frac{\varepsilon}{p} \right\rfloor \leqslant |M_i| \leqslant \left\lceil \frac{\varepsilon}{p} \right\rceil$ 对 $\forall i = 1, 2, \cdots, p$ 都成立。

证明: 由定理 8-1,$E(G)$ 可划分为 $\Delta(G)$ 个互不相交的匹配 $M_1', M_2', \cdots, M_\Delta'$。因此对 $p \geqslant \Delta$,图 G 中有 p 个互不相交的匹配 $M_1', M_2', \cdots, M_p'$(令 $M_i' = \varnothing$,当 $i > \Delta$ 时),使 $E(G) = M_1' \cup M_2' \cup \cdots \cup M_p'$。今对边数差大于 1 的两个匹配,反复使用引理 8-3,最后可得所求的匹配 $M_1, M_2, \cdots, M_p$。

证毕

根据定理 8-4,排课表问题中当教室数有限时,若要在 $p\left(p \geqslant \max_{1 \leqslant i \leqslant m, 1 \leqslant j \leqslant n} \left(\sum_{j=1}^{n} p_{ij}, \sum_{i=1}^{m} p_{ij} \right)\right)$ 课时内排完所有 $T = \sum_{i=1}^{m} \sum_{j=1}^{n} p_{ij}$ 节课,只需要教室数 $L \geqslant \left\lceil \frac{T}{p} \right\rceil$。而且可以使每个课时内

排的课数 l 满足 $\left\lfloor \dfrac{T}{p} \right\rfloor \leqslant l \leqslant \left\lceil \dfrac{T}{p} \right\rceil$。

但是在实际应用中,教师和班级往往也会提出一些额外要求,如所上节次、时间的要求等,这时问题会变得很复杂。Even,Itai 和 Shamir 于 1976 年证明了:在教师和班级提出条件时,判定课表的存在性问题是个 NP-complete 问题。甚至当图 G 为简单偶图,且学生不提出要求的情况下,也是如此。

习题 8-2

1. 在一所学校里,有 7 位教师和 12 个班级。五天一周的教学要求由下面的矩阵(如图题图 8-1 所示)给出。(其中矩阵中的 p_{ij} 是教师 X_i 需要给班级 Y_j 上的课数。)

	Y_1	Y_2	Y_3	Y_4	Y_5	Y_6	Y_7	Y_8	Y_9	Y_{10}	Y_{11}	Y_{12}
X_1	3	2	3	3	3	3	3	3	3	3	3	3
X_2	1	3	6	0	4	2	5	1	3	3	0	4
X_3	5	0	5	5	0	0	5	0	5	0	5	5
X_4	2	4	2	4	2	4	2	4	2	4	2	3
X_5	3	5	2	2	0	3	1	4	4	3	2	5
X_6	5	5	0	0	5	5	0	5	0	5	5	0
X_7	0	3	4	3	4	2	4	3	4	3	3	0

题图 8-1

问:(1) 一天必须分成多少课时才能满足要求?

(2) 如果需要每天排 8 个课时五天一周的排课表,至少需要多少教室?

8.3　色　　数

一个图 $G=(V,E)$,用 k 种颜色 $1,2,\cdots,k$ 对图 G 中的点着色,每个顶点都要用而且只用这 k 种颜色中的某一种颜色着色,称 $C(\cdot)$ 为图 G 的一个 k-**顶点着色**(k-vertex colouring)。如果用 V_i 表示着有颜色 i 的点集,图 G 的一个 k-顶点着色 $X(\cdot)$ 就是对

$V(G)$的一个 k-划分 $X=(V_1,V_2,\cdots,V_k)$〔任意的 $1\leqslant i\neq j\leqslant k, V_i\bigcap V_j=\varnothing$,且 $\bigcup\limits_{i=1,\cdots,k}V_i=V(G)$,但其中某些 V_i 可以是空集〕。

图 G 的一个顶点着色 $C(\cdot)$ 如果满足:任意相邻的不同点有着不同的颜色,则称 $X(\cdot)$ 是**正常的**(proper)。显然,如果无环图 G 的一个 k-顶点着色 $C(\cdot)$ 是正常的,则 $V_i(i=1,2\cdots,k)$ 都是独立集。如果图 G 有一个正常的 k-顶点着色,则称 G 为 k-**顶点可着色的**(k-vertex colourable)。

为方便起见,把"正常的顶点着色"简称为着色,而把"正常的 k-顶点着色"简称为 k-着色;类似地,把"k-顶点可着色"简称为 k-可着色。显然,如果图 G 为 k-可着色的,充分必要条件是图 G 的基础简单图为 k-可着色的。因此在讨论着色问题时可以只限于讨论简单图。所以如果不特别说明,在讨论着色问题时只讨论简单图。

显然:

一个图 G 是 1-可着色的充分必要条件是图 G 为空图;

一个图 G 是 2-可着色的充分必要条件是图 G 为偶图;

一个图 G 是 k-可着色的充分必要条件是图 G 为 k-部图。

一个图 G 为 k-可着色的,则图 G 为 p-可着色的($\forall p>k$);每个图都是 v-可着色的。

图 G 的**色数**(chromatic number)是指使图 G 为 k-可着色的那些 k 中的最小值,记作 $\chi(G)$ 。如果 $\chi(G)=k$,称图 G 为 **k-色图**(k-chromatic)。显然,任意 k-色图($k\geqslant3$)都包含奇圈(否则,就是偶图)。

例如,图 8-9 中的图是 3-色图,图 8-10 中的图是 3-色图,图 8-11 中的图是 4-色图。图中顶点旁边的数字表示相应的着色。显然可以验证各自少一种颜色就不能正常着色。其中图 8-11 中的图被称为**轮**(wheel),记为 W_{n-1} ,其中 n 为顶点数。图 8-12 中的图(Grötzsch 图)色数为 4,图中顶点旁边的数字表示 3 种颜色一定不能正常着色,但是如果有 4 种颜色,则 Grötzsch 图显然可以正常着色。

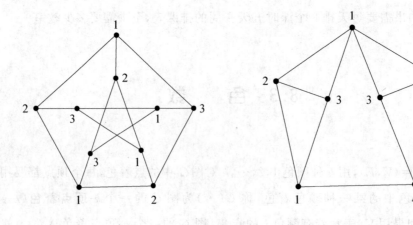

图 8-9 图 8-10

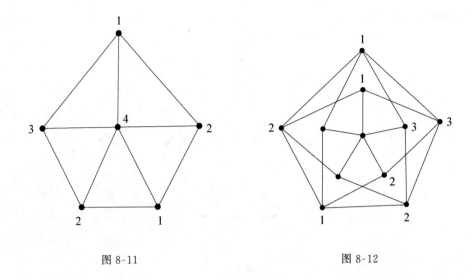

图 8-11　　　　　　　　　　　　　图 8-12

例 8-3　设有一些药品存储在一个仓库中,其中有些药品是不相容的,不能放在同一房间中,问至少应把仓库间隔成几个房间?

解:作一个 n 个顶点的图 G,每种药品对应一个顶点,两个顶点之间连一条边的充分必要条件是对应的两种药品之间不相容。可以放在同一房间的药品是相容的对应染同一种颜色的顶点必须是独立集。所以仓库应该间隔成的最少房间数对应图 G 的色数 $\chi(G)$。

解毕

例 8-4　设每一个教师只开一门研究生课,每门课课时为一单元。问至少要多少单元才能排完所有课?

解:作一个图 G,每一个顶点对应一门课;两个顶点相邻当且仅当有一个研究生选修对应的两门课。只有当两门课没有被同一个研究生选修时,才能将这两门课排在同一个单元课时里,所以,所需课时单元的最小数对应图 G 的色数 $\chi(G)$。

解毕

例 8-5　编译程序时,若将其循环计算中常用的变量暂存在中心处理器的变址寄存器(index register)中,则可使计算速度加快。今设循环时间为 8,共有 5 个变量,它们及其占用的相应时间段分别为:$A[0,3]$,$B[2,5]$,$C[4,6]$,$D[5,8]$,$E[7,8]\cup[0,1]$(即从时刻 7 经过时刻 8,即时刻 0,再到时刻 1)。问至少需要多少个寄存器?

解:以 A,B,C,D,E 为顶点作一个图 G,两个顶点相邻当且仅当它们的时间段有公共点,则图 G 如图 8-13 所示。因此所需最少的寄存器数为 $\chi(G)=3$,其中图 8-13 顶点旁边的数字表示了一种寄存器的最少分配方案:变量 A 与 C 共用寄存器 1;B 与 E 共用寄存器 2;D 使用寄存器 3。

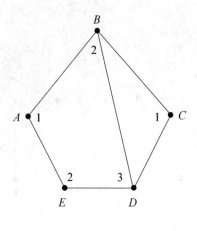

图 8-13

解毕

例 8-6 设一个集成电路中有 5 块长条门(gate)电路 G_1,G_2,G_3,G_4,G_5 平行排列,现要将门电路对(1,3),(1,3),(2,3),(2,4),(2,5),(4,5)分别用平行水平导线连接起来,并要求任意两根导线没有公共点或重叠。问至少要用几条平行水平线〔称作道(track)〕,才能完成所有连接? 参考图 8-14。

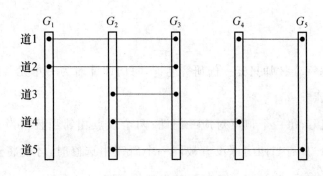

图 8-14

解:作一个图 G,以每一个门电路对为一个顶点,两个顶点相邻当且仅当门电路对有公共点或重叠。得到图 8-15。

容易证明 $\chi(G)=5$,图 8-15 中顶点旁边的数字表示了一种 5-着色。将染有颜色 j 的门电路对用第 j 道平行导线连接即可,如图 8-14 所示。

但是更困难的问题是如果决定最佳的门电路的排序。例如,如果将图 8-14 中的门电路 2 和 3 对换一下,则只要 3 个道就可以了。

解毕

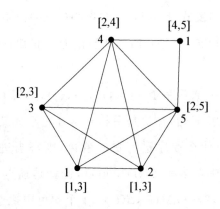

图 8-15

　　着色问题有广泛的应用,但是对任意图 G 及正整数 $k<v(G)$,理论上已经证明:要确定图 G 是否为 k-可着色的,是一个 NP-complete 问题。进而,求任意图 G 的色数是一个 NP-hard 问题。并且,理论上也已证明:除非 NP-complete 问题全部有多项式时间算法,否则着色问题没有多项式时间近似算法,使所求得的色数的近似值与色数的精确值的比值小于 200%(参考 Bollobas,*Modern Graph Theory*)。

　　虽然着色问题很困难,但作为一个经典的、得到广泛关注的问题,仍然得到了很多较好的研究结果。

　　定理 8-5　设 $C=(V_1,V_2,\cdots,V_\chi)$ 为图 G 的一个 $\chi(G)$-着色,则每个 $V_j(j=1,2\cdots,k)$ 中至少有一个顶点 v_j,它与其余每个 $V_i(i\neq j)$ 中至少一个顶点相邻。〔即图 G 的任意一个 $\chi(G)$-着色中,每种颜色顶点中至少有一个顶点,与每种异色顶点相邻。〕

　　证明:反证法。假设不然,则在 $C(\bullet)$ 下存在某个 V_k,它有如下性质 P:对它的每个顶点 v,都存在一个 $V_i(i\neq k)$,使 $V_i\cup\{v\}$ 仍是独立集。称点 v 为“可调到 V_i 的顶点”。令 S_{ki} 为 V_k 中全体可调到 V_i 的顶点集合,于是

$$C'=(V_1,V_2,\cdots,V_k\backslash S_{ki},\cdots,V_i\cup S_{ki},\cdots,V_\chi)$$

是图 G 的另一个 $\chi(G)$-着色。且易知,在 $C'(\bullet)$ 下,$V_k\backslash S_{ki}$ 仍有性质 P。从而,在保持性质 P 的前提下,可把 V_k 中顶点逐次全部调出去,得到图 G 的一个 $(\chi(G)-1)$-着色,矛盾。

证毕

由定理 8-5 显然可得下面两个推论。

　　推论 8-1　简单图 G 中至少有 $\chi(G)$ 个度大于或等于 $\chi(G)-1$ 的顶点。

　　推论 8-2　简单图 G 中恒有 $\omega(G)\leqslant\chi(G)\leqslant\Delta(G)+1$,其中 $\omega(G)$ 为图 G 中最大团的顶点数。

处理着色问题有一个**启发式**(heuristic)的**贪心**(greedy)**着色法**,贪心着色法是一种贪婪算法,虽然思想简单,却非常实用,而且在理论上也非常有价值。

贪心着色法:

对简单图 G 的顶点排一个顺序 $\Phi=(v_1,v_2,\cdots,v_v)$,对图 G 的顶点按照顺序 $\Phi(\cdot)$ 用颜色 $1,2,\cdots$ 逐个进行正常着色,每次选用标号尽可能小的颜色进行染色。

对任意图 G,不管按照什么顺序进行贪心着色,则每当进行到对某个顶点 v 染色时,由于点 v 的邻集 $N(v)$ 中至多有 $\Delta(G)$ 个顶点,也就是顶点 v 至多与前面的 $\Delta(G)$ 个顶点相邻,因此一定能从 $1,2,\cdots,\Delta(G),\Delta(G)+1$ 个颜色中挑选出一个下标最小的颜色对点 v 正常染色。因此整个染色过程至多使用 $\Delta(G)+1$ 种颜色可以对任意图 G 正常染色。所以,任意图 G 都是 $(\Delta(G)+1)$-可着色的。这其实可以看作推论 8-2 的另一种证明。

显然,对一个图进行贪心着色所用的颜色数,完全取决于着色的顶点顺序(顶点顺序 $\Phi(\cdot)$)。例如,假如事先知道图 G 的一个 $\chi(G)$-着色 $C=(V_1,V_2,\cdots,V_\chi)$,则按照 $(V_1,V_2,\cdots,V_\chi)$ 的顺序任作一个顶点排序(同一色集 V_i 内的顶点随意排序)$\Phi(\cdot)$,按照 $\Phi(\cdot)$ 进行贪心着色,则恰好用了 $\chi(G)$ 个颜色。也就是说,一个合适的顶点顺序可以让贪心着色达到最好的效果。因此,设法构造出一个适当的顶点顺序进行贪心着色是一个研究着色问题的常用方法(当然,构造出一个适当的顶点顺序是困难的)。

例 8-7 设图 G 中度序列 $(d(v_1),d(v_2),\cdots,d(v_v))$ 满足:$d(v_1)\leqslant d(v_2)\leqslant\cdots\leqslant d(v_v)$,则

$$\chi(G)\leqslant\max_i\min\{d_i+1,i\}.$$

证明:设图 G 的顶点排序 $\Phi(\cdot)$ 就是按照度数从小到大 $v_1,v_2,\cdots,v_v$〔恰使 v_i 的度数为 $d(v_i)$〕。按照 $\Phi(\cdot)$ 进行贪心着色。贪心着色所用的颜色数当然是大于或等于 $\chi(G)$,不妨设某点 v_k 被染上了色 $\chi(G)$,易知,点 v_k 一定与前面至少 $\chi(G)-1$ 个不同色的顶点相邻,因此:$d(v_k)\geqslant\chi(G)-1$。又显然有 $k\geqslant\chi(G)$,所以 $\min\{d_k+1,k\}\geqslant\chi(G)$。所以 $\chi(G)\leqslant\max_i\min\{d_i+1,i\}$。

证毕

例 8-8 证明 $\chi(G)\leqslant1+\max\{\delta(H)\mid H$ 为图 G 的导出子图$\}$。

证明:作图 G 的顶点排序 $\Phi=(v_1,v_2,\cdots,v_v)$ 如下。

v_v 为图 G 的最小度顶点;

v_{v-1} 为图 $G-v_v$ 的最小度顶点;

v_{v-2} 为图 $G-\{v_v,v_{v-1}\}$ 的最小度顶点;

……

令 $L=\max\{\delta(H)\,|\,H$ 为 G 的导出子图$\}$。注意到 $G,G-v_v,G-\{v_v,v_{v-1}\},\cdots,$ 都是图 G 的导出子图,因而每个点 v_i 都只与前面小于或等于 L 个顶点相邻,从而贪心着色法至多用了 $L+1$ 个颜色。故

$$\chi(G)\leqslant L+1=1+\max\{\delta(H)\,|\,H \text{ 为 } G \text{ 的导出子图}\}\text{。}$$

证毕

顶点着色问题的另一常用技巧是基于以下显而易见的命题。

命题 1 设 $d(u)\leqslant k-1(k\geqslant2)$,而 $G-u$ 为 k-可着色的,则图 G 也是 k-可着色的。(从而,当尝试图 G 是否为 k-可着色时,可先不管(先逐步删去)所有度小于或等于 $k-1$ 的顶点。)

命题 2 如果 $d(u)\leqslant\chi(G)-2$,则 $\chi(G-u)=\chi(G)$。

例 8-9 证明 $\chi(G)+\chi(G^c)=v+1$。

证明: 对 v 进行归纳。当 $v\leqslant2$ 时,显然成立。假设对顶点数 $v<n(n\geqslant3)$ 时都成立,而 $v(G)=n$。

当 $\delta(G)\geqslant\chi(G)-1$ 时,则

$$\Delta(G^c)=v-1-\delta(G)\leqslant v-\chi(G),$$

$$\chi(G^c)\leqslant\Delta(G^c)+1\leqslant v-\chi(G)+1\text{。}$$

可得 $\chi(G)+\chi(G^c)=v+1$。

当 $\delta(G)<\chi(G)-1$ 时,取图 G 的顶点 u 使 $d_G(u)=\delta(G)\leqslant\chi(G)-2$。令 $G_1=G-u$,首先有 $\chi(G_1)=\chi(G)$。由归纳假设可知:$\chi(G_1)+\chi(G_1^c)=v$。所以

$$\chi(G)+\chi(G^c)=\chi(G_1)+\chi(G^c)\leqslant\chi(G_1)+\chi(G_1^c)+1=v+1\text{。}$$

证毕

讨论着色问题时,研究一类特殊的图——临界图的性质是有帮助的。一个图 G 如果满足条件:对图 G 的每个真子图 H 都有 $\chi(H)<\chi(G)$,则称图 G 为**临界图**(critical graph)。如果图 G 为临界图,而且 $\chi(G)=k$,则称 G 为 k-**临界的**。

显然,

图 G 为临界图的充分必要条件是图 G 连通且满足:对 $\forall e\in E(G)$ 都有 $\chi(G-e)<\chi(G)$。

图 G 为 k-色图,则图 G 包含一个 k-临界子图。

1-临界图只有唯一的图 K_1。

2-临界图只有唯一的图 K_2。

3-临界图只有所有的奇圈。

4-临界图有: K_4,Grötzsch 图(如 8-12 所示)等。

注意:一个图 G 的临界图不一定是它的导出子图,如下面两个图分别为 4-临界图(如图8-16所示)和 4-色图(如图8-17所示)。

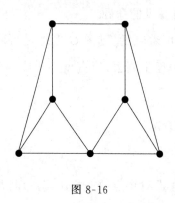

图 8-16   图 8-17

定理 8-6   设图 G 为 k-临界图,则 $\delta(G) \geqslant k-1$。

证明:反证法。假设 $\delta(G) < k-1$。取顶点 v 使 $d(v) = \delta(G)$。因为图 G 为 k-临界图,$G-v$ 必是 $(k-1)$-可着色的。令 $C = (V_1, V_2, \cdots, V_{k-1})$ 为 $G-v$ 的 $(k-1)$-着色。由于 $d(v) = \delta(G) < k-1$,点 v 一定与某一 V_j 中所有顶点都不相邻。从而 $(V_1, \cdots, V_j \bigcup \{v\}, \cdots, V_{k-1})$ 是图 G 的 $(k-1)$-着色,于是 $\chi(G) \leqslant k-1$,矛盾。

证毕

前面的推论 8-1 也可以从定理 8-6 推导出,证明如下。

证明:设 $\chi(G) = k$。令 H 为图 G 的 k-临界子图。由定理 8-6 可知:对 $\forall v \in V(H)$,都有 $d_H(v) = \delta(H) \geqslant k-1$。所以对 $\forall v \in V(H)$,都有 $d_G(v) \geqslant d_H(v) \geqslant k-1$。

又因为图 H 为 k-色的,必有 $|V(H)| \geqslant k$。

证毕

由推论 8-1,显然也可以得到推论 8-2。

令 S 为连通图 G 的一个点割,$V_1, V_2, \cdots, V_n$ 为 $G-S$ 的各分支的顶点集。称 $G_i = G[V_i \bigcup S]$ 为图 G 的 S 分支。当且仅当在各个着色中 S 中每个顶点都被着以相同的色时,称 $G_1, \cdots, G_n$ 上的各个着色在 S 上是一致的。

定理 8-7   临界图的任意一个点割都不是团。

证明:反证法。假设 k-临界图 G 有一个点割 S 是团。令 $G_1, \cdots, G_n$ 是图 G 的 S 分

支。因图 G 为 k-临界的,每个 G_i 都必是 $(k-1)$-可着色的。但 S 为团,每个 G_i 的任意一个 $(k-1)$-着色都导致 S 中所有顶点彼此不同色。从而一定存在 $G_1,\cdots,G_n$ 在 S 上一致的 $(k-1)$-着色。这些着色一起构成图 G 的一个 $(k-1)$-着色,矛盾。

证毕

推论 8-3 每一个临界图是一个块。

证明: 反证法。假如临界图 G 含一个割点 v,则 v 是图 G 的一个点割,且是团。与定理 8-7 矛盾。故临界图不含割点,因而是个块。

证毕

习题 8-3

1. 证明:若图 G 是简单图,则 $\chi(G) \geqslant \dfrac{v^2(G)}{v^2(G)-2\varepsilon(G)}$。

2. 证明:若图 G 的任意两个奇圈都有公共顶点,则 $\chi(G) \leqslant 5$。

3. 证明:设图 G 中度序列满足 $d_1 \leqslant \cdots \leqslant d_v$,则 $\chi(G) \leqslant \max_i \min\{d_i+1, i\}$。

4. 利用习题 8-3 第 3 题证明:

   (1) $\chi(G) \leqslant (\sqrt{2\varepsilon})$。

   (2) $\chi(G)+\chi(G^c) \leqslant v(G)+1$。

   (3) 推论 8-1。

5. 设 H 为图 G 的任意导出子图,试证:$\chi(G) \leqslant 1+\delta(H)$。

6. 设 k 色图 G 上有这样一个正常着色(不一定为 k 着色),其中每种色都至少分配给两个顶点。证明:图 G 也有这样的 k-着色。

7. 证明:若 $C=(V_1, V_2, \cdots, V_\chi)$ 是图 G 的一个 χ-着色,则每一 V_i 都含一个顶点 v_i,它与其他每个 $V_j(j \neq i)$ 至少有一条边相连。

8. 若图 G 的任意两个 k-着色都导出 $V(G)$ 的相同的 k-划分,则称图 G 为唯一 k-可着色的。证明:k 临界任意一个顶点割的导出子图不会是个唯一 $(k-1)$-可着色子图。

9. (1) 证明:若 u,v 为临界图的两个顶点,则不可能有 $N(u) \subseteq N(v)$。

   (2) 证明:不存在恰有 $(k+1)$ 个顶点的 k-临界图。

10. (1) 证明:$\chi(G_1 \lor G_2) = \chi(G_1) + \chi(G_2)$,其中 $G_1 \lor G_2$ 称为图 G_1 与 G_2 的联图,它是将图 G_1 与图 G_2 之间的每对顶点都用新边连起来所得的图。

(2) 证明:$G_1 \lor G_2$ 是临界图的充分必要条件是图 G_1 与 G_2 都是临界图。

11. 设图 G_1 与 G_2 是恰有一个公共顶点 v 的 k-临界图,且 vx 和 vy 分别是 G_1 和 G_2 的边,则 $(G_1 - vx) \bigcup (G_2 - vy) + xy$ 也是 k-临界图。

12. 对 $n = 4$ 及 $n \geqslant 6$,构造 n 个顶点的 4-临界图。

13. (1) 设 V 的 2-划分 (X, Y) 使 $G[X]$ 和 $G[Y]$ 都是 n-可着色的,且边割 $[X, Y]$ 最多有 $(n-1)$ 条边,则图 G 也是 n-可着色的。

(2) 证明:每个 k-临界图都是 $(k-1)$-连通的。

〔提示:令 $(X_1, X_2, \cdots, X_n)$ 及 $(Y_1, Y_2, \cdots, Y_n)$ 分别是 $G[X]$ 和 $G[Y]$ 的 n 着色。作一个偶图 $H = (\{X_1, X_2, \cdots, X_n\}, \{Y_1, Y_2, \cdots, Y_n\}, E)$,使 $x_i x_j \in E(H)$ 的充分必要条件是边割 $[X_i, Y_j]_G = \varnothing$。〕

14. 求 $\chi(K_n - e)$ 及 $\chi(K_n - e_1 - e_2)$,其中 e, e_1, e_2 都是 K_n 的边,且后两者互不相邻。

15. 任意一个 4-可着色的简单图 G 的边都有一个红、蓝 2-边着色,使图 G 中每一个三角形都恰含一条红边及两条蓝边。

〔提示:令所用 4 色为 $0, 1, 2, 3$。对每条边 $e = xy$,令色$(e) = $ 色$(x) + $色$(y) \pmod 2$〕。

16. 证明:奇圈数小于或等于 2 的图一定是 3-可着色的。

17. 证明:$\alpha \chi \geqslant v$。

8.4 Brooks 定理、围长

完全图和奇圈都有 $\chi = \Delta + 1$,对其他情形,$Brooks$ 得到了如下定理。

定理 8-8(Brooks 定理) 设简单连通图 G 不是奇圈或完全图,则 $\chi(G) \leqslant \Delta(G)$。

证明:对 v 进行归纳。当 $v \leqslant 3$ 时,显然成立。假设对顶点数 $v < n(n \geqslant 3)$ 时都成立,而 $v(G) = n$。不妨设:

① 图 G 为 Δ-正则的。(否则,取顶点 u 使 $d(u) = \delta < \Delta$,由归纳假设可知:$G - u$ 为 Δ-可着色的,从而图 G 为 Δ-可着色的,即 $\chi(G) \leqslant \Delta(G)$。)

② 图 G 为 2-连通的。〔否则,令点 v 为 G 的割点,由割点定义,存在 $E(G)$ 的 2-划

分 $[E_1,E_2]$ 使 $G[E_1]$ 与 $G[E_2]$ 恰有一个公共顶点 v，$G[E_1]$ 或 $G[E_2]$ 如果不是奇圈或完全图，根据归纳假设，$G[E_1]$ 或 $G[E_2]$ 仍然是 Δ-可着色的；$G[E_1]$ 或 $G[E_2]$ 如果是奇圈或完全图，则显然 $\Delta(G[E_i])<\Delta(G)$（$i=1$ 或 2），所以 $G[E_1]$ 或 $G[E_2]$ 仍然是 Δ-可着色的；总之不管 $G[E_1]$ 或 $G[E_2]$ 是否是奇圈或完全图，$G[E_1]$ 或 $G[E_2]$ 都是 Δ-可着色的。令该两个着色在点 v 上都分配同一种颜色，从而得到图 G 是 Δ-可着色的，即 $\chi(G)\leqslant\Delta(G)$。」

③ $\Delta\geqslant 3$。（否则，在①②的限制下，图 G 只能为偶圈，$\chi(G)\leqslant\Delta(G)$。）

现在选取 3 个点 x_1,x_2,x_n 满足：$G-\{x_1,x_2\}$ 连通而且 $x_nx_1\in E(G)$，$x_nx_2\in E(G)$，但是 $x_1x_2\notin E(G)$。选法如下：

如果连通度 $\kappa(G)\geqslant 3$，则任取一点为 x_n，并取 $N(x_n)$ 中任意两个不相邻顶点作为 x_1 和 x_2。（这样的两个顶点一定存在。否则：$N(x_n)\bigcup\{x_n\}$ 是一团，从而易知图 G 是完全图，矛盾。）

如果 $\kappa(G)=2$，则选取 x_n 使 $\kappa(G-x_n)=1$。注意到 $G-x_n$ 中至少有两个为末梢块（endklocks）（即，它是图 G 的块，且其顶点中只有一个是图 G 的割点），它们每个至少含一个图 G 的非割点与 x_n 相邻接。取不在同一末梢块中的两个这种顶点作为 x_1 和 x_2。

由此，作 $V(G)$ 的一个排序：

$$取\ x_{n-1}\in V\backslash\{x_1,x_2,x_n\}，使\ x_{n-1}\in N(x_n)；$$

$$取\ x_{n-2}\in V\backslash\{x_1,x_2,x_{n-1},x_n\}，使\ x_{n-2}\in N(\{x_{n-1},x_n\})；$$

$$\cdots\cdots$$

由于 $G-\{x_1,x_2\}$ 是连通的，上述步骤可一直进行到底，得 $V(G)$ 的一个排序：

$$x_1,x_2,\cdots,x_n，$$

其中，每个 x_i（$i<n$）都至少与某 x_j（$j>i$）相邻接。又，x_n 与不相邻 x_1 和 x_2 都相邻，于是，贪心着色法只用小于或等于 Δ 个颜色就可以对图 G 正常着色。所以 $\chi(G)\leqslant\Delta(G)$。

证毕

由推论 8-2 可知，$\chi(G)\geqslant\omega(G)$，其中 $\omega(G)$ 为图 G 中最大团的顶点数。也就是说一个图如果有大团必然有大的色数（因为团的各顶点必须分配互不相同的颜色）。但是下面的定理表明：一个有很大色数的图，其最大团的顶点数不一定也很大。这种图的递推作图法首先由 Blanche Descartes 于 1954 年给出，她能作出围长至少为 6（不含长度小于6 的圈）的图。这里介绍的是由 Mycielski 于 1955 年给出的一个更简易的作图法。

定理 8-9　对任意正整数 k，都存在不包含三角形的 k 色图。（即，可找到色数任意大的图，但其最大团顶点数却只为 2。）

证明：对 k 进行归纳。当 $k=1$ 和 $k=2$ 时，图 K_1 和 K_2 就满足要求。假设已经作出

具有色数为 $k(k \geqslant 2)$，不包含三角形的图 $G_k = (V_k, E_k)$，其中 $V_k = \{v_1, v_2, \cdots, v_n\}$，则由图 G_k 构造 $G_{k+1} = (V_{k+1}, E_{k+1})$ 如下：

① 添加新顶点 $u_1, u_2, \cdots, u_n$ 及 v；

② 把每个点 u_i 连到点 v_i（在图 G_k 中）的每个邻点；

③ 再将点 v 连到每个点 u_j。

易知，图 G_{k+1} 中不包含三角形（这是因为 $\{u_1, u_2, \cdots, u_n\}$ 是 G_{k+1} 的独立集，没有三角形包含多于一个 u_i，也没有三角形恰好含一个 u_i，否则，如果 $u_i v_j v_k u_i$ 是图 G_{k+1} 的三角形，则 $v_i v_j v_k v_i$ 是图 G_k 的三角形，与归纳假设矛盾）。又，图 G_k 的任意一个 k-着色可扩充成图 G_{k+1} 的 $(k+1)$-着色如下：将每个点 u_i 着以点 v_i 上的色；再用一种新色着在点 v 上。显然，这是图 G_{k+1} 的正常 $(k+1)$-着色，从而图 G_{k+1} 是 $(k+1)$-可着色的。

余下只要再证图 G_{k+1} 不是 k-可着色的即可：反证法。假设 G_{k+1} 是 k-可着色的，考察 G_{k+1} 的一个 k-着色，不妨设在该 k-着色中点 v 被着以颜色 k，这时没有点 u_i 分配到颜色 k。现在，用分配给点 u_i 的颜色来给已着上颜色 k 的顶点 v_i 重新着色。这样就得到 k-色图 G_{k+1} 的正常 $(k-1)$-着色。矛盾。所以图 G_{k+1} 的色数确实是 $(k+1)$。

证毕

例如，定理 8-9 中 Mycielski 于 1955 年构造的图 G_2 就是 K_2；图 G_3 就是 C_5（5 个顶点的圈）；图 G_4 就是 Grötzsch 图（如图 8-12 所示）；$\cdots$；G_k 就是 $3 \cdot 2^{k-1} - 1$ 个顶点的不包含三角形的 k-色图。

Erdös 于 1961 年利用概率方法证明了：给定任意两个整数 $k \geqslant 2$ 和 $l \geqslant 2$，存在一个围长为 k 而色数为 l 的图。只是概率方法的这个应用比较复杂，这里不作介绍。Erdös 结论的构造性证明已由 Lovász 于 1968 年给出。

习题 8-4

1. 证明 Brooks 定理等价于下述命题：若图 G 是 k-临界图 $(k \geqslant 4)$，且不是完全图，则 $2\varepsilon \geqslant v(k-1)+1$。

2. 利用 Brooks 定理证明：若图 G 是 $\Delta = 3$ 的无环图，则 $\chi' \leqslant 4$。

3. 证明：定理 8-9 中的图 G_k 是 k-临界图。

4. (1) 设图 G 是围长至少为 6 的 k-色图 $(k \geqslant 2)$。作一个新图 H 如下：取 kv 个新顶

点集 S 及 G 的 $\binom{kv}{v}$ 个互不相交的拷贝,且建立图 G 的拷贝与 S 的 v 元子集之间的一一对应。再将图 G 的每个拷贝的顶点和与它相应的 S 的 v 元子集的元素一一匹配连接起来。证明:图 H 的色数至少为 $k+1$,其围长至少为 6。

(2)试证:对任意 $k \geqslant 2$,都存在围长为 6 的 k 色图。

(提示:易证图 H 的围长至少为 6。若图 H 为 k-可着色的,则存在 S 的 v 元子集,其他元素都染有相同的颜色。再考察对应的图 G 的拷贝得出矛盾。)

第9章 平面图

9.1 平图和平面图

一个图 G 如果可以画在平面上,使它的边只在端点处才可能相交叉,则称图 G **可嵌入**(embeddable)于平面中,或称图 G 为**平面图**(planar graph)。图 G 嵌入到平面的几何实现称作图 G 的一个**平面嵌入**(planar embeddable)或**平图**(plane graph)。

例如,图 9-1 和图 9-2 都是 K_4,所以 K_4 是平面图,但图 9-2 是 K_4 的一个平图,而图 9-1 不能称作 K_4 的平图。图 9-3 和图 9-4 都是 $K_{2,3}$,所以 $K_{2,3}$ 是平面图,但图 9-4 是 $K_{2,3}$ 的一个平图,而图 9-3 不能称作 $K_{2,3}$ 的平图。

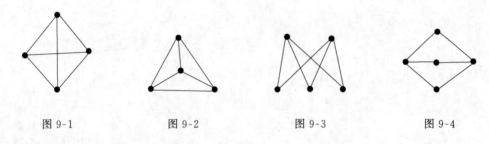

图 9-1 　　　　　　图 9-2 　　　　　　图 9-3 　　　　　　图 9-4

再例如,K_5、$K_{3,3}$ 都是非平面图(后面将会证明)。它们中任意一个去掉任意一条边后都是平面图。

在设计集成电路板时,通常需要把一个电路中所需的晶体管、电阻、电容和电感等电子元件用导电的铜线互连一起制作在一小片半导体晶片或介质基片上,这就需要要求这些导电的铜线只能在电子元件处相交,也就是说如果把电子元件看作一个图的顶点,把连接电子原件的铜线看作边,则设计集成电路板的工作就是将一个电路图嵌入一个平面(或将一个电路图设计成一个平图)。

有趣的是,I. Fàry(1948 年)和 K. Wagner(1936 年)分别独立地证明了:每个平面图都可以嵌入平面,使每条边都是直线段。

由于边的方向不影响平面图,环也不影响平面图,所以本章将只讨论无向无环图。

注意:平面图和平图间的区别。后者是前者的一个几何实现(具体画法)。

平面嵌入的概念可推广到其他曲面上。一个图 G 如果可以画在曲面 S 上,使它的边只在端点处才可能相交叉,则称图 G **可嵌入**曲面 S。例如,K_5、$K_{3,3}$ 都可嵌入环面,K_5,$K_{3,3}$ 的环面嵌入如图 9-5 和图 9-6 所示。$K_{3,3}$ 还可嵌入 Mobius 带。

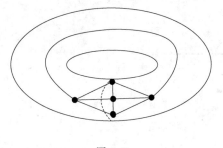

图 9-5

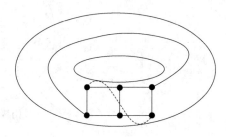

图 9-6

平图 G 的**面**(face)是平图 G 中将平面划分出来的连通区域的闭包。(如果一个区域中任意两点都能被一条全包含在该区域中的连续曲线相连,则称此区域为连通的)。平图 G 中唯一的无界的面称为平图 G 的**外部面**(exterior face)。

与平面图的研究密切相关的拓扑学结果如下。

Jordan 曲线定理:平面中任意一条 Jordan 曲线(连续不自交的闭曲线)J,将余下的平面划分成两个不相交开集:J 的**内部**(interior)和 J 的**外部**(exterior),分别记为 int$J$ 和 ext$J$(它们的闭包分别记为 Int$J$ 和 Ext$J$)。连接 int$J$ 中一点到 ext$J$ 中一点的任意一条曲线一定与 J 交于某一点。

定理 9-1　K_5 和 $K_{3,3}$ 为非平面图。

证明:只需证明 K_5 为非平面图,$K_{3,3}$ 完全类似。

反证法。假设 K_5 是平面图。设 G 为 K_5 的一个平图,令平图 G 的 5 个顶点为 v_1,v_2,v_3,v_4,v_5。注意到圈 $C=v_1v_2v_3v_1$ 为平面上的一条 Jordan 曲线,且点 v_4 必在 int$C$ 或 ext$C$ 中。

若 $v_4 \in$ int$C$,则边 v_4v_1,v_4v_2 与 v_4v_3 将 int$C$ 划分成 3 个区域 intC_1,intC_2 和 intC_3。这时 v_5 一定在上述 3 个区域及区域 ext$C$ 之一。若 $v_5 \in$ ext$C$,则因为 $v_4 \in$ int$C$,边 v_4v_5 必与 C 相交于某一点,这与 G 为平面图的假设相矛盾。

其他情形类似地也导致矛盾。

证毕

定理 9-2 图 G 可嵌入平面的充分必要条件是图 G 可嵌入球面。

证明：利用球极平面射影，如图 9-7 所示，略。

证毕

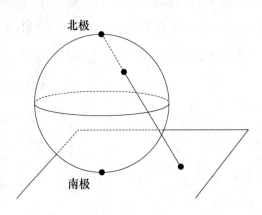

北极

南极

图 9-7

定理 9-3 对平面图 G 的任意一个顶点 v，都存在图 G 的一个平面嵌入，使点 v 在该嵌入的外部面。

证明：先将图 G 嵌入于球面上，并将球面的北极放在包含该顶点的图 G 的一个面中，再利用球极平面射影，如图 9-7 所示。

证毕

对平图 G 及 G 中的一个面 f，用记号 $F(G)$，$\phi(G)$，$b(f)$ 分别表示图 G 的所有面的集合、G 的面数及 f 的边界。

当图 G 连通时，图 G 的每个面 f 的边界 $b(f)$ 可当作一个闭途径，其中图 G 在 $b(f)$ 中的每一条割边在该途径中都恰被走过两次。例如，在图 9-8 中，$b(f_1) = AxBtDrEsErDuAvFwFvA$。$b(f_5) = AxByCzDuA$。

易知，当平图 G 为 2-连通时，它的每个面 f 的边界 $b(f)$ 为一个圈。

在平图 G 中，称平图 G 的面 f 与它的周界上的边和顶点**相关联**（incident）。称平图 G 的一条边 e **分隔**（separate）与它相关联的面。称平图 G 中与面 f 相关联的边数（其中割边与其关联面的关联次数记为 2）为面 f 的**度**（degree），记为 $d_G(f)$。例如，在图 9-8 中，$d(f_1) = 9$，$d(f_5) = 4$。

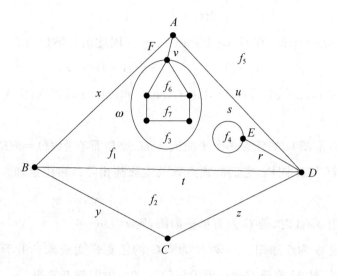

图 9-8

显然，

$$e \text{ 为平图 } G \text{ 的非割边。}$$

$$\Leftrightarrow \text{平图 } G \text{ 中存在包含 } e \text{ 的圈。}$$

$$\Leftrightarrow e \text{ 恰与平图 } G \text{ 的两个面相关联。}$$

$$\Leftrightarrow e \text{ 恰分割平图 } G \text{ 的两个面。}$$

$$e \text{ 为平图 } G \text{ 的割边。}$$

$$\Leftrightarrow \text{平图 } G \text{ 中不存在包含 } e \text{ 的圈。}$$

$$\Leftrightarrow e \text{ 只与平图 } G \text{ 的一个面相关联。}$$

$$\Leftrightarrow e \text{ 恰分割平图 } G \text{ 的一个面。}$$

定理 9-4　设 G 为平图，则 $\sum\limits_{f \in F} d(f) = 2\varepsilon$。

证明： 注意到每边对等式左边的和式的贡献为 2，其中，每条非割边恰属于两个不同的面，每条割边恰属于一个面，且与该面的关联次数被记为 2。所以 $\sum\limits_{f \in F} d(f) = 2\varepsilon$。

证毕

定理 9-5（Euler）　设 G 为连通平图，则 $\upsilon - \varepsilon + \phi = 2$。

证明： 对 ϕ 进行归纳。当 $\phi = 1$ 时，图 G 的每条边为割边（因每条边只分隔一个面）。又因图 G 连通，从而 G 是树，于是 $\varepsilon = \upsilon - 1$，定理成立。

假设定理对 $\phi < n$ 成立，而 $\phi(G) = n \geqslant 2$。任取图 G 的一条非割边 e（它一定存在，不然所有的边都是割边，则 G 是树，导致 $\phi = 1$，矛盾）。于是，$G - e$ 仍为连通平图。注意到 e 分隔图 G 的两个面，有

$$\phi(G-e)=n-1$$

(e 所分隔的图 G 的两个面,在 $G-e$ 中合而为一)。因此由归纳假设有

$$\upsilon(G-e)-\varepsilon(G-e)+\phi(G-e)=2,$$

但 $\upsilon(G-e)=\upsilon(G)$;$\varepsilon(G-e)=\varepsilon(G)-1$;$\phi(G-e)=\phi(G)-1$,将它们代入上式,得证。

证毕

推论 9-1 对平图 G 的任意两个平面嵌入 H 及 R 都有 $\phi(H)=\phi(R)$。

证明:因为 H 与 R 同构,它们的顶点数及边数都相等。再由定理 9-5 即可得证。

证毕

推论 9-2 当 $\upsilon\geqslant3$ 时,若 G 为简单平面图,则 $\varepsilon\leqslant3\upsilon-6$。

证明:不妨设 G 为连通图。且设 H 为图 G 的任意平面嵌入。由于 G 为简单图,所以 H 也为简单图,对 H 的任意面 f 都有 $d(f)\geqslant3$。由定理 9-5 得

$$2\varepsilon(G) = 2\varepsilon(H) = \sum_{f\in F(H)}d(f) \geqslant 3\phi(H)$$

$$= 3(\varepsilon(H)-\upsilon(H)+2) = 3(\varepsilon(G)-\upsilon(G)+2),$$

所以 $\varepsilon\leqslant3\upsilon-6$。

证毕

推论 9-3 设 G 为简单平面图,则 $\delta\leqslant5$。

证明:当 $\upsilon\leqslant2$ 时显然成立。当 $\upsilon\geqslant3$ 时,$\delta\upsilon\leqslant\sum_{v\in V}d(v)=2\varepsilon\leqslant6\upsilon-12<6\upsilon$,所以 $\delta\leqslant5$。

证毕

推论 9-4 K_5 为非平面图。

证明:假设 K_5 为平面图,则由推论 9-2 得 $10=\varepsilon\leqslant3\times5-6=9$,矛盾。所以 K_5 为非平面图。

证毕

推论 9-5 $K_{3,3}$ 为非平面图。

证明:假设 $K_{3,3}$ 为平面图,由于它的每个圈长都至少是 4,它的每个面的度也都至少是 4。因此

$$4\phi\leqslant\sum_{f\in F}d(f)=2\varepsilon=18,$$

所以可得 $\phi\leqslant4$。从而 $2=\upsilon-\varepsilon+\phi\leqslant6-9+4=1$。矛盾。所以 $K_{3,3}$ 为非平面图。

证毕

习题 9-1

1. 证明:不存在 5 区域地图,其中每对区域都相邻。

2. 证明:$K_5 - e$ 和 $K_{3,3} - e$ 为平面图,其中 e 为其任意一条边。

3. (1) 证明:若 G 是围长为 $k(k \geqslant 3)$ 的连通平面图,则 $\varepsilon \leqslant \dfrac{k(v-2)}{k-2}$。

   (2) 利用(1)证明:Peterson 图是非平面图。

4. 证明:每个平面图都是 6-顶点可着色的。

5. (1) 证明:若 G 是 $v \geqslant 11$ 的简单平面图,则 G^c 是非平面图。

   (2) 找出一个 $v = 8$ 的简单平面图,使 G^c 也是平面图。

6. 若 G 可表示为若干个平面图的并图,称这种平面图的最小个数为图 G 的厚度,记为 $\theta(G)$。于是,$\theta(G) = 1$ 的充分必要条件是 G 为平面图。

   (1) 证明:$\theta(G) \geqslant \left\lceil \dfrac{\varepsilon}{3v-6} \right\rceil$。

   (2) 证明:$\theta(K_v) \geqslant \left\lceil \dfrac{v(v-1)}{6(v-2)} \right\rceil$。并利用习题 9-1 第 5 题(2)证明,等式对所有 $3 \leqslant v \leqslant 8$ 都成立。

7. 设 S 是平面上 $n \geqslant 3$ 个点的集合,其中任意两个点间的距离大于或等于 1。证明:最多有 $3n - 6$ 个点对的距离恰为 1。

8. 设简单平图 G 中无三角形,证明:(1) $\delta \leqslant 3$;(2) $\chi \leqslant 4$。

9. (1) 证明:图 G 是平面图的充分必要条件是的每个块都是平面图。

   (2) 证明:极小非平面图是简单块。

10. 正规多面体是这样一种平图:每个顶点的度都是 d(常数);每个面的度都是 D(常数)。证明:

   (1) $v = \dfrac{4D}{2d - (d-2)D}$。

   (2) 由(1)这种图只能有 5 种,分别为四面体、立方体、八面体、十二面体和二十面体,如题图 9-1 所示。

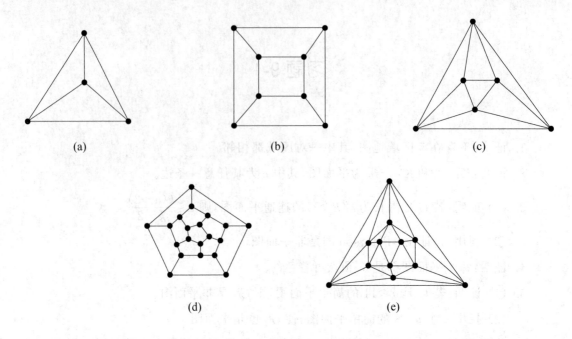

(a)   (b)   (c)

(d)   (e)

题图 9-1

9.2　对偶图

平图 $G=(V,E)$ 的**对偶图**（dual graph）G^* 是这样的一个图：图 G^* 的顶点 f^* 与图 G 的面 f 一一对应，且图 G^* 的边 e^* 与 G 的边 e 一一对应，且图 G^* 的顶点 f_1^* 与 f_2^* 被边 e^* 连接的充分必要条件是图 G 的面 f_1 与 f_2 被边 e 分隔。

例如，图 9-9 所示平图 G（实线）和 G 的对偶图 $G^*=(V^*,E^*)$。其中：
$$V^*=\{f_1^*,f_2^*,f_3^*,f_4^*,f_5^*\},$$
$$E^*=\{a^*=f_3^*f_5^*,b^*=f_4^*f_5^*,c^*=f_2^*f_5^*,\cdots,h^*=f_2^*f_4^*\}。$$

实际上，任意一个平图 G 的对偶图 G^* 是一个平面图，它存在如下的一个平面嵌入，称为**几何对偶**（geometric-dual）：在图 G 的每个面 f 中放置顶点 f^*；对应于图 G 的每一条边 e，设它分割的面为 f 与 g，则画一条边 $e^*=f^*g^*$ 使它穿过 e 恰好一次（且不穿过图 G 的其他边）。例如，图 9-9 中平图 G 的对偶图 G^* 如图中虚线所示。注意到，若图 G 的两个面的周界有多于一条公共边，则图 G^* 中有重边。

由对偶图的定义易知：
$$e\text{ 是图 }G\text{ 的环}\Leftrightarrow e^*\text{ 是图 }G^*\text{ 的割边}。$$

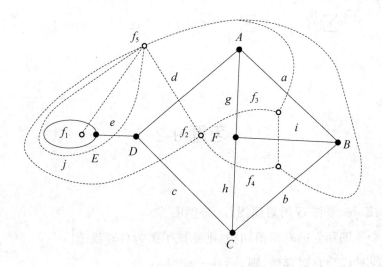

图 9-9

e 是图 G 的割边 $\Leftrightarrow e^*$ 是图 G^* 的环。

下文中为方便计，把平图 G 的几何对偶 G^* 当作 G 的对偶图。

由图 G^* 的定义易知：

对任意一个平图 G，其对偶图 G^* 一定是连通平面图。

设 G 为非平凡连通图，则图 G^{**} 与图 G 同构。

注意：当图 G 不连通时，图 G^{**} 与图 G 不一定同构。如果平图 G 与平图 H 同构，图 G^* 与图 H^* 不一定同构。例如，图 9-10 中两个图是同构的，但它们的对偶图并不同构。因此，对偶图的概念只对平图有意义，不能推广到平面图上。

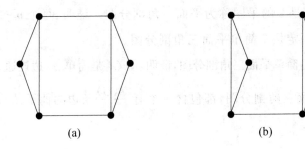

(a)   (b)

图 9-10

由图 G^* 的定义易知：$\upsilon(G^*)=\varphi(G)$，$\varepsilon(G^*)=\varepsilon(G)$，且对 $\forall f\in F(G)$，都有 $d_{G^*}(f^*)=d_G(f)$。所以定理 9-4 可以有如下证明。

证明：构造 G 的对偶图 G^*。图 G^* 的顶点 f^* 与图 G 的面 f 一一对应，且图 G^* 的边 e^* 与图 G 的边 e 一一对应，且图 G^* 顶点 f_1^* 与 f_2^* 被边 e^* 连接的充分必要条件是图 G 的面 f_1 与 f_2 被边 e 分隔。易知：

$$\sum_{f \in F} d(f) = \sum_{f^* \in V(G^*)} d_{G^*}(f^*) = 2\varepsilon(G^*) = 2\varepsilon(G).$$

证毕

习题 9-2

1. 证明:Euler 平图 G 的对偶图 G^* 是偶图。

2. 若一个平图和它的对偶图同构,则称该平图为自对偶的。

   (1) 若图 G 为自对偶的,则 $\varepsilon = 2v - 2$。

   (2) 对每个 $n \geqslant 4$,找出 n 个顶点的自对偶平图。

3. (1) 证明:B 是平图 G 的键当且仅当 B 在图 G^* 中的对应边的集合 B^* 是图 G^* 的圈。

   (2) 证明:C 是平图 G 的圈当且仅当 C 在图 G^* 中的对应边的集合 C^* 是图 G^* 的键。

4. 设 T 是连通平图 G 的生成树,$E^* = \{e^* \in E(G^*) \mid e \in E(\overline{T})\}$。

   (1) 用余树与键的关系证明:$T^* = G^*[E^*]$ 是图 G^* 的生成树。

   (2) 用(1)证明 Euler 公式。

   (3) 用 Euler 公式证明:$T^* = G^*[E^*]$ 是图 G^* 的生成树。

5. 每个面的度都是 3 的平图称为平面三角剖分图。证明:每个 $v \geqslant 3$ 的简单平图的极大简单生成母图,一定是个简单平面三角剖分图。

6. 设 G 是 $v \geqslant 4$ 的简单平面三角剖分图,证明:图 G^* 是简单、2-边连通、3-正则平面图。

7. 证明:任何平面三角剖分图,都包含一个有 $\dfrac{2\varepsilon(G)}{3}$ 条边的偶子图。

9.3 Kuratowski 定理

设 H 为图 G(图 G 不一定为平面图)的真子图,B 为由 $E(G) \setminus E(H)$ 中某些边得到边导出子图,如果 B 是一条边 uv〔其中 $u, v \in V(H)$〕或者 B 是由 $G - V(H)$ 的一个分支以及图 G 中 $V(H)$ 与该分支之间的所有连接边所组成的子图,则称 B 为图 G 相对于图

H 的**桥**（bridge）；或对固定的图 G，简称作 B 为图 H 的桥。

对图 G，如果 B 是图 H 的桥，则易知：

① B 为连通图。

② 对 B 中任意两个顶点 x 与 y，B 中存在一个内部不交于 H 的 (x,y)-路。

称 $V(B)\bigcap V(H)$ 为桥 B 对 H 的**接触顶点**（vertices of attachment）。例如，图 9-11 中，设该图为 G，其子图 H 为一个圈（11-12-13-14-11）。则 H 的桥为

$$B_1 = \{(12,14)\};$$
$$B_2 = \{(1,11),(6,14),(4,13),(1,3),(3,4),(4,6),(1,6),\cdots\};$$
$$B_3 = \{(7,12),(10,12),(8,13),(9,13),(7,8),\cdots\}.$$

B_1,B_2,B_3 的接触顶点分别为 $\{12,14\}$、$\{11,13,14\}$ 和 $\{12,13\}$。

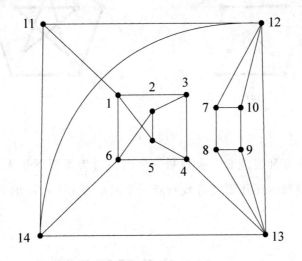

图 9-11

当图 G 连通时，图 G 的每个桥至少有一个接触顶点。

先引入两个引理，其证明是显然的。

引理 9-1　如果 G 为非平面图，则图 G 的每个剖分图为非平面图。

根据引理 9-1，K_5 和 $K_{3,3}$ 的剖分图都是非平面图。

引理 9-2　如果 G 为平面图，则图 G 的每个子图为平面图。

定理 9-6（Kuratowski,1930）　G 为平面图的充分必要条件是图 G 中不包含 K_5 或 $K_{3,3}$ 的剖分。

证明：略。

一个简单图 G 的**初等压缩**（elementary contraction）是将 G 的一条边 $e=uv$ 去掉，并将顶点 u 和 v 合并成一个新顶点，并记所得图为 $G\cdot e$。称图 G 可压缩成图 H，是指 G

可经过一系列的初等压缩而变成 H。

定理 9-7（Wagner） G 为非平面图的充分必要条件是图 G 包含**可压缩**（contractible）成 K_5 或 $K_{3,3}$ 的一个子图。

证明：略。

有时能直接用定理 9-6 和定理 9-7 来判断一个图是否为平面图。例如，图 9-12(a) 显示 Peterson 图包含 $K_{3,3}$ 的一个剖分（粗边为 $K_{3,3}$ 中的一个完美匹配的剖分，虚线边不属于 $K_{3,3}$ 的剖分），因此 Peterson 图是非平面图。图 9-12(b) 显示 Peterson 图本身可压缩成 K_5（将其 5 条辐条压缩而得），也因此 Peterson 图是非平面图。

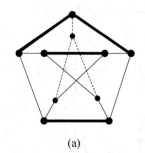 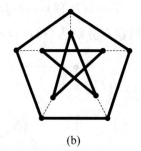

(a)　　　　　　　　　　(b)

图 9-12

但是，用定理 9-6 和定理 9-7 来判断一个图是否为平面图很大程度上取决于个人的观察力，因此较复杂的图还需要寻找判断一个图是否为平面图的算法。

9.4　五色定理和四色猜想

1880 年，Kempe（肯普）发表文章证明了著名的四色猜想，直到 1890 年，P. J. Heawood 指出了 Kempe 的证明中的错误，但他指出，可以用 Kempe 的证明方法证明五色定理。

定理 9-8（Heawood，1890） 每个平面图是 5-(顶点)可着色的。

证明：反证法，假设定理不成立。令图 G 为最小反例。易见，G 为简单连通图且 $v \geqslant 6$。选取一个顶点 u 使 $d(u) = \delta$。由推论 9-3 可知，$\delta \leqslant 5$。由对图 G 的假设可知，$G - u$ 上存在正常 5-着色 $C(\cdot) = (V_1, V_2, V_3, V_4, V_5)$。如果点 u 只与小于或等于 4 种颜色的顶点相邻，显然，图 G 为 5-可着色的，矛盾。因此点 u 必恰与 5 个不同颜色的顶点相邻。不妨设它们按顺时针顺序为 v_1, v_2, v_3, v_4, v_5，且每个 $v_i \in V_i$。

记 $G_{ij}=G[V_i\bigcup V_j]$，其中 $i\neq j,1\leqslant i,j\leqslant 5$。如果存在 i,j 使 v_i 与 v_j 不在 G_{ij} 同一分支中。则可将 G_{ij} 中含 v_i 的分支上的颜色 i 与 j 对换，得 $G-u$ 的一个新的 5-着色，其中点 u 只与 4 种颜色相邻，从而图 G 为 5-可着色的，矛盾。因此，每个 G_{ij} 中都有一条 (v_i,v_j)-路 P_{ij}，由染有颜色 i 与 j 的顶点交错组成。

令圈 $C=uv_1P_{13}v_3u$。

由于 C 分隔 v_2 与 v_4，由 Jordan 曲线定理，P_{24} 一定与 C 交于一点。但 G 为平面图，这一点只能是图 G 的顶点。但这是不可能的（因 P_{24} 上只有颜色 2 和 4，而 C 上无此两色），矛盾。

证毕

平图 G 的 k-**面着色**（k-face colouring）是 k 种颜色在平图 G 的所有面的一个分配；如果平图 G 的一个 k-面着色使得被一条边所分割的任两个面均不同色，则称此 k-面着色是**正常的**（Proper）。称有正常 k-面着色的平图为 k-**面可着色的**（k-face colourable）。使平图 G 为 k-面可着色的最小的 k 称为平图 G 的**面色数**（face chromatic number），记为 $\chi^*(G)$。

显然，对任意一个平图 G 都有 $\chi^*(G)=\chi(G^*)$。

四色猜想（four colour conjecture）是说：所有平图都是 4-面可着色的。

在图论中更多地把四色猜想表述为：所有平面图都是 4-（顶点）可着色的。这是因为关于四色猜想有下面 3 个等价的提法。

定理 9-9　下面三个命题等价：

① 每一个平面图是 4-（顶点）可着色的；

② 每一个平图是 4-面可着色的；

③ 每一个简单、2-边连通、3-正则、平面图是 3-边可着色的。

证明：①$\Rightarrow$②。显然。

②$\Rightarrow$③。设 G 为简单、2-边连通、3-正则、平面图；$\tilde{G}$ 为其平面嵌入。由②可知 $\tilde{G}$ 为 4-面可着色的。用模 2 整数域上的向量 $c_0=(0,0),c_1=(0,1),c_2=(1,0),c_3=(1,1)$ 表示该 4 个颜色。

今对 $\tilde{G}$ 进行边着色如下：将 $\tilde{G}$ 的每条边着以被它所分隔的两个面的颜色的和。（设与顶点 v 相关联的 3 个面上的颜色为 c_i,c_j,c_k。则与顶点 v 相关联的 3 条边上的颜色为 c_i+c_j,c_j+c_k,c_k+c_i。）

因 $\tilde{G}$ 的每边恰分隔两个不同的面（因为其每边为非割边），因此没有一条边被着以颜色 c_0，从而上述边着色是一个 3-边着色。又，易知，关联于每个顶点的 3 条边被着以不同颜色。因此上述边着色是正常 3-边着色。

③⇒①。反证法，假设①不成立，则存在简单平面图 G 使 $\chi(G)=5$。令 $\tilde{G}$ 为其平面嵌入。由习题 9-2 第 5 题及 9-2 第 6 题可知，$\tilde{G}$ 为某简单平面三角剖分图 H 的生成子图；且 H 的几何对偶 H^* 是简单、2-边连通、3-正则平图。于是可得。

命题：H^* 是 4-面可着色的。

由上述命题得 $5=\chi(G)\leqslant\chi(H)=\chi^*(H^*)\leqslant4$。矛盾，从而定理得证。

下面证明命题。

由③可知，H^* 有一个正常 3-边着色 $C(\cdot)=(E_1,E_2,E_3)$。显然，每个 E_i 是 H^* 的一个完美匹配。令

$$H_{ij}^*=H^*[E_i\cup E_j]，其中 1\leqslant i\neq j\leqslant3。$$

则每个 H_{ij}^* 是一些不相交圈的并。从而，易见，H_{ij}^* 是 2-面可着色的。用颜色 $\delta_{ij}(\delta_{ij}=0,1)$ 对 H_{ij}^* 进行 2-面着色。

易见，H^* 的每个面一定包含在 H_{12}^* 的一个面中，及 H_{23}^* 的一个面中。由 H_{12}^* 及 H_{23}^* 上的 2-面着色，可得 H^* 的 4-面着色如下：将每个 H^* 的每个面 f，着以包含 f 的 H_{12}^* 的面上的色 δ_{12}，及包含 f 的 H_{23}^* 的面上的色 δ_{23}，组成的**色对** $(\delta_{12},\delta_{23})$。易见，这 4-面着色是正常的。〔设 H^* 的两个面 f 及 f' 有公共边 e，每个面上的色分别为 $(\delta_{12},\delta_{23})$ 及 $(\delta'_{12},\delta_{23})$。则，例如，当 $e\in E_1$ 时，必有 $\delta_{12}\neq\delta'_{12}$，从而 f 及 f' 有不同色。〕

证毕

习题 9-4

1. 证明：2-边连通平图 G 是 2-面可着色的当且仅当 G 是 Euler 图。

2. 证明：平面三角剖分图 G 是 3-顶点可着色的当且仅当 G 是 Euler 图。

3. 证明：每个 Hamilton 平图都是 4-面可着色的。

4. 证明：每个 Hamilton 3-正则图都有 Tait 着色（即，3 正则图的正常 3-边着色）。

5. 按③⇒②⇒①⇒③的顺序证明定理 9.9。

6. 设 G 是 $\kappa'=2$ 的 3-正则图。

(1) 证明：存在图 G 的子图 G_1 和 G_2 及不相邻的顶点对 $u_1,v_1\in V(G_1)$ 和 u_2，$v_2\in V(G_2)$ 使得图 G 是由图 G_1 和图 G_2 以及在该 4 个顶点上由"梯子"连接

的图所组成。（如题图 9-2 所示。）

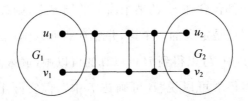

题图 9-2

（2）证明：若 $G_1 + u_1 v_1$ 和 $G_2 + u_2 v_2$ 都有 Tait 着色，则图 G 也有 Tait 着色。

（3）根据定理 9.9 证明：四色猜想等价于 Tait 猜想，即每个简单 3-正则、3-连通、平面图都有 Tait 着色。

7. 给出满足下列条件的例子各一个：

（1）不具有 Tait 着色的 3-正则平面图；

（2）不具有 Tait 着色的 3-正则、2-连通图。

8. 证明：对平面三角剖分图 G 都有 $(1)\varepsilon = 3v - 6$；$(2)\varphi = 2v - 4$；$(3)\chi^* \leqslant 4$。

9.5 平面性算法

设 G 为平面图，图 H 为图 G 的平面子图，$\tilde{H}$ 为图 H 的平面嵌入，如果存在图 G 的平面嵌入 $\tilde{G} \supseteq \tilde{H}$，则称 $\tilde{H}$ 为 G-**可容许的**（G-admissible）。

例如，图 9-13 中，图 9-13(b)(H) 与图 9-13(c)(F) 都是平面图图 9-13(a)（图 G）的平面子图，其中，H 为 G-可容许的，F 则不是 G-可容许的。

　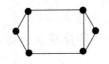　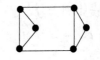

(a) 图G　　　　(b) 图H：G可容许的　　　(c) 图F：非G-可容许的

图 9-13

G-可容许的概念和图 9-13 说明：在一步一步画出一个平面图 G 的平面嵌入的过程中，如果画出的一个平面嵌入 F 不是 G-可容许的，则继续画下去肯定不可能画出图 G 的一个平面嵌入。

设 G 为平面图,图 H 为图 G 的平面子图,$\widetilde{H}$ 为图 H 的平面嵌入,B 为 H 的桥,如果 B 对 H 的接触顶点全都包含在 $\widetilde{H}$ 的某个面 f 的周界上,则称 B **可画**(drawable)在 f 中。注意:这里的"可画"只是定义的一个词,并非真的可以画(嵌入)到面 f 中。如果 B 是平面图,则 B 可画在 f 中,可以得到 B 可以真的可以画(嵌入)到面 f 中;但是如果 B 本身不是平面图,则虽然仍然可以说"B 可画在 f 中",但实际上 B 不可以真的可以画(嵌入)到面 f 中。

用记号 $F(B,\widetilde{H})$ 表示 B 可画于其中的 $\widetilde{H}$ 的面的集合。

定理 9-10　如果 $\widetilde{H}$ 为 G 可容许的,则对 H 的任意一个桥 B 都有 $F(B,\widetilde{H})\neq\varnothing$。

证明:根据"$\widetilde{H}$ 为 G 可容许的"定义,存在图 G 的平面嵌入 $\widetilde{G}\supseteq\widetilde{H}$。$B$ 所对应的图 $\widetilde{G}$ 的子图必画在 $\widetilde{H}$ 的一个面中,故 $F(B,\widetilde{H})\neq\varnothing$。

证毕

显然,G 为平面图的充分必要条件是图 G 的基础简单图的每个块都是平面图。因此,平面性问题只需考虑简单块之情形。以下算法中,对简单块 G 求出其平面子图的增序列 $G_1,G_2,\cdots,G_{e-v+1}$ 以及它们的平面嵌入 $\widetilde{G}_1,\widetilde{G}_2,\cdots,\widetilde{G}_{e-v+1}$。当 G 为平面图时,每个 $\widetilde{G}_i$ 为 G 可容许的,且 $\widetilde{G}_1,\widetilde{G}_2,\cdots,\widetilde{G}_{e-v+1}$ 终止于图 G 的一个平面嵌入 $\widetilde{G}$。

平面性算法(Demoucron,Malgrange,Pertuiset,1964)如下。

对简单块图 G:

(1) 令 G_1 为图 G 的一个圈。求 G_1 的一个平面嵌入 $\widetilde{G}_1$。令 $i=1$。

(2) 若 $E(G)\backslash E(G_1)=\varnothing$,停止(完毕,得到图 G 的一个平面嵌入图 $\widetilde{G}$)。否则,找出图 G 中 G_i 的所有桥,并对每个桥求出集合 $F(B,\widetilde{G}_i)$。

(3) 如果存在 B 使得 $F(B,\widetilde{G}_i)=\varnothing$,停止(根据定理 9-10,$G$ 为非平面图)。如果存在 B 使 $|F(B,\widetilde{G}_i)|=1$,则取 B 及 $F(B,\widetilde{G}_i)$ 中的面 f;否则,任取一个桥 B,并且取 $F(B,\widetilde{G}_i)$ 中任意一个面为 f。

(4) 对 G_i,选一条 B 中连接的两个接触顶点的路 $P_i\subseteq B$。令 $G_{i+1}=G_i\bigcup P_i$。通过把 P_i 画在 $\widetilde{G}_i$ 的面 f 中,得 G_{i+1} 的平面嵌入 $\widetilde{G}_{i+1}$。令 $i=i+1$,转步骤(2)。

算法证明大意:

只要证明对平面图 G 算法不会停止于(3)即可。由定理 9-10,只要证明算法求出的 $\widetilde{G}_1,\widetilde{G}_2,\cdots,\widetilde{G}_{e-v+1}$ 为 G 可容许的即可。

$\widetilde{G}_1$ 显然是 G 可容许的。设 $\widetilde{G}_1,\widetilde{G}_2,\cdots,\widetilde{G}_k$ 为 G 可容许的,证 $\widetilde{G}_{k+1}$ 也是 G 可容许的。由定义可知,存在 G 的平面嵌入 $\widetilde{G}\supseteq\widetilde{G}_k$。令 B,f 为(3)中所取的桥和面。

① 如果在图 $\widetilde{G}$ 中 B 恰好画在 f 中(当 $|F(B,\widetilde{G}_i)|=1$ 时,必是此情形):由(4)可知, $\widetilde{G}_{k+1}$ 为 $\widetilde{G}$ 可容许的。

② 如果在图 $\widetilde{G}$ 中 B 被画在 $\widetilde{G}_k$ 的另一面 f' 中(参考图 9-14):这时的所有桥 B 都有 $|F(B,\widetilde{G}_i)|\geqslant 2$。因此总可将图 $\widetilde{G}$ 中被画在 f 中的桥与 画在 f' 中的桥通过公共周界进行交换,得图 G 的另一个平面嵌入,其中 B 恰好被画在 f 中,得前面的情形①。

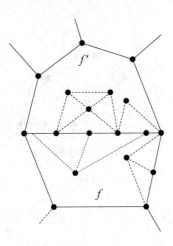

图 9-14

例如,图 9-15 中的图为平面图,而图 9-16 中的图为非平面图。图 9-15 和图 9-16 中凡是带有下划线的桥都只有一个可画的面。图 9-15 中展示了用算法画出图 G 的平面嵌入的过程。图 9-16(d)中的一个桥 $\{81,83,86\}$ 无可画的面,因而该图为非平面图。

算法中要进行的运算如下:

① 块中找一个圈 G_1。

② 在图 G 中确定 G_i 的所有桥及它们对 G_i 的接触顶点。

③ 对每个面 f 确定 $b(f)$。

④ 对每个桥 B 确定 $F(B,\widetilde{G}_i)$。

⑤ 在 G_i 的某个桥 B 中,找连接其两个接触顶点的路 P。

上述①～⑤都有好算法,因此平面性算法是好算法。

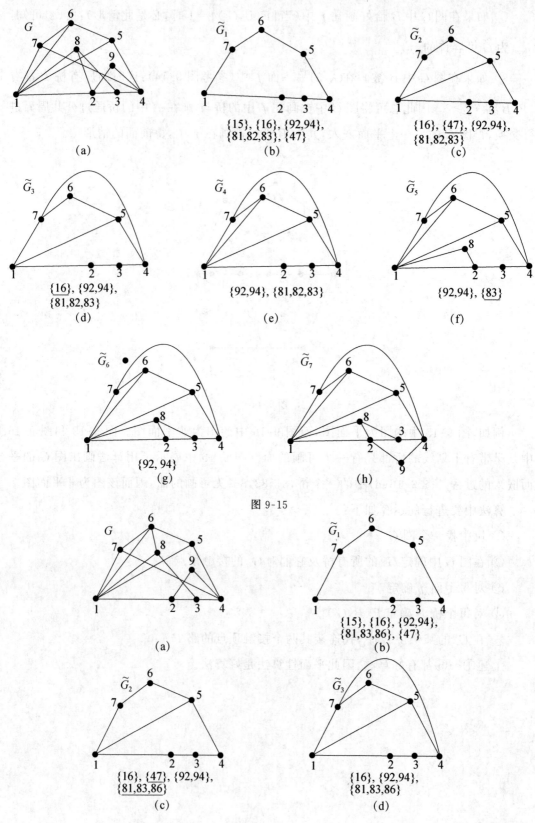

G

$\widetilde{G}_1$

{15}, {16}, {92,94},
{81,82,83}, {47}

(a)

(b)

$\widetilde{G}_2$

{16}, {47}, {92,94},
{81,82,83}

(c)

$\widetilde{G}_3$

{16}, {92,94},
{81,82,83}

(d)

$\widetilde{G}_4$

{92,94}, {81,82,83}

(e)

$\widetilde{G}_5$

{92,94}, {83}

(f)

$\widetilde{G}_6$

{92, 94}

(g)

$\widetilde{G}_7$

(h)

图 9-15

G

$\widetilde{G}_1$

{15}, {16}, {92,94},
{81,83,86}, {47}

(a)

(b)

$\widetilde{G}_2$

{16}, {47}, {92,94},
{81,83,86}

(c)

$\widetilde{G}_3$

{16}, {92,94},
{81,83,86}

(d)

图 9-16

习题 9-5

1. 用本节的算法证明 Peterson 图是非平面图。

参 考 文 献

[1] 邦迪 J A,默蒂 U S R. 图论及其应用[M]. 吴望名,等,译.北京:科学出版社,1984.

[2] 孙惠泉.图论及其应用[M].北京:科学出版社,2004.

[3] HIERHOLZER C，WIENER C. Uber die Möglichkeit，einen Linienzug ohne Wiederholung und ohne Unterbrechnung zu umfahren［J］. Mathematische Annalen，6(1)(1873):30-32.

[4] 郝荣霞.图论导引[M].北京:北京交通大学出版社,2014.

[5] 林翠琴.组合学与图论[M].北京:清华大学出版社,2009.

[6] WEST D B. 图论导引[M].李建中,骆吉洲,译.北京:机械工业出版社,2006.

[7] Béla Bollobás. Modern graph theory[M]. Berlin:Springer, 1998.

[8] FRED BUCKLEY,MARTY LEWINTER. 图论简明教程[M].李慧霸,王凤芹,译.北京:清华大学出版社,2005.

[9] PAPADIMITRIOU C H,et al. 组合最优化算法和复杂性[M].刘振宏,等,译.北京:清华大学出版社,1988.

[10] 越民义.关于 Steiner 树问题[J].运筹学杂志,1995(1):1-7.

[11] 堵丁柱,黄光明.也谈 Steiner 树[J].运筹学杂志,1996(1):65-70.

[12] 越民义.对于堵、黄的"也谈 Steiner 树问题"一文的答复[J].运筹学杂志,1996(1):71-72.

[13] 吴振奎.关于两篇文章的一点注记[J].运筹与管理,2004(1):55,56.

[14] 谢金星,邢文讯,王振波.网络优化[M].北京:清华大学出版社,2009.

[15] 吴振奎,钱智华,于亚秀. 运筹学概论［M].哈尔滨:哈尔滨工业大学出版社,2015.

[16] 卢开澄,卢华明.图论及其应用[M].2 版.北京:清华大学出版社,1995.

[17] 陈树柏.网络图论及其应用[M].北京:科学出版社,1982.